“十二五”“十三五”国家重点图书出版规划项目

新能源发电并网技术丛书

周邺飞　赫卫国　汪春　等　编著

微电网运行与控制技术

·北京·

内 容 提 要

本书为《新能源发电并网技术丛书》之一，对微电网运行与控制所涉及的电力电子控制、协调控制、能量管理、保护、信息建模与通信技术等内容进行了较为全面的分析和研究。分析了国内外不同国家在微电网领域的技术研究与实践现状，提出了微电网的定义与特征，并对微电网的典型结构以及分类进行了阐述。微电网系统的运行控制依赖于底层分布式电源的控制，首先介绍了微电网中常见分布式电源的发电原理和控制策略；在这基础上对微电网并网、离网运行控制及状态切换策略给出了较为详细的控制逻辑；针对微电网能量优化管理，介绍了微电网内分布式发电功率预测与负荷预测的原理、方法与应用，建立了各种分布式能源的能量管理模型，详细介绍了微电网能量优化计划原理。分析了微电网中分布式电源的故障特性及其对配电网保护的影响，重点对微电网网络化保护方案进行了阐述，并介绍了各种交、直流微电网安全接地形式。微电网中设备和子系统众多，重点介绍了微电网信息统一建模技术及相关标准，并对微电网通信结构以及可能应用到的各种通信方式进行了介绍和分析。本书最后结合微电网各种典型应用场景对国内一些微电网工程实际案例及其应用效果进行了介绍和分析，同时对尚处于前沿研究的直流微电网技术以及直流微电网实验室建设方面所取得的进展进行介绍。

本书对从事微电网研究等方面工作的技术人员具有一定的参考价值，也可供新能源领域的工程技术人员借鉴参考。

图书在版编目（CIP）数据

微电网运行与控制技术 / 周邺飞等编著. -- 北京 : 中国水利水电出版社, 2017.8
（新能源发电并网技术丛书）
ISBN 978-7-5170-5840-3

Ⅰ. ①微… Ⅱ. ①周… Ⅲ. ①电网一电力系统运行 Ⅳ. ①TM727

中国版本图书馆CIP数据核字(2017)第230302号

书　　名	新能源发电并网技术丛书 **微电网运行与控制技术** WEIDIANWANG YUNXING YU KONGZHI JISHU
作　　者	周邺飞　赫卫国　汪春　等 编著
出版发行	中国水利水电出版社 （北京市海淀区玉渊潭南路1号D座　100038） 网址：www.waterpub.com.cn E-mail：sales@waterpub.com.cn 电话：（010）68367658（营销中心）
经　　售	北京科水图书销售中心（零售） 电话：（010）88383994、63202643、68545874 全国各地新华书店和相关出版物销售网点
排　　版	中国水利水电出版社微机排版中心
印　　刷	北京嘉恒彩色印刷有限责任公司
规　　格	184mm×260mm　16开本　15印张　328千字
版　　次	2017年8月第1版　2017年8月第1次印刷
印　　数	0001—4000册
定　　价	**59.00**元

本书编委会

主　　编　周邺飞

副主编　赫卫国　汪　春

参编人员（按姓氏拼音排序）

曹　潇　陈　然　冯鑫振　胡汝伟

华光辉　江星星　孔爱良　李官军

栗　峰　梁　硕　刘海璇　彭佩佩

邱腾飞　孙檬檬　陶　琼　夏俊荣

许晓慧　姚虹春　叶荣波　张祥文

赵上林　周　昶

序

XU

随着全球应对气候变化呼声的日益高涨以及能源短缺、能源供应安全形势的日趋严峻，风能、太阳能、生物质能、海洋能等新能源以其清洁、安全、可再生的特点，在各国能源战略中的地位不断提高。其中风能、太阳能相对而言成本较低、技术较成熟、可靠性较高，近年来发展迅猛，并开始在能源供应中发挥重要作用。我国于2006年颁布了《中华人民共和国可再生能源法》，政府部门通过特许权招标，制定风电、光伏分区上网电价，出台光伏电价补贴机制等一系列措施，逐步建立了支持新能源开发利用的补贴和政策体系。至此，我国风电进入快速发展阶段，连续5年实现增长率超100%，并于2012年6月装机容量超过美国，成为世界第一风电大国。截至2014年年底，全国光伏发电装机容量达到2805万kW，成为仅次于德国的世界光伏装机第二大国。

根据国家规划，我国风电装机2020年将达到2亿kW。华北、东北、西北等“三北”地区以及江苏、山东沿海地区的风电主要以大规模集中开发为主，装机规模约占全国风电开发规模的70%，将建成9个千万千瓦级风电基地；中部地区则以分散式开发为多。光伏发电装机预计2020年将达到1亿kW。与风电开发不同，我国光伏发电呈现“大规模开发，集中远距离输送”与“分散式开发，就地利用”并举的模式，太阳能资源丰富的西北、华北等地区适宜建设大型地面光伏电站，中东部发达地区则以分布式建筑光伏为主，我国新能源在未来一段时间仍将保持快速发展的态势。

然而，在快速发展的同时，我国新能源也遇到了一系列亟待解决的问题，其中新能源的并网问题已经成为了社会各界关注的焦点，如新能源并网接入问题、包含大规模新能源的系统安全稳定问题、新能源的消纳问题以及新能源分布式并网带来的配电网技术和管理问题等。

新能源并网技术已经得到了国家、地方、行业、企业以及全社会广泛关注。自“十一五”以来，国家科技部在新能源并网技术方面设立了多个“973”“863”以及科技支撑计划等重大科技项目，行业中诸多企业也在新能源并网技术方面开展了大量研究和实践，在新能源的并网技术进步方面取得了丰硕的成果，有力地促进了新能源发电产业发展。

中国电力科学研究院作为国家电网公司直属科研单位，在新能源并网等方面主持和参与了多项的国家“973”“863”以及科技支撑计划和国家电网公司科技项目，开展了大量的与生产实践相关的针对性研究，主要涉及新能源并网的建模、仿真、分析、规划等基础理论和方法，新能源并网的实验、检测、评估、验证及装备研制等方面的技术研究和相关标准制定，风力、光伏发电功率预测及资源评估等气象技术研发应用，新能源并网的智能控制和调度运行技术研发应用，分布式电源、微电网以及储能的系统集成及运行控制技术研发应用等。这些研发所形成的科研成果与现场应用，在我国新能源发电产业高速发展中起到了重要的作用。

本次编著的《新能源发电并网技术丛书》内容包括电力系统储能应用技术、风力发电和光伏发电预测技术、新能源发电建模与仿真技术、光伏发电并网试验检测技术、微电网运行与控制等多个方面。该丛书是中国电力科学研究院在新能源发电并网领域的探索、实践和在大量现场应用基础上的总结，是我国首套从多个角度系统化阐述大规模及分布式新能源并网技术研究与实践的著作。希望该丛书的出版，能够吸引更多国内外专家、学者以及有志从事新能源行业的专业人士，进一步深化开展新能源并网技术的研究及应用，为促进我国新能源发电产业的技术进步发挥更大的作用！

中国科学院院士、中国电力科学研究院名誉院长 周孝信

2017年3月

前言

微电网作为分布式清洁能源有效利用的一种形式，可以根据外部电网的峰谷时段，存储或释放能量，平抑峰谷差，实现削峰填谷、节能减排。微电网运行的灵活性、可控性不仅可以最大限度地利用清洁能源，给用户带来环保、经济的供能服务，也对电网的经济调度具有积极的意义。同时，微电网也代表了未来能源应用的一种发展趋势，是推进能源发展及经营管理方式变革的重要载体，对推进节能减排和实现能源可持续发展具有重要意义。

《国家能源局关于推进新能源微电网示范项目建设的指导意见》（国能新能〔2015〕265 号）提出："应充分认识推进新能源微电网建设的重要意义，积极组织推进新能源微电网示范项目建设，为新能源微电网的发展创造良好环境"。国家能源局 2015 年发布的《配电网建设改造行动计划（2015—2020 年）》指出："在城市供电可靠性要求较高的区域和偏远农村、海岛等不同地区，有序开展微电网示范应用，完善微电网技术标准体系建设，带动国内相关科研、设计、制造、建设等企业的技术创新"。近年来，国内外有关研究机构和企业开展了大量新能源微电网技术研究和应用探索，具备了大面积推广新能源微电网工程应用的条件。

本书着眼于目前国内外微电网技术的快速发展，同时结合微电网和新能源领域的研究和应用成果，系统介绍了微电网技术的发展、微电网类型与系统结构、分布式发电与储能控制技术、微电网系统控制技术、微电网能量管理技术、微电网保护技术、微电网监控技术和微电网的典型工程应用。

随着电力体制改革的不断深化和推进，微电网商业化推广和规模化应用存在巨大发展空间。本书仅对目前的微电网技术、系统集成和应用涉及的关键问题进行了系统地阐述。随着主动配电网技术的发展，交直流混合配电网的广泛应用，必将推动微电网相关技术快速更新。

本书在编写过程中参阅了很多前辈的工作成果，引用了大量标准和示范工程的运行数据，在此对中国电力企业联合会、天津大学、浙江省电力公司、青海省电力公司、冀北电力公司等单位表示特别感谢。本书在编写过程中，中国电力科学研究院新能源研究中心的领导和专家王伟胜、丁杰、吴福保、朱凌志等给予了高度的重视和相关指导，顾锦汶教授亦给予了宝贵的意见，并得到了周海、程序、施涛等专家的技术咨询帮助，在此一并向他们致以衷心的感谢！在此一并向他们致以衷心的感谢！

限于作者水平和实践经验，书中难免有不足之处，恳请读者批评指正。

作者

2017年4月

本书引用的IEC标准

序号	标准名	标准号	年份
1	Telecontrol equipment and systems Part 5：Transmission protocols Section 101：Companion standard for basic telecontrol tasks（远动设备及系统　第5－101部分：传输规约　基本远动任务配套标准）	IEC 60870－5－101	2002
2	Telecontrol equipment and systems Part 5：Transmission protocols Section 102：Companion standard for transmission of integrated totals in electric power systems（远动设备及系统　第5－102部分：传输规约　电力系统电能累计量传输规约）	IEC 60870－5－102	1996
3	Telecontrol equipment and systems Part 5：Transmission protocols Section 103：Companion standard for the information interface of protection equipment（远动设备及系统　第5－103部分：传输规约　继电保护设备信息接口配套标准）	IEC 60870－5－103	1997
4	Telecontrol equipment and systems Part 5：Transmission protocols Section 104：Network access for IEC 60870－5－101 using standard transport profiles（远动设备及系统　第5－104部分：传输规约　采用标准传输集的IEC 60870－5－101网络访问）	IEC 60870－5－104	2000
5	Communication networks and systems for power utility automation（电力自动化通信网络和系统标准）	IEC 61850	2012
6	Communication networks and systems for power utility automation Part 1：Introduction and overview（电力自动化通信网络和系统　第1部分：介绍和概述）	IEC 61850－1	2012
7	Communication networks and systems in substations Part 2：Glossary（电力自动化通信网络和系统　第2部分：术语）	IEC 61850－2	2012

序号	标准名	标准号	年份
8	Communication networks and systems in substations Part 3: General requirements（电力自动化通信网络和系统　第 3 部分：总体要求）	IEC 61850－3	2012
9	Communication networks and systems for power utility automation Part 4: System and project management（电力自动化通信网络和系统　第 4 部分：系统和工程管理）	IEC 61850－4	2011
10	Communication networks and systems in substations Part 5: Communication requirements for functions and device models（电力自动化通信网络和系统　第 5 部分：功能和设备模型的通信要求）	IEC 61850－5	2012
11	Communication networks and systems for power utility automation Part 6: Configuration description language for communication in electrical substations related to IEDs（电力自动化通信网络和系统　第 6 部分：与变电站有关的 IED 的通信配置描述语言）	IEC 61850－6	2009
12	Communication networks and systems for power utility automation Part 7－1: Basic communication structure Principles and models（电力自动化通信网络和系统　第 7－1 部分：变电站和馈线设备基本通信结构原理和模型）	IEC 61850－7－1	2011
13	Communication networks and systems for power utility automation Part 7－2: Basic information and communication structure Abstract communication service interface (ACSI) [电力自动化通信网络和系统　第 7－2 部分　变电站和馈线设备的基本通信结构抽象通信服务接口 (ACSI)]	IEC 61850－7－2	2010
14	Communication networks and systems for power utility automation Part 7－3: Basic communication structure-Common data classes（电力自动化通信网络和系统　第 7－3 部分：变电站和馈线设备基本通信结构公共数据类）	IEC 61850－7－3	2010
15	Communication networks and systems for power utility automation Part 7－4: Basic communication structure Compatible logical node classes and data object classes（电力自动化通信网络和系统　第 7－4 部分：变电站和馈线设备的基本通信结构兼容的逻辑节点类和数据类）	IEC 61850－7－4	2010

序号	标准名	标准号	年份
16	Communication networks and systems for power utility automation Part 7－410：Hydroelectric power plants Communication for monitoring and control（电力自动化通信网络和系统　第7－410部分：基本通信结构水力发电厂监视与控制用通信）	IEC 61850－7－410	2007
17	Communication networks and systems for power utility automation Part 7－420：Basic communication structure-Distributed energy resources logical nodes（电力自动化通信网络和系统　第7－420部分：基本通信结构分布式能源逻辑节点）	IEC 61850－7－420	2009
18	Communication networks and systems for power utility automation Part 8－1：Specific Communication Service Mapping (SCSM) -Mappings to MMS（ISO 9506－1 and ISO 9506－2）and to ISO/IEC 8802－3［电力自动化通信网络和系统　第8－1部分：特定通信服务映射（SCSM）映射到MMS（ISO 9506第1、2部分）和ISO/IEC 8802－3］	IEC 61850－8－1	2011
19	Communication networks and systems in substations Part 901：Use of IEC 61850 for the communication between substations（电力自动化通信网络和系统　第901部分：IEC 61850在变电站间通信中的应用）	IEC 61850－901	2010
20	Communication networks and systems in substations Part 9－2：SpecificCommunication Service Mapping (SCSM) -Sampled values over ISO/IEC 8802－3［电力自动化通信网络和系统　第9－2部分：特定通信服务映射（SCSM）通过ISO/ IEC 8802－3传输采样测量值］	IEC 61850－9－2	2011
21	Communication networks and systems in substations Part 10：Conformance testing（电力自动化通信网络和系统　第10部分：一致性测试）	IEC 61850－10	2012
22	Wind turbine generator systems Part 25－1：Communications for monitoring and control of wind power plants -Overall description of principles and models（风力发电系统　第25－1部分　风力发电场监控系统通信—原则与模式）	IEC 61400－25－1	2006
23	Wind turbine generator systems Part 25－2：Communications for monitoring and control of wind power plants—Information models（风力发电系统　第25－2部分　风力发电场监控系统通信—信息模型）	IEC 61400－25－2	2006

序号	标准名	标准号	年份
24	Wind turbine generator systems Part 25 - 3: Communications for monitoring and control of wind power plants—Information exchange models（风力发电系统 第25-3部分 风力发电场监控系统通信—信息交换模型）	IEC 61400-25-3	2006
25	Energy Management System Application Program Interface（EMS - API）（能量管理系统应用程序接口标准）	IEC 61970	2003
26	Energy Management System Application Program Interface（EMS - API）Part 1: Guidelines and General Requirements［能量管理系统应用程序接口（EMS-API） 第1部分：导则和基本要求］	IEC 61970-1	2003
27	Energy Management System Application Program Interface（EMS-API）Part 2: Glossary［能量管理系统应用程序接口（EMS-API） 第2部分：术语］	IEC 61970-2	2003
28	Energy Management System Application Program Interface（EMS - API）Part 301: Common Information Model（CIM）Base［能量管理系统应用程序接口（EMS-API） 第301部分：公共信息模型（CIM）基础］	IEC 61970-301	2003
29	Energy Management System Application Program Interface（EMS - API）Part 302: Common Information Model（CIM）Financial, Energy Scheduling, and Reservations［能量管理系统应用程序接口（EMS-API） 第302部分：公共信息模型（CIM）财务、能量计划和预定］	IEC 61970-302	2012
30	Energy Management System Application Program Interface（EMS - API）Part 303: Common Information Model（CIM）-SCADA［能量管理系统应用程序接口（EMS-API） 第303部分：公共信息模型（CIM）—SCADA］	IEC 61970-303	2012
31	Energy Management System Application Program Interface（EMS - API）Part 401: Component Interface Specification（CIS）Framework［能量管理系统应用程序接口（EMS-API） 第401部分：组件接口规范（CIS）框架］	IEC 61970-401	2003

序号	标准名	标准号	年份
32	Energy Management System Application Program Interface (EMS-API) Part 402: Common Services [能量管理系统应用程序接口（EMS-API） 第402部分：公共服务]	IEC 61970-402	2008
33	Energy Management System Application Program Interface (EMS-API) Part 403: Generic Data Access (GDA) [能量管理系统应用程序接口（EMS-API） 第403部分：通用数据访问（GDA）]	IEC 61970-403	2008
34	Energy Management System Application Program Interface (EMS-API) Part 404: High Speed Data Access (HSDA) [能量管理系统应用程序接口（EMS-API） 第404部分：高速数据访问（HSDA）]	IEC 61970-404	2007
35	Energy Management System Application Program Interface (EMS-API) Part 405: Generic Eventing and Subscription (GES) [能量管理系统应用程序接口（EMS-API） 第405部分：通用事件和订阅（GES）]	IEC 61970-405	2007
36	Energy Management System Application Program Interface (EMS-API) Part 450: CIS Information Exchange Model Specification Guide [能量管理系统应用程序接口（EMS-API） 第450部分：信息交换模型]	IEC 61970-450	2003
37	Energy Management System Application Program Interface (EMS-API) Part 451: CIS Information Exchange Model Specification Guide [能量管理系统应用程序接口（EMS-API） 第451部分：CIS信息交换模型]	IEC 61970-451	2003
38	Energy Management System Application Program Interface (EMS-API) Part 452: CIM Model Exchange Specification [能量管理系统应用程序接口（EMS-API） 第452部分：CIM模型交换服务]	IEC 61970-452	2003
39	Energy Management System Application Program Interface (EMS-API) Part 501: CIM RDF Schema [能量管理系统应用程序接口（EMS-API） 第501部分：CIM资源描述框架（RDF）模式]	IEC 61970-501	2004

序号	标准名	标准号	年份
40	Energy Management System Application Program Interface (EMS-API) Part 502：CDA CORBA Mapping [能量管理系统应用程序接口（EMS-API） 第 502 部分：CDA CORBA 映射]	IEC 61970-502	2004
41	Energy Management System Application Program Interface (EMS-API) Part 503：CIM XML Model Exchange Format [能量管理系统应用程序接口（EMS-API） 第 503 部分：CIM XML 模型交换格式]	IEC 61970-503	2004

目 录
MULU

第1章 微电网发展概述

1.1 微电网产生背景

以集中发电、远距离输电和大电网互联为主要特征的电力系统是目前世界上电力生产、输送和分配的主要方式，承担着世界上绝大部分用户的电能需求。近年来，伴随着全球经济和社会的持续发展，传统集中式供电网的弊端逐渐凸显，如在用电高峰期负荷跟踪能力有限，传统燃煤电厂能源利用效率较低，化石燃料造成环境污染等。而分布式发电技术恰恰可以弥补这些局限性，与远距离输配的传统电源相比，分布式发电一定程度上更适应分散的电力需求与资源分布。分布式发电是指利用广泛存在的风能、太阳能、生物质能、水能、潮汐能、海洋能等可再生能源发电，或者微型燃气轮机、柴油发电机、燃料电池等非可再生能源发电，以及利用余热、余压和废气发电的冷热电多联供等。分布式储能装置供电时具有电源特性，通常将分布式储能装置与分布式发电统称为分布式电源。分布式电源通常与配电网连接，发电功率一般小于数十兆瓦，它是大电网电源的补充，除了方便地实现分布式能源的就地利用，还可以对负荷供电起到备用作用，改善电网供电可靠性。因此，分布式发电越来越受重视，在促进社会和经济可持续发展中具有良好的发展前景。

“分布式发电”概念的出现可以追溯到20世纪80年代末，当时美国以及欧洲等国家和地区纷纷开始应用分布式发电技术，电力行业出现传统集中供电模式向集中和分散相结合供电模式发展的趋势。近几年分布式发电发展快速，截至2015年，全球分布式发电装机容量达到136.4GW。在促进清洁能源开发利用的同时，大量分布式发电接入中压或低压配电网运行，改变了传统配电系统单向潮流的特性，增加了配电系统的复杂性和不确定性，给电能质量、安全保护、运行可靠性等带来一系列负面影响。分布式发电与电力系统互联的系列标准 IEEE 1547 规定，当电力系统发生故障时，分布式发电必须马上退出运行，这就极大地限制了分布式发电的充分利用。

为了解决分布式发电直接并网运行对电网和用户造成的冲击，充分挖掘分布式发电为电网和用户带来的价值和效益，2001年美国威斯康星大学 Bob Lasster 等学者首次提出了一种更好地发挥分布式发电潜能的结构型式——微电网（Microgrid）。随后美国电力可靠性技术解决方案协会（Consortium for Electric Reliability Technology Solutions, CERTS）出版的白皮书正式定义了微电网的概念。

此后，微电网引起了世界各国的关注，而不同国家对微电网的研究侧重点各有不同。

美国近年来发生了几次较大的停电事故，使美国电力行业十分关注电能质量和供电可靠性，因此美国对微电网的研究着重于利用微电网提高电能质量和可靠性。日本国土资源匮乏，其更加重视可再生能源的利用，但由于可再生能源发电具有随机性，所以日本在微电网方面的研究更侧重控制与储能技术；欧洲互联电网中的电源整体上靠近负荷，比较容易形成多个微电网，所以欧洲微电网的研究更关注多个微电网的互联和市场交易问题。对我国而言，由于能源资源主要集中在西部，能源消费主要在东部，我国未来一段时间电网建设仍将以建设特高压大电网、加强主网建设为主，通过发展分布式发电和微电网，促进分布式能源的开发利用，提高能源综合利用效率，积极解决偏远和海岛地区的电力供应问题；与此同时，发展分布式发电和微电网可减少温室气体排放，促进能源绿色发展。

1.2　微电网发展现状

1.2.1　国外现状

1.2.1.1　美国微电网的研究与实践

美国十分关注电能质量和供电可靠性，因此美国对微电网的研究重点主要集中在满足不同用户对电能质量的个性化需求、提高供电可靠性、降低成本和实现智能化等方面。

美国开展分布式发电与微电网技术研究的单位包括电力可靠性技术解决方案协会CERTS和以通用电气公司（General Electric Company，GE）为代表的制造商、高等院校等。

CERTS在2003年为美国能源部及加州能源委员会编写的白皮书《微电网概念》中对其微电网的主要特点及关键问题进行了描述和总结，系统地概括了微电网的定义，提出了微电网的典型结构如图1-1所示，并提出了微电网控制、保护及分析等一系列关键技术。CERTS提倡微电网内部各分布式发电应具有即插即用能力，储能装置连接在直流侧与分布式发电装置一起作为一个整体通过电力电子接口连接到微电网，微电网通过单点接入大电网，微电网作为可控的负荷，充分消纳当地分布式能源，且不允许向电网倒送电。2005年，CERTS对微电网的研究从仿真分析、实验研究阶段进入现场试点运行阶段。

2008年GE与美国能源部共同资助了“GE全球研究”计划，开发一套微电网能量管理系统（Microgrid Energy Management System，MEMS），GE微电网及MEMS系统结构如图1-2所示，实现电能和热能的优化控制、微电网接入公用电网的并网控制以及对间歇性清洁能源发电的管理。2011年，伊顿公司获得240万美元的美国联邦经济激励方案拨款，用于建设微电网，以帮助美国陆军基地更好地管理电源和存储电能，同时减少能源消耗和温室气体排放。同年，波音公司和西门子公司结成战略联盟，就美国国防部“智能电网”技术的联合开发和营销进行合作。该项合作集中为美国军方提供安全的微电网管理方案，以降低运行成本并提高能源效率，把微电网设计成为整合可再

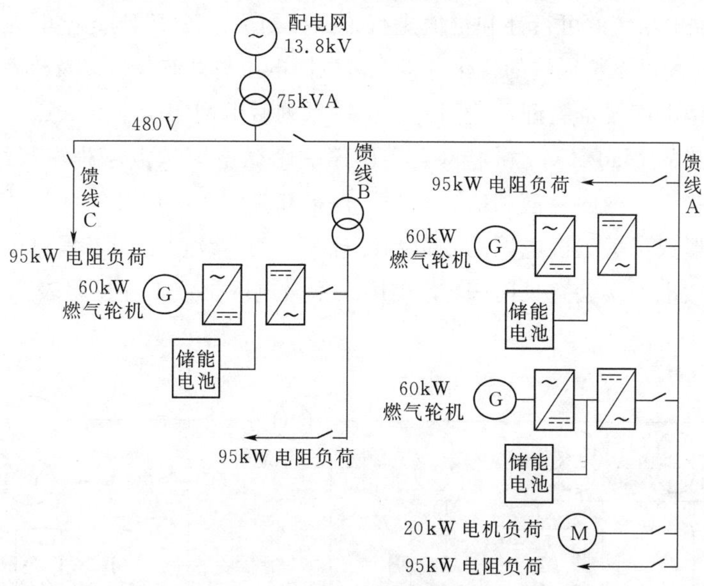

图 1-1 CERTS 微电网结构

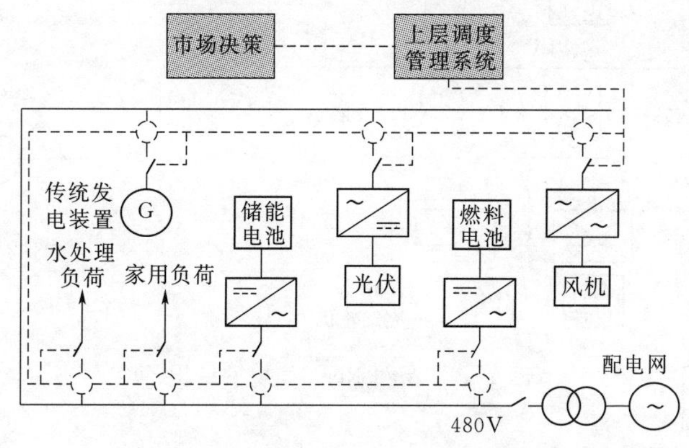

图 1-2 GE 微电网及 MEMS 系统结构

生能源及储能、提高能源效率的手段，可用于能源的分析、控制和管理。

美国很多高校也都参与了微电网技术的研究。霍华德大学同 Pareto 能源公司签署了一则协议，投资 1500 万～2000 万美元研发一套能为校园发电、供暖和制冷的装置。加利福尼亚州圣迭戈大学在校园建设了微电网，安装了 2 台单机容量 13.5MW 的燃气涡轮机，1 台 3MW 的蒸汽机和一套 1.2MW 的光伏发电装置，可满足学校 82%的电力需求。

美国国防部也积极推行可再生能源设备安装，在其军事装备上部署安装可再生能源设备，并在阿拉斯加州、加利福尼亚州、亚利桑那州、墨西哥湾军港等军事基地附近建设微电网，提高军事基地供电可靠性。

此外，其他一些机构也开展了研究。在加利福尼亚州能源委员会的资助下，美国配电企业联合会（Distribution Utility Associates）开展了一项名为“Distributed Utility Integration Test”的科研项目，对分布式发电接入公用电网进行了全方位的试验，该项目对分布式发电整合于配电系统的可行性和价值进行了试验研究。DTE Energy 电力公司重点开展了分布式发电对配电系统影响的量化分析、微电网电压与谐波分析以及故障分析。

为了开展微电网技术验证，美国建立了一系列微电网实验室及试点工程。由美国北部电力系统承建的 Mad River 微电网是美国第一个微电网试点工程，其结构如图 1-3 所示，用于检验微电网的建模和仿真方法、保护和控制策略以及经济效益等，在进行技术验证的同时形成了关于微电网的政策和法规等，为后续微电网工程建设建立了框架体系。美国典型微电网实验室见附表 1，美国典型微电网试点工程见附表 2。

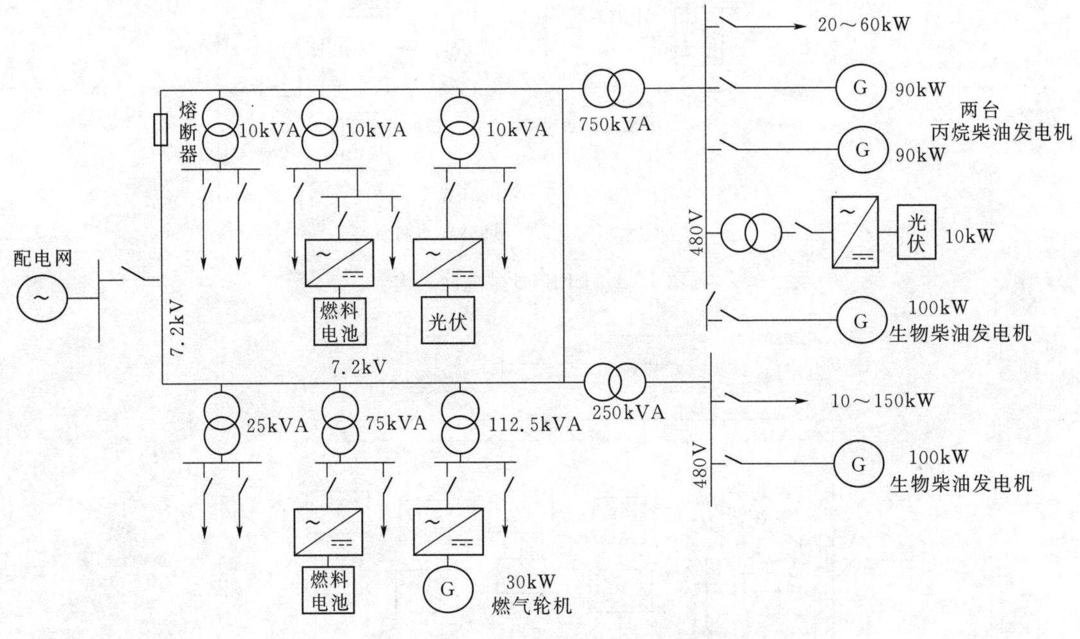

图 1-3　Mad River 微电网结构

1.2.1.2　欧洲微电网的研究与实践

欧洲对微电网的研究和发展主要考虑的是满足用户对电能质量的要求以及电网的稳定和环保的要求。欧洲十分重视可再生清洁能源的发展，1998 年就开始对分布式发电及微电网开展系统性的研究，是开展微电网研究和示范工程较早的地区。与 CERTS 微电网不同，欧盟允许微电网向主网输出电力。

欧洲分布式供电与微电网技术的研究主要依托欧盟科技框架计划[1]开展，其第五、第六、第七、第八框架计划中资助了多个科研项目，参与方包括高校、制造商（ABB、西门子等）、电力公司。

[1] 欧盟科技框架计划是世界上规模最大的官方综合性科研与开发计划之一，是欧盟指导研发的重要文件，由欧洲委员会提出，欧洲理事会和欧洲议会采纳。欧盟科技框架计划包括：第一框架计划（1984—1987），第二框架计划（1987—1991），第三框架计划（1991—1994），第四框架计划（1994—1998），第五框架计划（1998—2002），第六框架计划（2002—2006），第七框架计划（2007—2013），第八框架计划（又称 Horizon 2020，2014—2020）。

欧盟第五框架计划（5th Framework Program，5th FP）专门拨款资助微电网研究计划。该项目已完成并取得了许多研究成果，如分布式发电的模型、微电网的静态和动态仿真工具、孤岛和互联的运行理念、基于代理的控制策略、本地黑启动策略、接地和保护的方案、可靠性的定量分析、实验室微电网平台的理论验证等。欧盟第六框架计划（6th Framework Program，6th FP）主要在多个微电网连接到配电网的控制策略、协调管理方案、系统保护和经济调度措施等方面开展研究，并取得了重要成果。随后，欧盟第七、第八框架计划继续资助了分布式供电及智能电网项目，完善了相关的标准及政策。

在开展研究的同时，欧洲部分国家建设了微电网实验室和试点工程。如位于德国曼海姆（Manheim）市的微电网项目，其结构如图1-4所示。Manheim微电网建设在居民区内，目的是为了鼓励居民参与到负荷管理中，并衡量微电网的经济效益，从而为微电网运行导则的制定提供支撑。此外，丹麦Bornholm微电网是中压微电网工程，为波罗的海中一个小岛屿的28000户居民提供电力，该工程主要用于微电网有功和无功平衡、黑启动和重新并网等技术的研究与示范。欧洲典型微电网实验室见附表3。欧洲典型微电网试点工程见附表4。

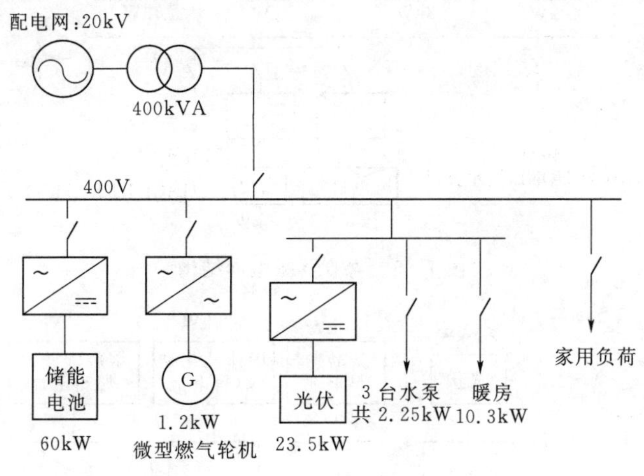

图1-4 Manheim微电网结构

1.2.1.3 日本微电网的研究与实践

日本微电网发展立足于解决国内能源日益紧缺、负荷日益增长等问题。微电网研究和试点定位于解决能源供给多样化、减少污染、满足用户的个性化电力需求。日本的微电网强调分布式发电类型的多样化。

日本微电网技术的应用研究由日本新能源与工业技术发展组织（New Energy and Industrial Technology Development Organization，NEDO）主导，协调高校、科研机构和企业开展。

NEDO在微电网研究方面已取得了一些成果，并在2003年的“Regional Power Grid with Renewable Energy Resources Project”项目中开展了多个微电网试点项目的建设。其中，在青森县、爱知和京都开展3个微电网测试平台建设，基于测试平台着重研究清洁能源接入本地配电网的技术和管理问题，微电网结构如图1-5～图1-7所示。NEDO在微电网方面的研究更强调控制与储能技术，一般通过上层能量管理系统，对各分布式发电和储能装置进行调度管理，保证微电网的暂态功率平衡。同时，为了避免微电网运行对大电网的电能质量产生影响，一般要求与大电网连接处的功率恒定。

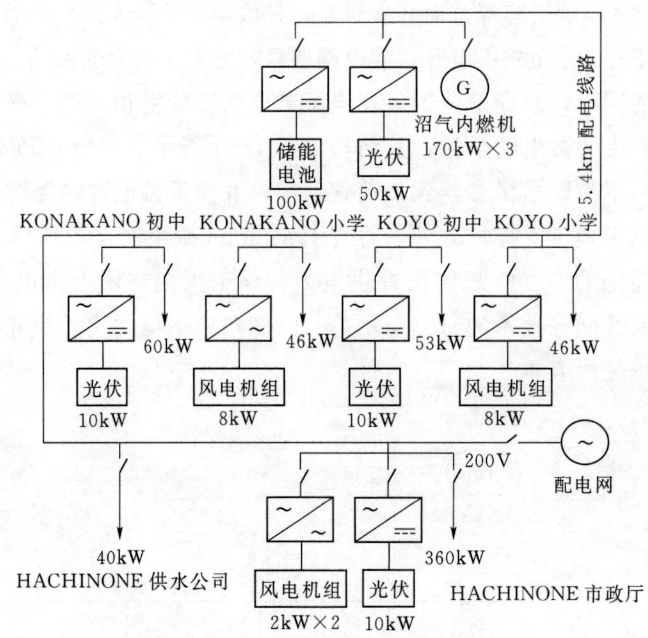

图1-5　青森县微电网结构

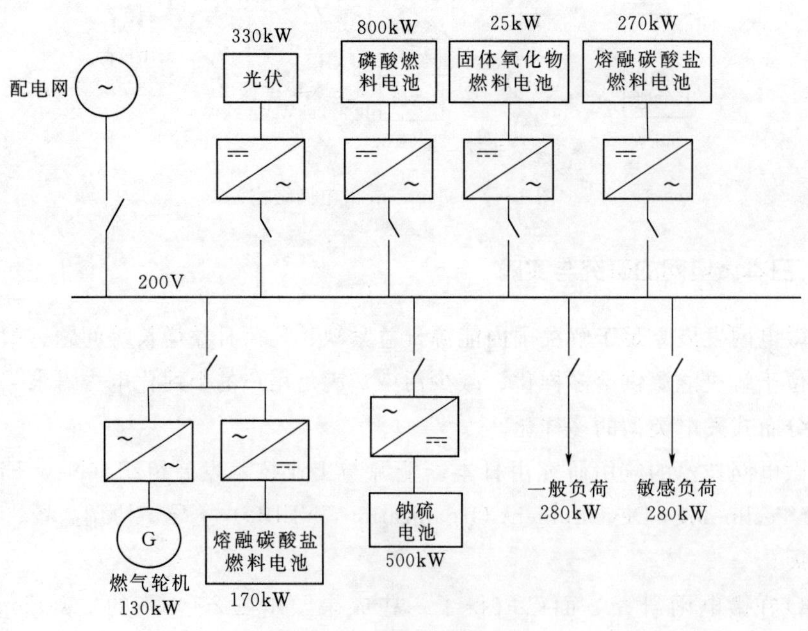

图1-6　爱知微电网结构

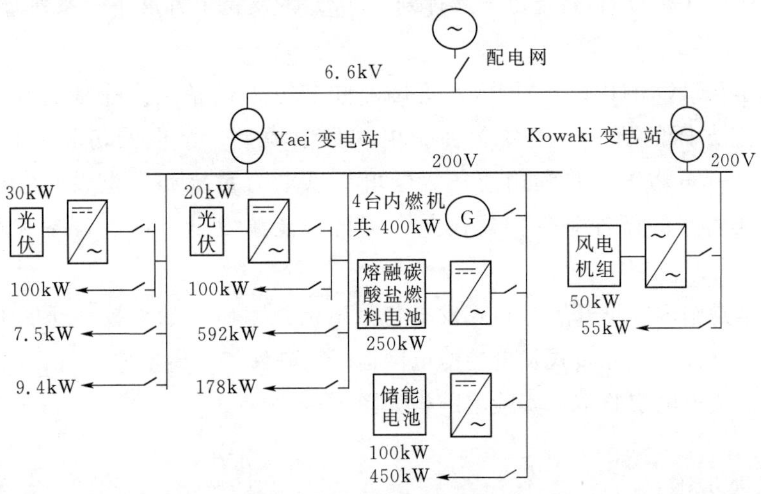

图 1-7　京都 Kyotango 微电网结构

知名商业建筑公司清水建设（SHIMIZU）与东京大学合作，利用位于东京研究中心的试验系统进行微电网控制系统的研究。

东京天然气公司和东京大学合作，进行仿真研究，并利用位于 Yokohama 的试验装置进行试验验证，开发一套复合可再生电源控制系统。

积水化学工业株式会社（SEKISUI）推出了完全依赖分布式发电供电的智能屋，并与日本电气股份有限公司（NEC Corporation）合作，致力于开发下一代智能屋，除安装分布式发电系统以外，还将装备清晰显示电力使用情况信息的 NEC 系统。

目前日本在微电网示范工程的建设方面处于世界领先水平。其典型的微电网试点工程见附表 5。

1.2.1.4　其他国家微电网的研究与实践

加拿大对微电网相关的研究主要集中在以下方面：①边远地区供电，②计划孤岛运行，③微电网友好接入城市电网。

韩国在 2007 年 6 月成立了以高校为主的智能微电网研究中心，主要目标为开展配电技术、电力变换器技术、控制与通信技术研究，微电网的仿真及模型开发，微电网的硬件开发。同时韩国又成立了电力信息科技研究工程中心，开展微电网高可靠性和高效性的技术研究，开发微电网综合能量管理系统及城市、农村试验点的关键设备。

新加坡自 2007 年以来不断增加对新能源技术的研发投资，开展与微电网相关的研究工作，研究内容包括微电网离网和并网的运行及远程监控等，并建立分布式发电和微电网试验平台。

1.2.2　国内现状

目前，国内电力公司和众多高校、研究机构都关注微电网领域研究，在国家重点基础研究发展计划（973）和高技术发展计划（863）的支持下开展了一系列研究工作，取得了一些研究成果。

清华大学与TOSHIBA、AREVA等国际知名电力设备生产企业合作，开展微电网分析与控制方面的研究，主要包括微电网数学模型、微电网仿真分析计算方法、微电网运行控制策略等，并利用清华大学电机系电力系统和发电设备安全控制和仿真国家重点实验室的硬件条件，建设包含可再生能源发电、储能设备和负荷的微电网试验平台。

天津大学是国内较早开展分布式发电与微电网技术研究的高校，开展了微电网/分布式发电规划设计、含分布式发电的配电网运行控制保护、微电网运行管理等方面的研究，并建设了微电网实验室，实验室结构如图1-8所示。

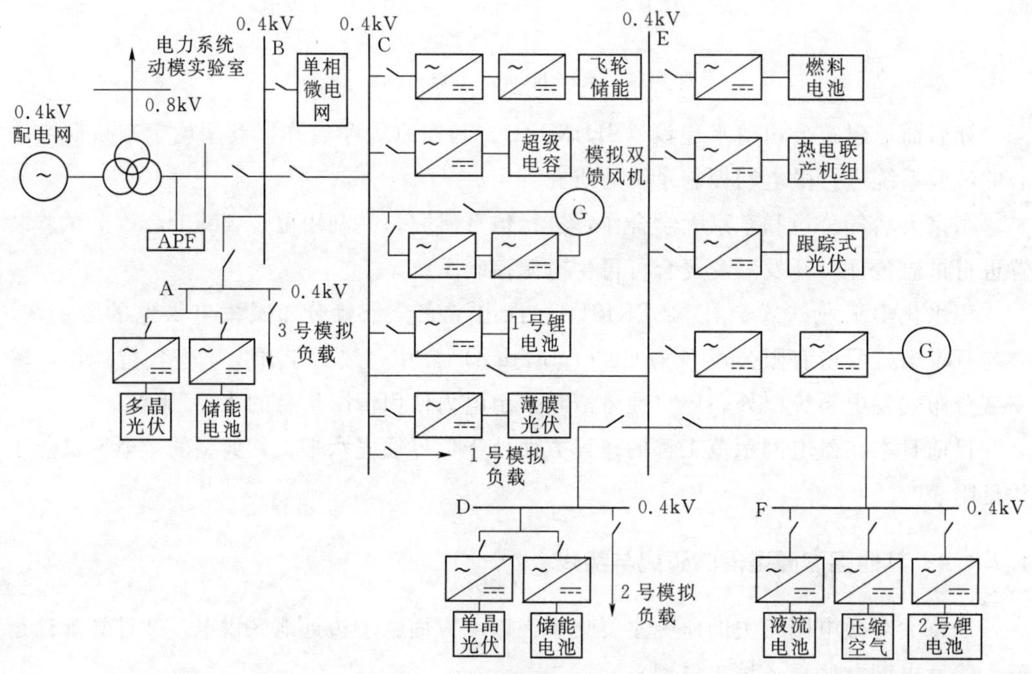

图1-8 天津大学智能微电网实验室结构

合肥工业大学通过与加拿大新布伦瑞克大学合作研究，建立了多能源发电微电网实验平台，进行了微电网的优化设计、控制及调度策略等研究。该微电网实验平台控制系统采用分层控制结构，并基于IEC 61970标准开发了微电网能量管理软件。

西安交通大学研究了微电网的电力电子装置拓扑与控制技术，开发了基于PSCAD的微电网快速仿真平台，在逆变器下垂控制、多个逆变器无线互联稳定性等方面进行了仿真研究。

中国科学院电工研究所在分布式发电及微电网技术和先进储能技术方面做了大量的研究工作，主要包括建立微电网数学模型，进行系统稳态、动态的分析，对微电网内分布式发电控制方法、微电网无缝切换、微电网自治运行的控制管理策略等进行了大量研

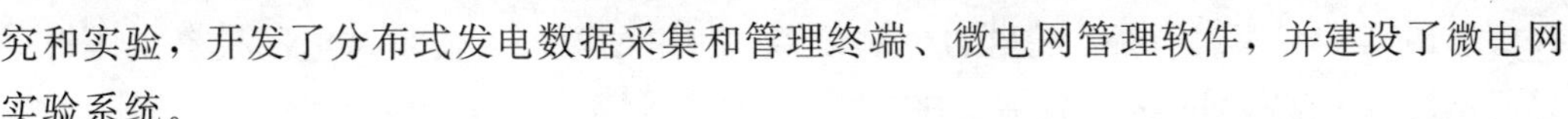

究和实验，开发了分布式发电数据采集和管理终端、微电网管理软件，并建设了微电网实验系统。

国家电网公司自2009年开始开展了“分布式能源对电网企业影响”“微电网接入对大电网的影响”“微电网技术体系”“微电网保护与接地关键技术”“微电网建模技术”等项目的研究。同时，2010年以来开展了多个微电网试点工程的建设。

中国电力科学研究院分别在张北、南京等地建有分布式发电及微电网实验平台，为分布式发电及微电网并网技术研究提供了良好的试验条件。同时开发了分布式发电功率预测系统、微电网协调控制及能量管理系统、储能变流器、微电网并网保护装置等，并在河北、青海、江苏、新疆等地多个微电网示范工程中开展了系统集成及关键设备的试点应用。

国内典型微电网试点工程见附表6。

1.3 微电网发展前景与挑战

1.3.1 微电网发展前景

微电网已成为一些发达国家开发利用分布式能源、提高能源综合利用效率的重要手段。从过去5年来看，微电网的技术成熟度不断提高，市场规模稳步增长。世界各地政府、能源公司和电力公司等都在积极主导或参与当地微电网工程建设，未来5～10年，微电网的市场规模将继续保持增长态势，地区分布更加广泛。

1. 微电网迎来发展良机

我国政府对微电网的发展日趋重视，2010年之前国内相关的法律法规主要集中于对可再生能源的支持，出台了一系列相关激励政策，而对基于可再生能源的分布式发电和微电网技术的支持则主要通过科技项目资助。近几年，微电网发展开始逐渐受到各级政府的关注，2012年7月7日，国家能源局发布《太阳能发电发展“十二五”规划》，提出建设新能源微电网示范工程，计划在“十二五”时期建设30个新能源微电网示范工程；2013年，国家发展和改革委员会颁布《分布式发电管理暂行办法》，明确提出鼓励结合分布式发电应用建设智能电网和微电网，提高分布式能源的利用效率和安全稳定运行水平；2014年，中共中央、国务院出台《国家新型城镇化规划（2014—2020年）》，规划重点关注清洁能源，推进新能源示范城市建设和智能微电网示范工程建设，依托新能源示范城市建设分布式光伏发电示范区，同时在北方地区建设风电清洁供暖示范工程，并选择部分县城开展可再生能源热利用示范工程，加强绿色能源县建设；2015年7月13日，国家能源局发布了《国家能源局关于推进新能源微电网示范项目建设的指导意见》，对新能源微电网的定位、目标、类型、技术标准、项目程序等逐一做出了规定。此外，各级政府已经出台了一些配套支持性政策，微电网发展推动力越来越强，可以预见微电网在国内的市场前景将非常广阔。

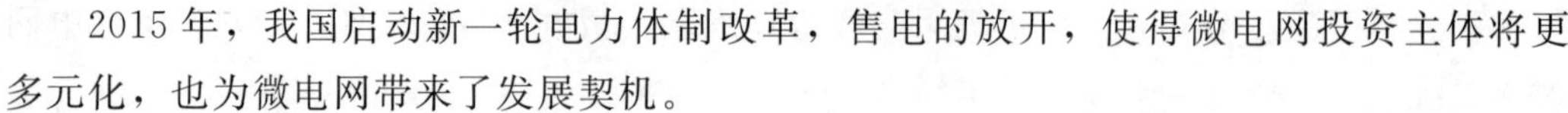

2015 年，我国启动新一轮电力体制改革，售电的放开，使得微电网投资主体将更多元化，也为微电网带来了发展契机。

2. 微电网市场需求巨大

在“十二五”期间，政府曾计划建设 30 个微电网项目，这些项目主要用于解决偏远地区、海岛的用电问题，但这个规模仍与国内的应用需求差距很远，目前中国还有 400 多个小岛依靠柴油等能源供电。而未来的微电网，不仅仅局限于解决偏远地区用电问题，在工业园区、城市商业片区也有广泛的应用前景。

(1) 解决大电网联系薄弱，供电能力受限的偏远地区供电问题。我国幅员辽阔，对于经济欠发达的农牧地区、偏远山区以及海岛等地区，与大电网联系薄弱，建设大电网，则投资大，且因用电量较小，整体很不经济。在这些偏远地区，可因地制宜地发展风力发电、太阳能发电、小水电等分布式可再生能源发电，应用微电网技术，解决这些地区的供电问题。

(2) 解决高渗透率分布式可再生能源的接入和消纳问题。分布式发电的接入改变了配电网原来的单向供电方式，其大规模应用将对电网规划、控制保护、供电安全、电能质量、调度管理等方面带来诸多影响。同时随着分布式可再生能源渗透率越来越高，如何确保这些分布式可再生能源的全额消纳逐渐成为问题。可以利用储能并进行协调控制将多个分散、不可控的分布式发电和负荷组成一个可控的单一整体，有效缓解其对大电网运行的压力。

(3) 优化配电网运行，提高供电可靠性。随着新一轮电力体制改革的全面实施，将使电力企业把工作重心转移到经营管理、降低成本和为用户提供优质服务上来。多能互补梯级利用的微电网可以用于为城市工业区及人口居住密集区提供冷、热、电等多类型能源，从而有效提高能源综合利用效率。微电网能够实时监测大电网相关的运行状态，如果大电网发生失步、低压、振荡等异常情况，微电网能够迅速从公共连接点解列进入离网运行状态，从而保证内部重要负荷的供电不受或少受影响，因此，可以使用微电网技术提高供电可靠性。

2008 年我国先后遭受了两起重大自然灾害，造成电力设施大面积损毁，给经济发展和群众生活造成严重影响。国家发展和改革委员会、电监会在《关于加强电力系统抗灾能力建设的若干意见》中提出电源建设要与区域电力需求相适应，分散布局，就近供电，分级接入电网。作为大电网的一种补充形式，微电网为提高电网整体抗灾能力和灾后应急供电能力提供了一种新思路。在特殊情况下（例如发生地震、暴风雪、洪水、飓风等意外灾害），微电网可作为备用电源向电网提供支撑。紧急情况下，微电网可以及时为大电网提供有功功率或无功功率支持；当电网发生故障时，微电网可以迅速与大电网解列进入离网运行，从而保证政府、医院、广播电视、通信、交通枢纽等重要用户的不间断供电；微电网具有自启动能力，在自然灾害多发地区，通过组建不同形式和规模的微电网，在发生灾害后迅速就地恢复对重要负荷的供电。

综上所述，在大电网不能向负荷供电时，可以采用微电网对重要负荷供电，提高供

电可靠性和保障对社会经济、人民生活、国防安全等各种供电。

1.3.2 微电网面临的挑战

虽然目前国内外相关企业、高校、科研机构在微电网运行控制技术方面开展了一系列研究，建设了多个微电网示范工程，取得了一些研究成果，但微电网运行控制涉及电力电子、分布式发电、储能等技术领域，微电网技术装备的成熟度、可靠性、经济性尚需进一步验证，微电网技术的大规模应用和市场化还需要经历一个较长的过程。微电网一些关键技术仍然面临着一些问题和挑战，需要进一步深入研究和实践。

1. 微电网并/离网平滑切换控制技术

微电网并/离网平滑切换（或称无缝切换）控制技术是指微电网在并网与离网模式之间互相转换过程中，实现平滑切换，不对配电网及微电网内部设备造成冲击，能保证微电网系统的稳定以及内部负荷正常供电，使微电网内部用户感觉不到切换过程带来的供电中断。这就需要微电网及时获取配电网和微电网内部信息，分析制定有效的并/离网策略。例如，在微电网由并网切换至离网过程中，需要通过快速转变分布式电源控制模式、储能装置的快速启动并稳定输出等控制手段确保微电网系统的功率平衡和频率稳定。

2. 离网暂态过程中微电网电压和频率控制技术

相对于大电网来说，微电网的总体容量较小，且采用大量电力电子设备作为接口，其系统存在惯性小或无惯性、过载能力差、可再生能源发电具有间隙性以及负载功率的多变性特点，增加了微电网频率和电压控制的难度。离网运行时，微电网内关键电气设备停运、故障、负荷大变化等，将可能会出现系统频率与电压大幅超越允许范围、分布式电源间产生环流和功率振荡等现象，需要制定相应的电压和频率快速稳定控制策略，维持系统暂态过程中频率和电压的稳定。

3. 微电网保护技术

微电网具有并网、离网两种运行工况，其中：①潮流双向流通，短路电流流向和大小在不同情况下差异很大；②微电网可能含有多个类型的分布式发电及储能系统，与传统配电系统故障的特征相比，微电网系统发生故障后电气量的变化十分复杂，传统的保护原理和故障检测方法将受到较大影响，可能导致无法准确地判断故障位置。因此，需要采取针对微电网特点的保护技术，突破微电网内双向潮流和短路故障电流差异较大等难点，实现微电网系统故障快速诊断并隔离，保证系统的安全。

4. 微电网能量优化管理技术

由于微电网可能同时存在多元能量平衡关系（冷、热、电等），包含多种可再生能源（太阳能、风能等），并存在并网运行和离网运行两种运行方式，使得微电网成为一个具有较强随机性的多元非线性复杂系统，微电网能量管理优化时需要考虑多种运行目标（最大化微电网内可再生能源发电量，最小化微电网运行燃料成本等），如何实现微电网的优化运行、提高微电网的整体运行效率是微电网能量管理技术方面尚需深入研究的问题。

5. 微电网信息通信技术

微电网内要控制的设备种类多，并且需要集中统一协调控制，控制的实时性要求也不一致。实现微电网系统快速有效的运行控制，依赖于微电网系统内各设备快速的、安全性高的数据信息采集以及通信。目前，国内外对微电网的信息采集和通信尚缺乏统一的标准，基于 IEC 61850/IEC 61970 统一建模的微电网信息模型以及控制功能有待统一和规范。

参 考 文 献

[1] 李琼慧，黄碧斌，蒋莉萍. 国内外分布式电源定义及发展现况对比分析 [J]. 中国能源，2012，34 (8)：31-34.

[2] Navigant Research. Global Distributed Generation Deployment Forecast [EB/OL]. http：//www. navigantresearch. com/research/global-distributed-generation-deployment-forecast，2014.

[3] Lasseter，B. Microgrids [distributed power generation] [C]. Power Engineering Society Winter Meeting，2001.

[4] 时珊珊，鲁宗相，周双喜，等. 中国微电网的特点和发展方向 [J]. 中国电力，2009，42 (7)，21-25.

[5] R. H. Lasseter. Microgrids [C] IEEE PowerEngineering Society Winter Meeting，New York 2002：305-308.

[6] European Commission. Strategic research agenda for Europe's Electricity Networks of the Future [EB/OL]. http：//www. sm. -Artgrids. eu/documents/ sra/ sra_final version. pdf，2007.

[7] Sanchez M. Overview of microgrid research and evelopment activities in the EU [C]. Montreal 2006-Symposium on Microgrids，2006.

[8] Microgrids [EB/OL]. (2012-08-06) http：//www. microgrids. eu/index. php? page=index.

[9] Smith，M.，Overview of Federal R&D on Microgrid Technologies [C]，Kythnos 2008 Symposium on Microgrids. 2008.

[10] M. Barnes，J. K. H. A.，Real-World MicroGrids-an Overview [C]，IEEE International Conference on System of Systems Engineering. 2007：1-8.

[11] Benjamin Kroposki，R. L. T. I.，Making microgrid work [J]. 2008，6 (2)：41-53.

[12] Buchholz，B.，Microgrids in European Electricity Networks [C]. Montreal 2006 Symposium on Microgrids. 2006.

[13] Buchholz，B.，T. Erge and N. Hatziargyriou. Long Term European Field Tests for Microgrids [C]. Power Conversion Conference-Nagoya，2007.

[14] Lassetter R，Akhil A，Marnay C，et al. Integration of distributed energy resources：the CERTS microgrid concept [R]. 2002-04. http：// certs. lbl. gov/certs-der-pubs. html.

[15] Stevens，J. Development of sources and a testbed for CERTS microgrid testing [C]. Power Engineering Society General Meeting，2004.

[16] Nichols，D. K.，et al. Validation of the CERTS microgrid concept the CEC/CERTS microgrid testbed [C]. Power Engineering Society General Meeting，2006.

[17] Stevens，J.，H. Vollkommer and D. Klapp. CERTS Microgrid System Tests [C]. Power Engineering Society General Meeting，2007.

[18] Krishnamurthy，S.，T. M. Jahns，R. H. Lasseter. The operation of diesel gensets in a CERTS microgrid [C]. Power and Energy Society General Meeting-Conversion and Delivery of Electrical Energy in the 21st Century，2008.

[19] Systems，N. P. Update on Mad River MicroGrid and Related Activities [C]，CERTS 2005 MicroGrid Symposium. 2005.

[20] Marnay，C.，Overview of Microgrid R&D in US [C]，Nagoya 2007 Symposium on Microgrids. 2007.

[21] Funabashi，T. and R. Yokoyama. Microgrid field test experiences in Japan [C]. in Power Engineering Society General Meeting，2006.

[22] Kojima，Y.，et al. A Demonstration Project in Hachinohe：Microgrid with Private Distribution Line [C]. System of Systems Engineering，2007.

[23] Hatziargyriou N，Asano H，IravanI R，et al. Microgrids：An overview of ongoing research，development，and demonstration projects [J]. IEEE power & energy magazine，2007，5 (4)：78－94.

[24] S. Chowdhury，et al. Microgrids and Active Distribution Networks [M]. UK：Athenaeum Press Ltd，2009.

[25] Lasseter，Robert H.，Abbas A. Akhil，et al. Integration of Distributed Energy Resources：The CERTS MicroGrid Concept [R]. USA：CERTS，2003.

[26] 尤毅，刘东，于文鹏，等．主动配电网技术及其进展 [J]. 电力系统自动化，2012，36 (18)：10－16.

第2章 微电网的概念

微电网是将分布式发电、负荷、储能系统及控制装置等相结合形成一个供电网络，能够实现自我控制、保护和管理，既可以接入外部大电网并网运行，也可以离网运行。与大电网相比，微电网的结构更适合新能源发电的分散、多点接入，有利于新能源分布式发电的就地消纳，提高清洁能源的利用效率。

微电网中通常同时存在多元能量平衡关系（冷、热、电等）、多种可再生能源（太阳能、风能等）、多种能源转换单元（燃料电池、微型燃气轮机等）以及多种运行目标（最大化微电网内可再生能源发电量，最小化微电网运行燃料成本等），使得微电网成为一个具有较强随机性的多元非线性复杂系统。

2.1 微电网定义、特征与结构

2.1.1 微电网的定义

各国发展微电网的关注点有所不同，对微电网的定义也有差别，其中各国主要研究机构和学者的观点有以下方面：

1. 美国定义

美国对微电网的研究重点主要集中在满足用户多种电能质量的要求、提高供电的可靠性、降低成本和实现智能化等方面。美国威斯康星大学 Bob Lasster 等学者提出的微电网概念是：①一个由微电源、储能系统和负荷组成的独立可控系统，受中央控制信号控制；②微电网与外部大电网连接具有灵活可控的接口，这个接口在物理上表现为两者有电的隔离，但在逻辑上两者则有经济关联。随后威斯康星大学麦迪逊分校（University of Wisconsin-Madison）的 R. H. Lasseter 教授修正了该概念，即微电网是一个由负荷和分布式电源组成的独立可控系统，为当地提供电能和热能。这种概念提供了一个新的模式来定义微电网，即对于电网，微电网可视为其中的一个可控单元，可在数秒内响应以满足外部输配电网络的需求；对用户，微电网可以满足其特定需求，增加本地供电可靠性，降低馈线损耗，保持本地电压，通过余热利用提高能源利用率，校正电压降或者提供不间断电源。

（1）CERTS 在 2003 年为美国能源部及加利福尼亚州能源委员会编写的白皮书《微电网概念》中提出的微电网定义为：微电网是一种由负荷和微电源共同组成的系统，它可同时提供电能和热量。微电网内部的电源主要由电力电子器件负责能量的转换，并提

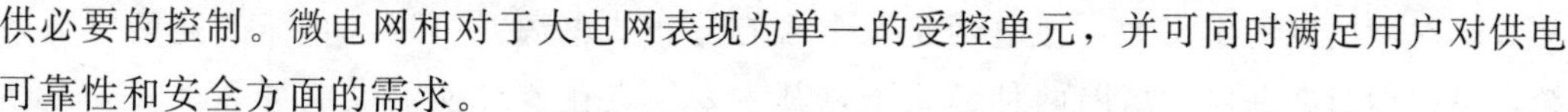

供必要的控制。微电网相对于大电网表现为单一的受控单元，并可同时满足用户对供电可靠性和安全方面的需求。

（2）美国能源部给出的微电网定义为：微电网由分布式电源和电力负荷构成，可以工作在并网与离网两种模式下，具有高度的可靠性和稳定性。该定义描述了微电网的典型特性，不失一般性。

2. 欧洲部分国家定义

欧洲对微电网研究和发展主要考虑的是有利于满足用户对电能质量以及电网的稳定和环保的要求，所有的微电网研究计划都围绕着可靠性、可接入性、灵活性等三个方面来考虑。欧盟微电网项目（European Commission Project Microgrids，ECPM）对微电网定义为：利用一次能源，使用微型电源，配有储能装置，使用电力电子装置进行能量调节，分为不可控、部分可控和全可控等三种，并可冷、热、电三联供。

英国工程技术学会（The Institution of Engineering and Technology，IET）对微电网的定义为：微电网是小型、低压的热电联产供应网，用于向一个小社区提供热能和电能。微电网内的电源通常是可再生能源发电，从运行角度，这些电源必须配备电力电子接口并提供所需的灵活控制功能以确保其运行的整体性，并保证供电的质量和可靠性。这种控制的灵活性使得对于大电网而言，微电网作为一个单一的可控单元，可以满足当地供能的安全性和可靠性。

3. 日本定义

日本发展分布式发电与微电网的目标主要定位于能源供给多样化、减少污染、提供多重电能质量和可靠性，满足用户个性化电力需求上。NEDO 对微电网定义为：微电网是指在一定区域内利用可控的分布式发电，根据用户需求提供电能的小型系统。

（1）东京大学对微电网定义为：微电网是一种由分布式能源（Distributed Energy Resource，DER）组成的独立系统，一般通过联络线与大电网相连，由于供电与需求的不平衡关系，微电网可以选择与主网之间互供或者离网模式运行。

（2）三菱公司给出的微电网定义为：微电网是一种包含电源和热能设备以及负荷的小型可控系统，对外表现为一整体单元并可以接入主网运行。该概念将以传统电源供电的独立电力系统也归入到微电网的研究范畴，扩展了 CERTS 对微电网的定义范围。

4. 其他国家定义

（1）新加坡南洋理工大学对微电网的定义为：微电网是低压配电网的重要组成部分，它包含分布式发电（如燃料电池、风电及光伏发电等）、电力电子设备、储能设备和负荷等，可以运行在并网或离网两种模式下。

（2）韩国明知大学智能电网研究中心对微电网的定义为：微电网是由分布式发电、负荷、储能设备、热恢复设备等构成的系统，它的主要优点是可并网运行和独立运行、可充分利用电能和热能。

（3）加拿大及其他国家对微电网也开展了多方面的研究，颇具代表性。加拿大多伦多大学对微电网的定义为：微电网是一个含有分布式电源并可接入负荷的完整电力系统，可以运行在并网、离网两种模式下，其主要优点在于加强了供电可靠性和安全性等。微电网将分布式电源统一控制，向负荷提供可靠供电，且在并网与离网运行的切换过程中保证微电网稳定。

（4）我国研究分布式发电和微电网起步相对较晚，国内电力公司和很多高校、研究机构都非常关注这一领域。目前，对微电网的定义尚未形成统一的认识。

综合国外对微电网含义的诠释以及国内外微电网试点工程的实际情况，微电网的定义为：由分布式发电、用电负荷、监控、保护和自动化装置等组成（必要时含储能装置），是一个能够基本实现内部电力电量平衡的小型供用电系统。微电网分为并网型微电网和独立型微电网。

2.1.2　微电网的特征

虽然各国对微电网的定义各不相同，但也不失一般性，微电网通常具备以下特点：

（1）靠近电力终端用户，适应配电电压等级，总体规模较小。

（2）以分布式发电为基础，包含储能、控制和保护系统。

（3）能工作在并网和离网两种运行模式下。

（4）能够自我平衡，与外部电网发生有限地电力交换。

综合以上关于微电网的定义和特点，结合国内外微电网建设情况，可以得出微电网具有“微型、清洁、自治、友好”的基本特征。

1. 微型

微型是微电网的首要特征，主要体现在系统规模小，一般在兆瓦级以下；电压等级低，一般在10kV及以下；与终端用户相连，电能就地利用。

2. 清洁

微电网内的分布式发电通常是风力发电、光伏发电等新能源为主，以及冷、热、电联供系统等能源综合利用形式。同时，微电网通常配置高效的能量管理系统，使得整个微电网运行在经济、节能、环保的状态。

3. 自治

微电网通过协调分布式发电、储能和负荷实现微电网内部电量的自平衡。从欧美、日本等国家和地区的微电网技术发展路线可以看出微电网所产生的电能主要是就地消纳、用于满足本地用户的需求，其中美国、日本的一些典型微电网试点工程并网但不向主网供电，并严格限制从主网吸收电量，要求微电网能保证自给自足。

4. 友好

微电网的友好特性首先体现在为用户提供优质可靠的电力。在大电网发生故障时，微电网可以自动与主网脱离自治运行，满足对重要负荷的不间断供电需求；此外，微电网通过协调控制提高终端用户的电能质量，满足不同用户对电能质量的个

性化需求。

微电网的友好特性其次体现在对大电网的支撑作用。微电网通过对内部各种分布式发电的控制，实现与大电网之间稳定的功率交换；同时，在大电网发生扰动时快速响应电网安全稳定控制的需要，为大电网提供支撑。

2.1.3　微电网的结构

微电网中分布式发电靠近电力用户，输电距离相对较短，其负荷特性、分布式发电的布局以及电能质量要求等各种因素决定了微电网在结构模式上有别于传统的电力系统。

微电网一次系统由分布式发电、储能、配电、电力电子装置、负荷等组成，二次系统由保护和自动化装置、微电网监控系统、微电网能量管理系统等组成。系统结构如图 2-1 所示。

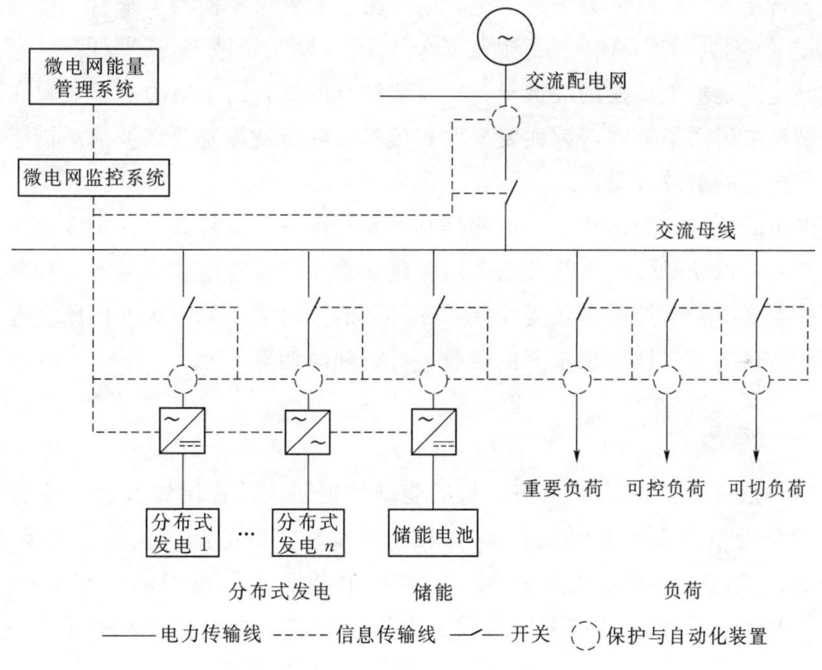

图 2-1　微电网系统结构图

2.1.3.1　一次系统

分布式发电类型包括风能、太阳能、生物质能、水能、潮汐能、海洋能等可再生能源发电，微型燃气轮机、柴油发电机、燃料电池等非可再生能源发电，以及利用余热、余压和废气发电的冷热电多联供等。

从微电网的规模和特点等方面来看，适用于微电网的储能技术主要有电池储能、超级电容储能、飞轮储能等。储能系统的主要作用在于：①微电网并网运行时，储

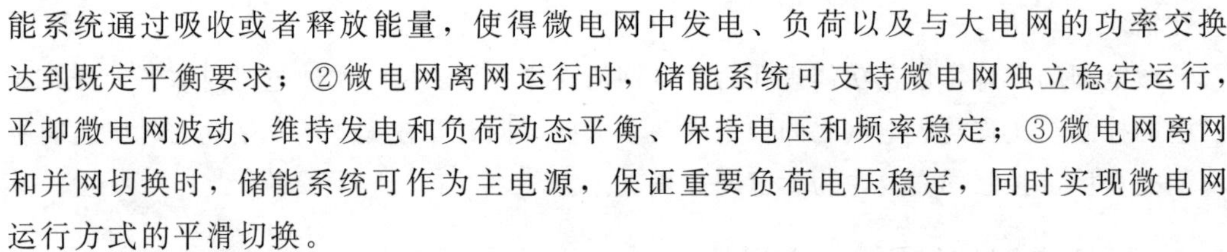

能系统通过吸收或者释放能量，使得微电网中发电、负荷以及与大电网的功率交换达到既定平衡要求；②微电网离网运行时，储能系统可支持微电网独立稳定运行，平抑微电网波动、维持发电和负荷动态平衡、保持电压和频率稳定；③微电网离网和并网切换时，储能系统可作为主电源，保证重要负荷电压稳定，同时实现微电网运行方式的平滑切换。

配电主要包括开关、变压器、配电线路等，是向负荷供给电能的一个电力网络。其中，微电网中的开关可分为用于隔离微电网与大电网的并网点开关，以及用于切除线路或分布式发电的开关两种。为快速隔离电网故障或切断微电网与主网的电气联系，微电网并网点开关通常需要特殊配置，如采用基于电力电子技术的静态开关。微电网并网点所在的位置，一般选择为配电变压器的低压侧。切除线路或分布式发电的开关一般可采用普通断路器，如空气断路器、真空断路器等。

微电网内大部分分布式发电以及储能，其输出为直流电或非工频交流电，需要通过电力电子装置接入微电网或为负荷供电。电力电子装置从变换类型来看主要分为整流器（AC/DC）、逆变器（DC/AC）、变频器（AC/AC）以及斩波器（DC/DC）等，是分布式电源或储能系统电能转换的关键设备。需要注意的是，由于电力电子装置在运行过程中会产生谐波电流污染电网，因此要采取积极有效的谐波抑制及谐波治理措施，尽量减少电力电子设备的谐波含量。

微电网中的负荷类型多样，一般根据其重要程度，可以将其分为重要负荷、可控负荷与可切负荷，以便对负荷进行分级分层控制。重要负荷对电能质量要求较高，要求提供连续不中断供电；可控负荷接受控制，在必要的情况下可以减少或中断供电；可切负荷是指一些对供电可靠性要求不高的负载，可以随时切除。

2.1.3.2 二次系统

微电网一般采用三层控制结构，包括能量管理层、监控层以及就地控制层。能量管理层主要负责根据市场和调度的需求来管理和调度微电网；监控层负责实现微电网中各分布式发电、负荷的协调控制；就地控制层负责微电网的功率平衡和负荷管理。在三层控制方案中，各控制层之间都有通信线路。微电网三层控制架构如图2-2所示。

微电网能量管理层通过微电网能量管理系统实现。能量管理系统是一套计算机系统，包括提供基本支持服务的软硬件平台，以及保证微电网内发电、配电、用电设备安全经济运行的高级应用软件。微电网能量管理系统具备发电预测、分布式发电管理、负荷管理、发用电计划、电压无功管理、统计分析与评估、Web服务等功能，实现微电网的优化运行与能量的合理分配，保证微电网的安全、稳定、经济运行。对于并网型微电网，能量管理系统与电网管理部门进行数据交换，将微电网运行数据上传给电网管理部门，并接受电网管理部门的控制指令。同时，微电网能量管理系统与微电网监控系统进行数据交互，并下发微电网运行指令值给微电网监

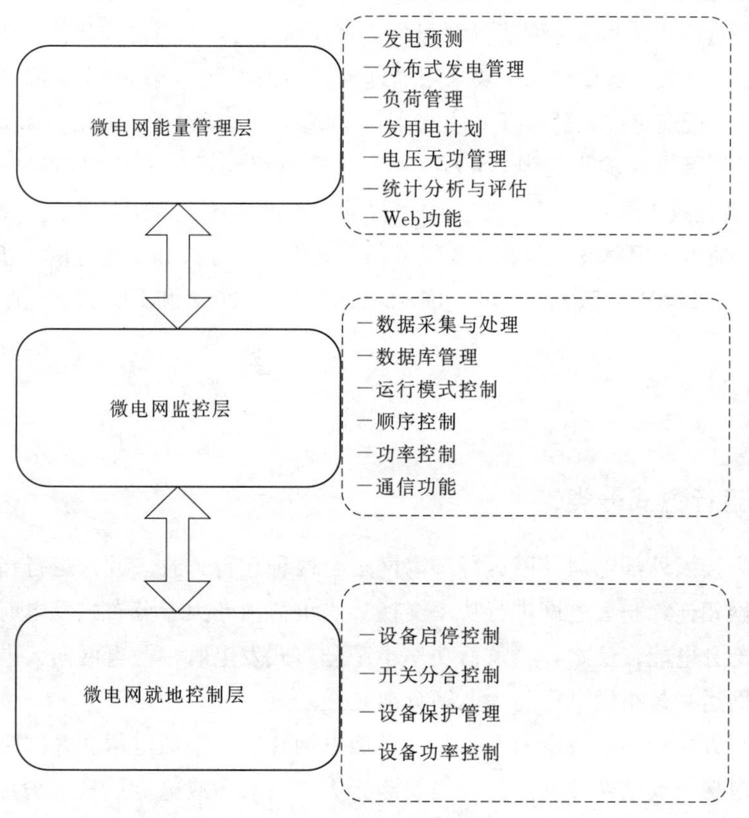

图 2-2 微电网三层控制架构

控系统执行。

微电网监控层通过微电网监控系统实现，监控系统是利用计算机对微电网进行实时监视和控制的系统。监控系统具备数据采集与处理、数据库管理、人机界面、报表处理、防误闭锁、系统时钟对时、设备开断控制、权限管理、微电网运行模式控制、顺序控制、功率控制、通信等功能。微电网监控系统与微电网能量管理系统进行数据交换，将微电网设备运行数据上传给能量管理系统，并接受能量管理系统下发的控制指令。微电网监控系统与分布式发电、负荷的控制器以及保护和自动化装置进行数据交互，并向其下发微电网控制指令值。

在中、小型微电网中，微电网的结构和控制相对简单，为了减少成本投资，简化操作流程，微电网能量管理系统和监控系统可以合二为一。

微电网就地控制层通过分布式发电、负荷的就地控制器、保护和自动化装置等实现。微电网就地控制设备具备设备启停控制、开关分合控制、设备保护管理、设备功率控制等功能。同常规的电力系统相比，微电网中的可调节变量更加丰富，如分布式发电的有功功率、电压型逆变器接口母线的电压、电流型逆变器接口的电流、储能系统的有功输出等，可以通过微电网就地控制设备实现调节，对微电网中的各设备进行快速控制，以保持微电网的频率和电压的稳定。

当微电网监控系统和微电网能量管理系统分开部署时，两者之间通信主要采用以太网通信和光纤通信方式，通信协议主要采用《远动设备及系统　第 5－101 部分：传输规约　基本远动任务配套标准》(DL/T 634.5101—2002)、《远动设备及系统　第 5－104 部分：传输规约　采用标准传输集的 IEC 60870－5－101 网络访问》(DL/T 634.5104—2002)、《标准工程化实施技术规范》(DL/T 860)。根据微电网内各设备实际情况，微电网监控系统内部通信介质可采用载波通信、双绞线通信、光纤通信方式和无线通信，通信协议主要采用 Modbus、DL/T634.5101—2002、DL/T 634.5104—2002 和 DL/T 860 通信协议。

2.2　微电网分类

2.2.1　按运行方式分类

微电网有接入外部电网并网运行和离网运行两种运行方式。并网运行指微电网通过开关与大电网相连，与大电网进行功率交换。当负荷功率大于分布式发电时，微电网从大电网吸收部分电能；反之，当负荷功率小于分布式发电时，微电网向大电网输送多余的电能。离网运行是指微电网与大电网分离独立运行。

按照运行方式分类，微电网包括并网型微电网和独立型微电网。并网型微电网在正常情况下一般接入大电网并网运行，当检测到大电网故障或电能质量不满足要求时，微电网可以断开与大电网的连接进行离网方式运行，此时由分布式发电和储能单元向微电网内的负荷供电。独立型微电网不与大电网相连接，完全利用自身的分布式发电满足微电网内负荷的长期供电需求。当微电网内存在间歇式新能源发电时，常常需要借助储能装置来抑制新能源的功率波动，并可以存储新能源发电的多余电能，满足不同时段负荷的需求。独立型微电网一般应用于海岛、偏远地区等大电网延伸比较困难的地方，用于解决这些地区的供电问题。

2.2.2　按电压等级分类

按照接入电压等级以及接入配电系统模式的不同，可以把微电网分为三个等级，即高压配电变电站级微电网、中压馈线级微电网以及低压微电网，如图 2－3 所示。

高压配电变电站级微电网和中压馈线级微电网属于较大规模的微电网。其中：高压配电变电站级微电网包含整个配电变电站主变二次侧所接的多条馈线；中压馈线级微电网则包括一条 10kV 或者 35kV 配电主干线路内所有单元。变电站级微电网和馈线级微电网适用于向容量稍大、有较高供电可靠性要求、有较为集中的用户区域供电，这两种类型的微电网对配电系统自动化控制和保护有较高要求。变电站级微电网内可以包含多个馈线级微电网，而馈线级微电网内还可以包含多个中压配电支线微电网和低压微电网。各子微电网既可以独立运行，也可以组成更大区域的微电网联合运行。

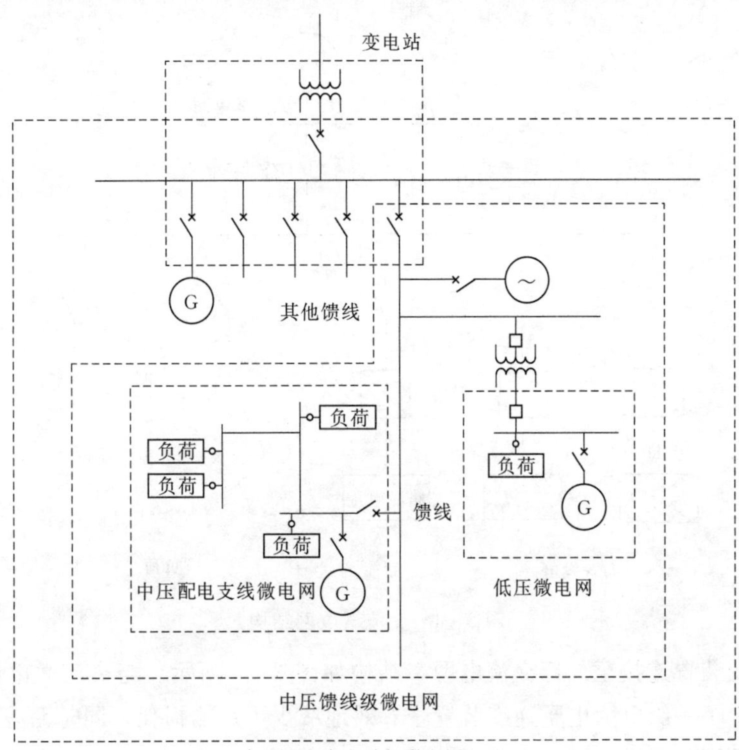

图 2-3　微电网电压等级及规模示意图

中压配电支线微电网是指以中压配电支线为基础将分布式发电和负荷进行有效集成的微电网，它适用于向容量中等、有较高供电可靠性要求、较为集中的用户区域供电。这类微电网通过断路器以支线形式接入配电系统中压主干网，同样对配电系统自动化的控制和保护有较高要求。低压微电网是指在低压电压等级上将用户的分布式发电及负荷适当集成后形成的微电网，规模相对较小。

2.2.3　按交/直流分类

根据分布式发电汇流母线的不同种类，可以把微电网分为交流微电网、直流微电网、交直流混合微电网等三种类型。

1. 交流微电网

交流微电网可以接入常规电网，是微电网的主要形式。在交流微电网中，分布式发电、储能、负荷等均连接至交流母线，结构如图 2-4 所示。微电网通过公共连接点与大电网相连，考虑微电网本身的能量自平衡要求，公共连接点上允许微电网与外部电网进行电量交换。通过对公共连接点处开关的控制，可实现微电网并网运行与离网运行两种方式的转换。

2. 直流微电网

在直流微电网中，分布式发电、储能、负荷等均连接至直流母线，直流网络再通过

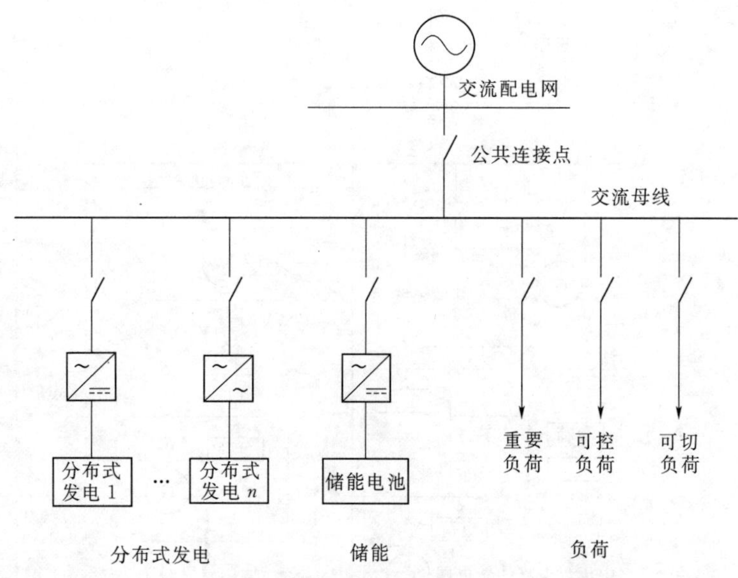

图 2-4 交流微电网结构

电力电子逆变装置连接至外部交流电网，结构如图 2-5 所示。与交流微电网相比，直流微电网减少了一级电力电子逆变装置，有效地减少了传输损耗，同时无需考虑各分布式发电之间的同步问题，可以实现高效率的功率变换，提高能源利用效率等。除了在实验室阶段的研究，直流微电网在现实生活中的实际应用正在逐渐展开。

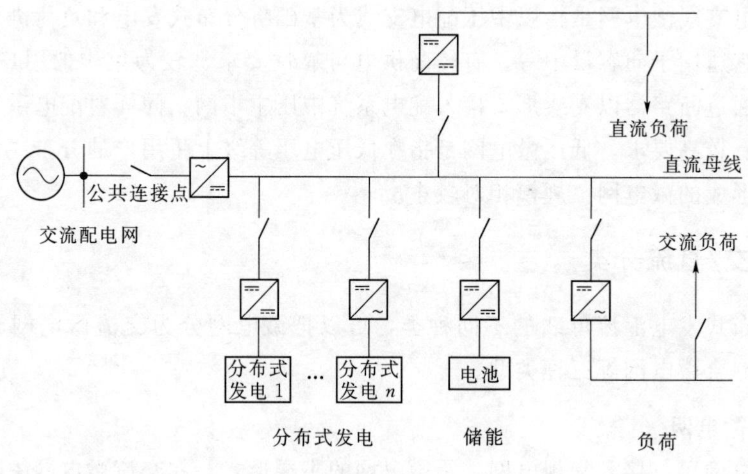

图 2-5 直流微电网结构

3. 交直流混合微电网

在交直流混合微电网中，既含有交流母线又含有直流母线，既可以直接向交流负荷供电，又可以直接向直流负荷供电，结构如图 2-6 所示。交直流混合微电网可以看作以交流微电网系统为主架构，直流微电网通过开关连接在交流母线上，直流微电网既可以嵌入到交流微电网混合运行，也可以独立运行。交直流混合微电网更加灵活、多变，提

升了整个系统的供电可靠性和经济性。

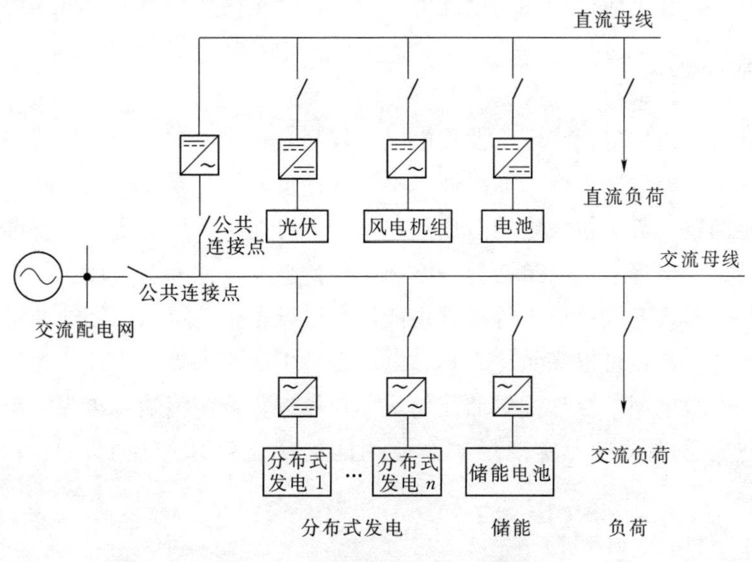

图 2-6 交直流混合微电网结构

2.3 微电网应用场景

2.3.1 农牧地区

我国幅员辽阔、地形复杂，拥有广袤的高原、无垠的戈壁、绵延的深山，存在大量地处偏远的农牧地区，这些地区自然条件恶劣，用电负荷分散，远离发电厂、变电站等电源点，供电线路铺设困难，成本高昂。即使已实现供电的农牧地区，由于处在配电网末端，电能质量较差，电网相对脆弱，易受突发事件影响，供电可靠性较低。随着我国新农村建设的推行，农村用电负荷快速增长，农牧地区供电能力不足以及运行维护成本高的问题进一步显现。

农牧地区地域广阔，可再生能源丰富，发展新的供电形式来充分利用农牧地区的资源，可以解决农牧地区供电能力不足的问题。根据农牧地区分布式能源结构特点，因地制宜地发展和建设农牧地区微电网，是促进农村可再生能源规模化利用，提高农村供电能力的有效措施。

2.3.2 商业楼宇

建筑耗能在能源消费总量中占了大约三成，目前包括我国在内的很多国家把建筑节能作为一项基本国策并给予高度关注。大型商业楼宇负荷包括照明、新风、制冷、供热、电梯等，应用微电网技术可以将分布式可再生能源与商业楼宇节能有机结合，对发电、用电和储能等多个环节进行能量管理，使商业楼宇从单纯的能源消费者转变成能源系统的参与者。以楼宇为场所建设的微电网由分布式发电、储能装置、楼宇负荷及相关监控装置组成，具有灵活运行和调度能力，可实现楼宇内各个组成部分的协调运行。

2.3.3 厂矿企业

厂矿企业是国内用电大户，工业用电电价较高，一方面，一般采用峰谷电价计费机制，生产企业存在大量冲击性、非线性、不平衡性负荷，容易使配电系统出现谐波与波动等电能质量问题，甚至对大电网造成严重污染，可能导致厂矿企业设备温升过高、绝缘老化、产品不合格等不良后果。另一方面，厂矿企业往往拥有大面积的空闲屋顶或地面，可以安装分布式光伏、风电等可再生能源发电设备，还可以应用柴油机、微型燃机等自备发电设备，甚至可以满足冷、热、电等多种供能需求等。因此，建设面向工矿企业的冷热电联产微电网，合理配置储能储热，在靠近负荷侧消纳可再生能源，根据峰谷电价对电能进行合理调度，实现厂矿企业用能的优化管理和控制，具有重要的现实意义。

2.3.4 海岛

我国 300 多万 km^2 的海疆上分布着数以万计的岛礁，其中面积大于 $500m^2$ 的海岛有 6500 多个，400 多个海岛上有常驻居民。海岛及其周围还蕴藏着丰富的渔业、石油等资源，因此开发海岛具有非常重要的经济和战略意义。

由于与陆地隔离，海岛的开发深受电力、饮用水紧缺和交通困难等制约。已建的海岛电力系统往往采用柴油发电机作为主要电源。但是柴油的供应给交通运输增加了压力，带来成本的上升。在重视旅游业的海岛地区，柴油发电机产生的大量污染和噪声，严重破坏了海岛脆弱的生态环境。海岛地区的风能、太阳能、海洋能等可再生能源十分丰富，有效开发可再生能源可以缓解海岛电力不足，对海岛的可持续发展具有重大意义。综合利用分布式可再生能源和储能的微电网技术，将为海岛供电（能）以及有效开发提供一个新的思路。

2.4 微电网运行控制关键技术

2.4.1 电力电子接口技术

适用于微电网应用的分布式发电主要包括太阳能发电、风力发电、微型燃气轮机发电、燃料电池发电等。微电网通过对分布式发电、负荷等的控制实现电力电量平衡。微电网内分布式能源的利用，主要基于电力电子接口的变流装置来实现，电力电子接口技术是微电网运行控制的关键技术之一。分布式发电需具有快速的动态响应能力，通过对电力电子装置输入输出电压电流的控制进行有功功率和无功功率的调节。由于电力电子装置响应速度快且输出阻抗小，导致分布式发电惯性很小、过负载能力低，同时电力电

子接口的灵活性和可控性使得逆变器输出的电能可以满足用户对于电能质量和电能多样性的需求。

微电网中电力电子技术主要包括模拟同步发电机运行特性的下垂特性（Droop）控制技术、恒频恒压控制技术（V/f 控制）、恒定功率控制技术（PQ 控制）等。

Droop 控制技术模拟传统大电网中有功功率对频率、无功功率对电压幅值之间的下垂关系，在不依赖于通信的情况下能有效地实现微电网中分布式发电有功功率和无功功率的调节。

V/f 控制是针对分布式发电离网运行时，为负荷提供电压和频率支撑，维持微电网电压和频率的稳定。其基本思想是不管分布式发电输出功率如何变化，其出口电压的幅值和频率均不会发生变化。采用这种控制方法的电源多为微型燃气轮机和储能电池这类依据负荷需求进行功率调节的电源。

PQ 控制的基本思想是使分布式发电输出的有功功率和无功功率等于其设定值，采用这种控制方法的电源多为风力发电和光伏发电这类输出功率受天气影响的电源。微电网并网运行时，微电网内分布式发电主要采用 PQ 控制，此时微电网电压和频率的稳定主要依靠大电网支撑。

2.4.2　协调控制技术

微电网在正常运行状态下具有并网运行和离网运行两种运行方式，通过对微电网内分布式发电、储能、负荷等进行协调控制，实现微电网稳定、安全、经济地运行；同时，当微电网处于紧急、恢复、切换过渡、临界稳定等状态时，通过协调控制实现微电网各工况的平稳过渡。

协调控制技术主要包括以下方面：

（1）功率控制。微电网正常运行时，针对微电网各种拓扑结构，采用不同的控制策略控制分布式发电出力，实现微电网功率输出稳定和功率优化。

（2）电压控制。微电网内分布式发电及储能都具备一定的无功输出能力，通过调节其无功输出，控制微电网母线电压维持在允许范围内。

（3）频率控制。微电网离网运行时，由于系统惯性小，在扰动期间系统频率变化迅速，需采取频率控制策略使微电网频率稳定在允许范围内。

（4）顺序控制。按照预先设定的顺序，控制微电网内各设备动作，完成微电网并网启动、并网停机、离网启动、离网停机等操作。

（5）并/离网切换控制。系统正常运行时，完成微电网并/离网运行状态的正常切换，确保微电网并/离网运行状态平滑过渡。当外部大电网发生故障时，需采取一定的控制策略使微电网安全稳定地由并网运行状态切换到离网运行状态。

2.4.3　能量管理技术

采用新能源发电规模较大的微电网，在保证微电网运行可靠的基础上，同时需要对微电网能量进行优化管理，以实现微电网运行的经济性。

微电网不仅包含发电，也包含用电，甚至可能包含供热等；同时由于可再生能源的随机性和不可控性，使得微电网的能量具有时变性、不确定性和非对称性等特点，给微电网的能量优化管理带来了一系列新的挑战。

（1）功率预测及负荷预测技术。微电网中光伏、风电等新能源发电系统功率输出的间歇性、波动性，以及负荷变化的不确定性等都给微电网的能量管理提出了较高的要求，微电网能量调度计划制定的前提就是进行风/光发电功率预测以及负荷预测。

（2）多元能量的协调管理技术。目前，微电网能量管理技术的研究，主要还是集中在电力的层面，对于含冷热电多元能量的微电网研究较少。能量管理技术不仅要保证整个微电网功率的供需平衡、保证供电的电能质量，还需合理安排冷、热、电能量的分配比例，充分发挥能量梯级利用，实现微电网多元能量的优化管理，保证整个微电网运行的经济性。

（3）融合需求侧响应的能量管理。随着未来智能电网的发展，用户将参与到配用电环节与电网互动，对供用电模式产生重要影响，微电网能量管理不仅需要对内部各能源系统进行管理，也需要采用需求侧响应技术对负荷进行有效控制。

2.4.4 保护技术

微电网内的分布式发电大部分采用电力电子接口接入微电网，这种类型的电源提供故障电流的能力有限，与传统的旋转电源差别较大，这使得微电网的保护与常规配电网的保护存在很大的不同，主要表现在以下方面：

（1）微电网一般为双向潮流，与常规配电网单向潮流相比，其保护策略更复杂。

（2）微电网并网运行与离网运行的短路电流水平差别较大，不同运行状态下需采用不同的保护策略。

（3）微电网内分布式发电种类较多，故障特性有较大差别，保护策略需区别对待。

（4）微电网并网运行时，如何可靠识别外部大电网故障并迅速将微电网切换到离网运行状态是微电网保护的一个难点。

目前，微电网保护策略的常规思路是寻找大电网中已有的保护方法，将其移植到微电网中，包括引入方向元件、低压闭锁元件、差动元件等，但是微电网的双向潮流和不同运行状态下短路电流水平差异较大的特性使得微电网应用传统的保护方法变得复杂。网络化保护以通信为基础，构建微电网级通信网络，采集微电网中多处电气信息进行综合分析判断，不受微电网运行方式的影响，能够快速定位故障、隔离故障区域是微电网保护未来的发展方向。目前，该技术仍处于探索阶段，商业应用还没有成熟。

微电网内发/用电设备众多、操作频繁，接地是保证人员和设备安全的一个重要措施。一般来说接地类型有系统接地和设备接地两种。其中：①系统接地在一般情况下用来稳定对地电压，在闪电、意外触高压线等紧急情况下用来抑制浪涌电压；②设备接地用于防止设备外壳带电，避免人身遭电击伤害以及财产遭受损失。传统配电网有多种接

地方式，需要研究适用于微电网的接地方式，提高微电网运行的安全性。

2.4.5 信息建模与通信技术

信息通信是实现微电网信息交换、运行控制和数据管理的基础。微电网的运行控制、能量优化利用、响应配网调度等应用功能的实现都依赖于信息通信技术，微电网的设备数量很多，所交换的信息类型众多，实时性要求也各不一致。综合考虑通信的经济性和可靠性，微电网中所采用的通信方案多采用多种通信技术组合。

信息建模也就是数据建模，统一数据的模型能够为各种设备、监控或能量管理之间的信息交换提供便利，以太网通信技术以其低传输延迟、高带宽的特性以及相对低廉的成本，在微电网中也得到了广泛应用，基于以太网的信息建模技术对于微电网的运行控制非常具有应用价值。

在传统电力系统中，监视控制和数据采集（Supervisory Control and Data Acquisition，SCADA）是电网调度技术支持系统的重要基础和核心组成部分之一。传统SCADA的特征是面向测点，SCADA处理的核心是各个量测点及其相应的厂号、点号、测点名、系数、极性等附加属性，系统里的数据定义、图形界面、报表数据都是以测点为核心的。在微电网中，主要能源来自风电、光伏等随机性较大的能源，微电网形式多样，需要采用更为先进的技术支持手段。这对SCADA的信息建模提出了更高的要求，可归纳为：

（1）统一的监控信息模型。微电网的调度运行需要以整个微电网为对象，能够及时感知全景信息，满足监视、分析、控制等不同应用层面和不同专业的业务需求。微电网要求SCADA实现微电网运行信息的全面监视和设备控制，能够非常准确地反映微电网的真实运行状况。这就要求SCADA除了具备常规的遥信、遥测等数据外，还应处理保护及故障录波等信息，应完成包括一次设备模型、二次设备模型在内的真实完整的建模。

（2）支持智能化的功能。微电网要求SCADA在传统功能基础上提供更多智能化的功能，辅助运行人员监视、分析与决策，要求SCADA能够非常敏锐地获取微电网运行状态，提供微电网并/离网、负荷变化的分析和表达工具，实现故障信息的汇总、分析和判断功能，对影响到微电网运行的信息有非常全面及时的获取手段，对于微电网运行状态的变化能及时做出正确的反应。

（3）模型具备灵活的拓展性。微电网的应用多样化，面向偏远地区和面向城市配电网的微电网具有不同的结构和应用需求。这就要求SCADA的信息模型具备灵活的拓展性，在性能、容量和功能方面能满足微电网不同的业务需求，并具备由于电力体制改革、国家宏观政策等对电网调度业务变化的适应能力。

参 考 文 献

［1］ 张建华，黄伟. 微电网运行控制与保护技术［M］. 北京：中国电力出版社，2010.

[2] 吴福保，杨波，叶季蕾．电力系统储能应用技术［M］．北京：中国水利水电出版社，2014.

[3] 王成山．微电网分析与仿真理论［M］．北京：科学出版社，2013.

[4] 王兆安，黄俊．电力电子技术［M］．4版．北京：机械工业出版社，2000.

[5] 赵波．微电网优化配置关键技术及应用［M］．北京：科学出版社，2015.

[6] 刘振亚．中国电力与能源［M］．北京：中国电力出版社，2012.

[7] 赫卫国，汪春，吴福保，等．我国偏远无电地区微网建设模式探讨［J］．电网技术：增刊2，2012，36（12）：1-5.

[8] 刘海璇，吴福保，董大兴，等．微电网能量管理系统中的公共信息模型扩展［J］．电力系统自动化，2012，36（6）：31-37.

[9] 华光辉，吴福保，邱腾飞，等．微电网综合监控系统开发［J］．电网与清洁能源，2013，29（4）：40-45.

[10] 张先勇，舒杰，吴昌宏，等．一种海岛分布式光伏发电微电网［J］．电力系统保护与控制，2014，42（10）：55-60.

[11] Lasseter，B. Microgrids [distributed power generation] [C]. Power Engineering Society Winter Meeting，2001.

[12] R. H. Lasseter. Microgrids [C]. IEEE Power Engineering Society Winter Meeting，January 27-31，2002，New York，USA：305-308.

[13] Lassetter R，Akhil A，Marnay C，et al. Integration of distributed energy resources：the CERTS microgrid concept [R/OL].（2002-04）. http：// certs. lbl. gov/certs-der-pubs. html.

[14] European Commission. Strategic research agenda for Europe's Electricity Networks of the Future [EB/OL]. http：//www. sm. -Artgrids. eu/documents/sra/sra _ finalversion. pdf，2007-05-01.

[15] Sanchez M. Overview of microgrid research and evelopment activities in the EU [C]. Montreal 2006-Symposium on Microgrids，2006.

[16] S. Chowdhury，S. P. Chowdhury，P. Crossley. Microgrids and Active Distribution Networks [M]. London：The Institution of Engineering and Technology，2009.

第3章　分布式电源控制技术

分布式电源是微电网的基本组成部分，微电网的控制依赖于对分布式电源的控制。适用于微电网应用的分布式电源主要包括光伏发电、风力发电、微型燃气轮机发电、燃料电池发电等。微电网通过对分布式电源的协调控制实现稳定运行，相对于外部电网表现为单一的自治受控单元，能够满足外部输配电网络的需求。为实现上述运行功能和目标，微电网要求部分分布式电源不仅具有 PQ 控制和 V/f 控制，还需要具备下垂控制、谐波补偿以及防孤岛等控制策略。其中微型燃气轮机和储能可以在离网情况下做主电源运行。PQ 控制由能量管理系统下发控制指令，分布式电源接受统一管控；V/f 控制是由分布式电源本体控制电压、频率，保障微电网稳定运行。

3.1　光伏发电

3.1.1　光伏发电原理

光伏发电系统是利用光伏电池半导体材料的光生伏特效应，将太阳光辐射能直接转换为电能的一种发电系统。当太阳光线照射到光伏电池表面时，部分带有能量的光子入射于半导体内，光子与构成半导体的材料相互作用产生电子和空穴。在 PN 结产生的静电场的作用下，电子将向 N 型半导体扩散，而空穴则向 P 型半导体扩散，并各自聚集在两电极部分，即负电荷和正电荷聚集在半导体两端，如果将两个电极用导线连接，就会有电荷流动，进而产生电能。

光伏电池实际上就是一个大面积平面二极管，在阳光照射下就可产生直流电流。PN 结光伏电池等效电路如图 3－1 所示。

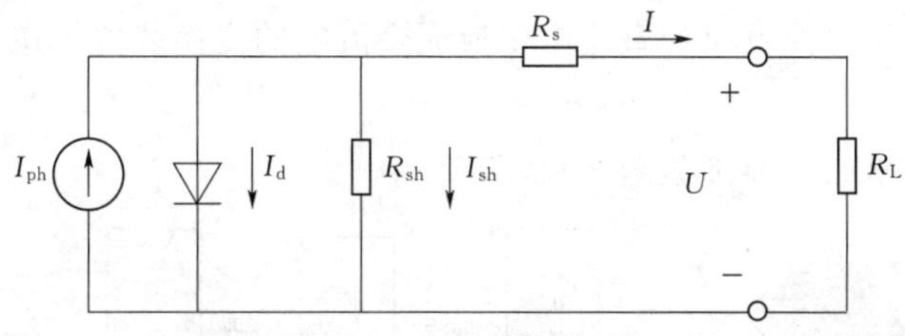

图 3－1　PN 结光伏电池等效电路

设定图 3－1 中所示的电压、电流方向为正方向，采用基尔霍夫电流定律，得出光伏电池发电状态的电流方程式为

$$I = I_{\mathrm{ph}} - I_{\mathrm{d}} - I_{\mathrm{sh}} \tag{3-1}$$

式中　I——光伏电池的输出电流；

I_{ph}——光生电流；

I_{d}——流过二极管的电流；

I_{sh}——流过内部并联电阻 R_{sh} 的电流。

对于 I_{d} 有

$$I_{\mathrm{d}} = I_{\mathrm{s}}\left[\exp\left(\frac{qU_{\mathrm{d}}}{AkT}\right) - 1\right] \tag{3-2}$$

综合式（3-1）和式（3-2）可得单个光伏电池的输出伏安特性表达式为

$$I = I_{\mathrm{ph}} - I_{\mathrm{s}}\left\{\exp\left[\frac{q(U + IR_{\mathrm{s}})}{AkT}\right] - 1\right\} - \frac{U + IR_{\mathrm{s}}}{R_{\mathrm{sh}}} \tag{3-3}$$

式（3-3）中最后一项 $(U + IR_{\mathrm{s}})/R_{\mathrm{sh}}$ 为对地的漏电流。实际的电池中，漏电流与 I_{ph} 和 I_{s} 相比是很微小的，通常被忽略，简化后的光伏电池输出特性方程为

$$I = I_{\mathrm{ph}} - I_{\mathrm{s}}\left\{\exp\left[\frac{q(U + IR_{\mathrm{s}})}{AkT}\right] - 1\right\} \tag{3-4}$$

式（3-4）是基于物理原理的最基本解析表达式，已广泛应用于光伏电池的理论分析。

光伏发电系统一般由光伏电池阵列、汇流箱、光伏并网逆变器构成。光伏阵列产生直流电，通过并网逆变器转化成与公共电网同频率的交流电，接入公共电网。

1. 光伏电池阵列

光伏电池单元是光电转换的最小单元，将光伏电池单元进行串、并联封装后，得到的组合体称之为光伏电池组件，即单独做电源使用的最小单元。光伏电池组件再经过串、并联构成光伏阵列。

2. 汇流箱

将光伏组串连接，实现光伏组串间并联的箱体，并将必要的保护器件安装在此箱体内，简称汇流箱。

3. 光伏并网逆变器

逆变器是将光伏电池发出的直流电变换成交流电的变换装置。逆变器是光伏发电系统中的重要部件。

典型的光伏发电系统原理如图 3-2 所示。

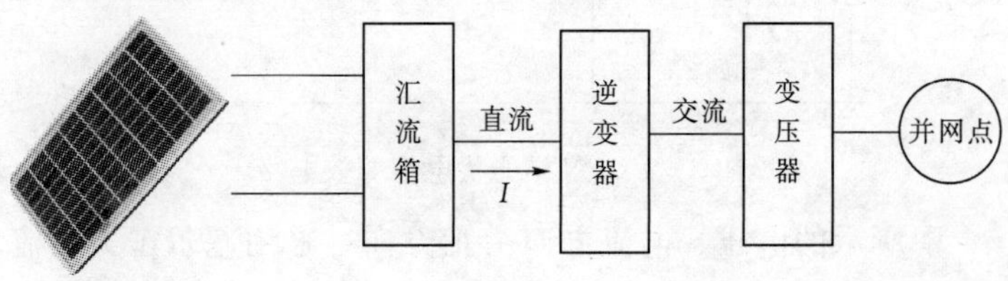

图 3-2　光伏发电系统原理图

3.1.2 控制策略

光伏逆变器不仅具有直交流变换功能，还具有最大限度发挥光伏电池性能和系统故障保护的功能，可实现最大功率跟踪（Maximum Power Point Tracking，MPPT）、自动电压调整、直流检测、电网低电压穿越、无功支撑和防孤岛。光伏逆变器控制策略主要分为直接电流控制和直接功率控制两大类。

直接电流控制通过构成电流闭环控制，提高了系统的动态响应速度和输出电流波形品质，同时也降低了其对参数变化的敏感程度，增强系统的鲁棒性。直接电流控制策略包含基于电压定向的矢量控制（Voltage-Oriented Vector Control，VOC）、基于虚拟磁链定向的矢量控制（Virtual Flux Oriented Vector Control，VFOC）、重复控制、滞环控制、无差拍控制、模糊控制、神经网络控制。其中 VOC 和 VFOC 两种控制方法应用较广泛。

直接功率控制则是通过构成功率闭环系统，对逆变器输出功率进行直接控制。直接功率控制策略分为基于电压定向的直接功率控制（Voltage Direct Power Control，V-DPC）和基于虚拟磁链定向的直接功率控制（Virtual Flux Direct Power Control，VF-DPC）。

1. 直接电流控制

（1）基于电压定向的矢量控制。基于电网电压定向的并网逆变器输出电流矢量如图 3-3 所示。其中，$\vec{e}_\alpha$、$\vec{e}_\beta$ 分别为并网逆变器交流电压 α、β 轴分量实际值；$\vec{i}_\alpha$、$\vec{i}_\beta$ 分别为并网逆变器交流电流 α、β 轴分量实际值；$\vec{i}_d$、$\vec{i}_q$ 分别为并网逆变器交流 d、q 轴分量实际值；γ 为相角。

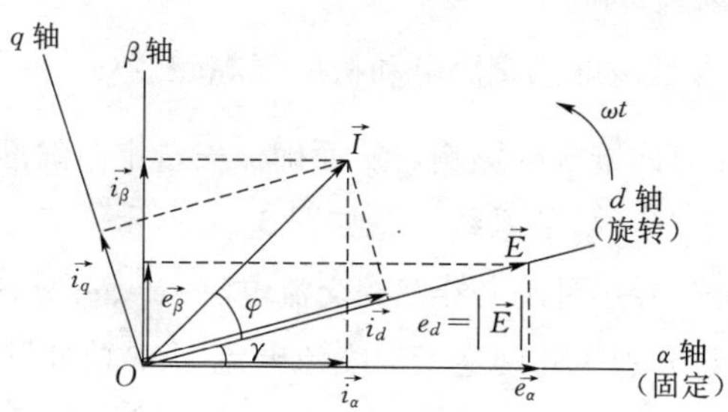

图 3-3 基于电网电压定向的输出电流矢量图

若不考虑电网电压的波动，即 e_d 为一定值，并网逆变器的瞬时有功功率 p 和无功功率 q 仅与并网逆变器输出电流的 d、q 轴分量 $\vec{i}_d$、$\vec{i}_q$ 成正比。这表明，如果电网电压不变，则通过 $\vec{i}_d$、$\vec{i}_q$ 的控制即可分别控制并网逆变器的有功功率和无功功率。基于电网电压定向的矢量控制系统如图 3-4 所示。其中，e_a、e_b、e_c 为并网逆变器三相交流电压；i_a、i_b、i_c 为并网逆变器三相交流电流；e_α、e_β 分别为并网逆变器交流电压 α、β 轴分量实际值；i_α、i_β 分别为并网逆变器交流电流 α、β 轴分量实际值；i_d、i_q 分别为并网逆变器交流电流 d、q 轴分量实际值；i_d^*、i_q^* 分别为并网逆变器交流 d、q 轴分量给定值；u_d^*、u_q^*

分别为逆变器输出电压 d、q 轴分量的参考值；u_α^* 、u_β^* 分别为逆变器输出电压 α、β 轴分量的参考值；u_{dc} 为直流母线侧电压实际值，u_{dc}^* 为直流母线电压给定值。

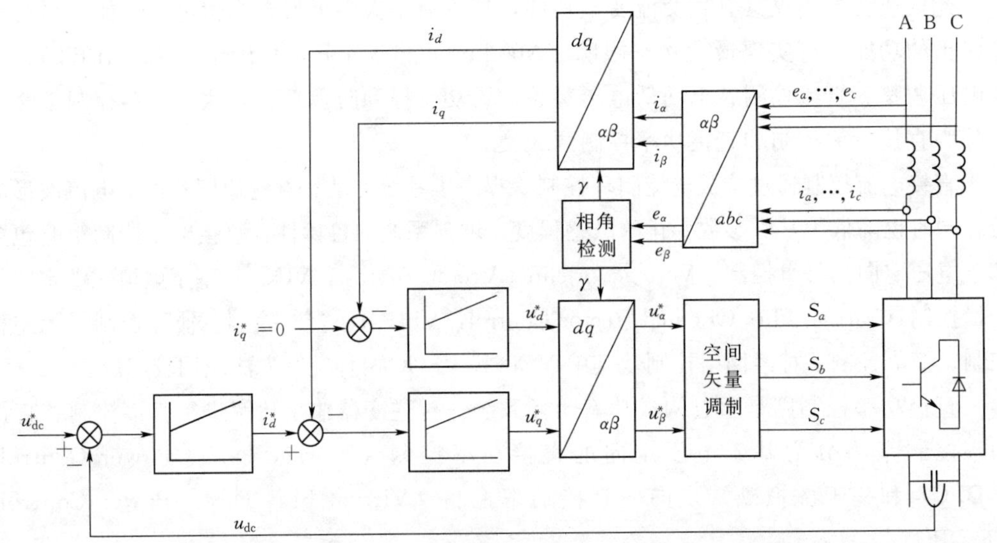

图 3-4　基于电网电压定向的矢量控制框图

VOC 的问题在于当电网电压含有谐波等干扰时，会直接影响电网电压基波矢量相角的检测，从而影响 VOC 矢量定向的准确性及其控制性能。

(2) 基于虚拟磁链定向的矢量控制。基于虚拟磁链定向的矢量控制是在电压定向的矢量控制基础上发展而来的，是对 VOC 的一种改进。虚拟磁链定向矢量控制基本出发点是将并网逆变器的交流侧等效成一个虚拟的交流电动机，三相电网电压矢量 E 经过积分，所得矢量 $\psi = \int E\mathrm{d}t$ 可认为是该虚拟交流电动机的气隙磁链 ψ。由于积分的低通滤波特性，可有效克服电网电压谐波对磁链 ψ 的影响，从而确保矢量定向的准确性。基于 VFOC 的矢量图如图 3-5 所示，基于 VFOC 的系统示意如图 3-6 所示。其中，e_a 、e_b 、e_c 为并网逆变器三相交流电压；i_a 、i_b 、i_c 为并网逆变器三相交流电流；e_α 、e_β 分别为并网逆变器交流电压 α 、β 轴分量实际值；i_α 、i_β 分别为并网逆变器交流电流 α 、β 轴分量实际值；i_d 、i_q 分别为并网逆变器交流电流 d、q 轴分量实际值；i_d^* 、i_q^* 分别为并网逆变器交流电流 d、q 轴分量参考值；ψ_α 、ψ_β 分别为虚拟电网磁链的 α 、β 轴分量；u_d^* 、u_q^* 分别为逆变器输出电压 d、q 轴分量的参考值；u_α^* 、u_β^* 分别为逆变器输出电压 α 、β 轴分量的参考值；γ 为空间矢量位置角。其中图 3-5 中角度 γ 为需要观测的物理量。根据图 3-5 中矢量关系，可以求出角度 γ 值。在完成对相位角的估计后，就可以按照传统的脉冲宽度调制（Pulse Width Modulation，PWM）整流器控制方法进行控制。

2. 直接功率控制

(1) 基于电压定向的直接功率控制。上述 VOC 与 VFOC 两种并网逆变器的控制策略中，并网逆变器的有功、无功功率控制实际上是通过 dq 坐标系中电流闭环控制来间

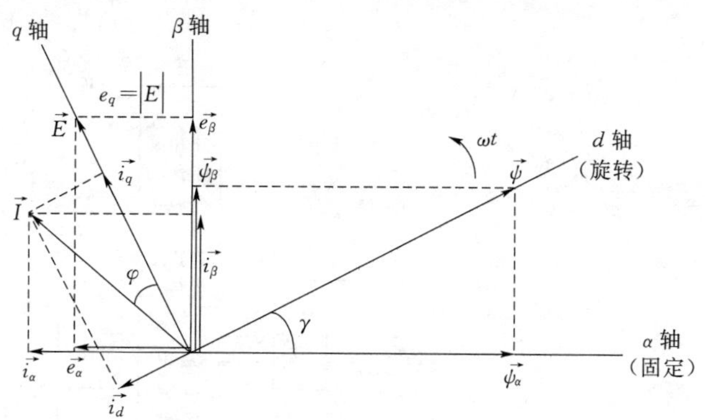

图 3-5　基于 VFOC 的矢量图

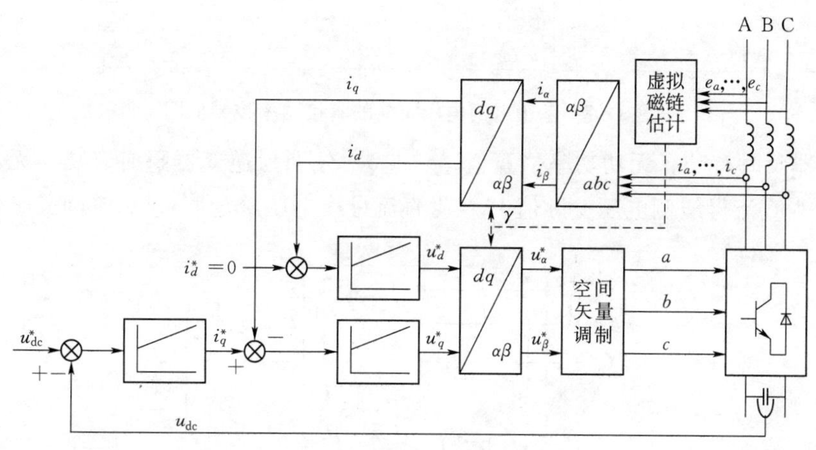

图 3-6　基于 VFOC 的系统示意图

接实现的。为了取得功率的快速响应控制可以借鉴交流电机驱动控制中直接转矩控制的基本思路，即采用直接功率控制。对并网逆变器输出的瞬时有功、无功功率进行检测运算，再将其检测值与给定的瞬时功率的偏差送入相应的滞环比较器，根据滞环比较器的输出以及电网电压矢量位置的判断运算，确定驱动功率开关管的开关状态。

将并网逆变器瞬时功率表达式中的电网电压用逆变器输出电流和直流侧电压求得，通过逆变器回路的电压方程运算获得电网电压的估算值。采用此方法，先计算瞬时有功、无功功率的估算值，进而求出电网电压的估算值，而瞬时有功、无功功率的估算值可作为直接功率控制器的反馈信号。基于电网电压定向的直接功率控制框图如图 3-7 所示。其中 i_a、i_b、i_c 为并网逆变器三相交流电流；u_{dc} 为直流母线侧电压实际值，u_{dc}^* 为直流母线电压给定值；p、q 分别为逆变器瞬时有功、无功功率估算值；p^*、q^* 分别为逆变器瞬时有功、无功功率给定值；e_α、e_β 分别为并网逆变器交流电压 α、β 轴分量实际值；θ_n 为空间矢量位置角。

(2) 基于虚拟磁链定向的直接功率控制。VF-DPC 控制框图如图 3-8 所示。其中，e_a、e_b、e_c 为并网逆变器三相交流电压；i_a、i_b、i_c 为并网逆变器三相交流电流；p、q 分

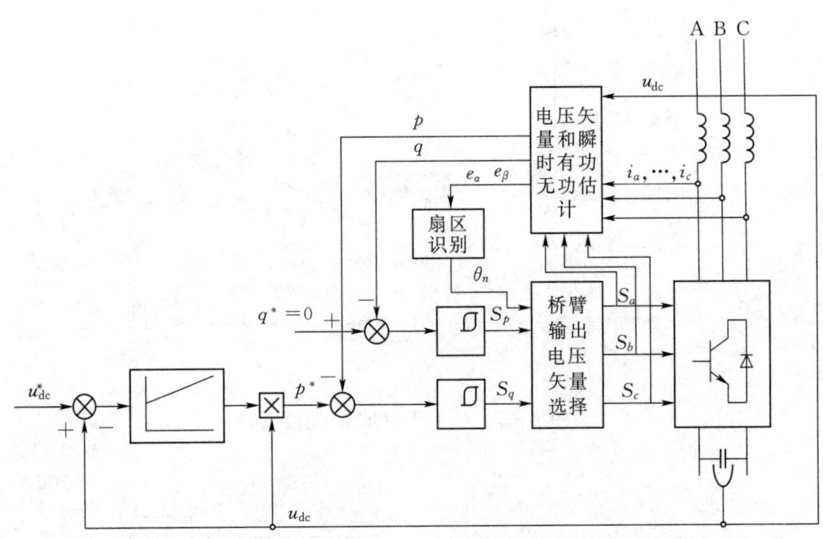

图 3-7　基于电网电压定向的直接功率控制框图

别为逆变器瞬时有功、无功功率估算值；p^*、q^* 分别为逆变器瞬时有功、无功功率给定值；u_{dc} 为直流母线侧电压实际值，u_{dc}^* 为直流母线电压给定值；γ 为空间矢量位置角。

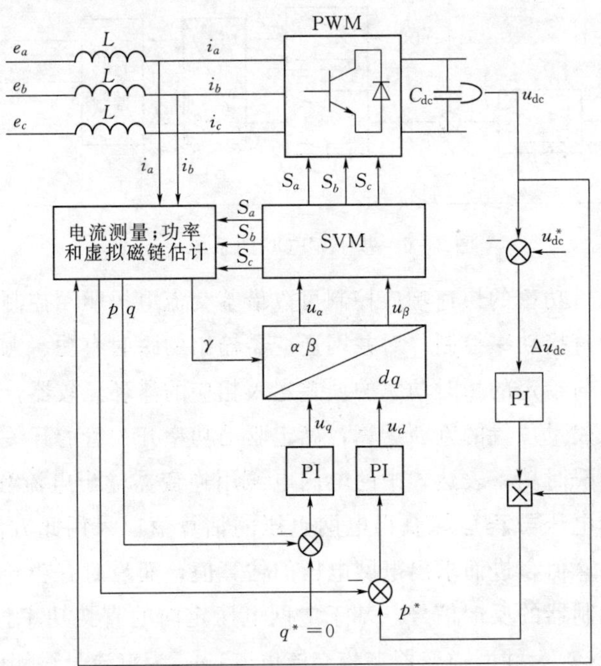

图 3-8　基于虚拟磁链定向的直接功率控制框图

将并网逆变器的交流侧等效成一个虚拟的交流电动机，VF-DPC 无需将功率变量换算成相应的电流变量来进行控制，而是将并网逆变器输出的瞬时有功和无功功率作为被控量进行功率闭环控制。通过对所测量的交流电流和直流侧电压进行虚拟磁链运算，计算出系统的有功功率 p 和无功功率 q，对母线电压做 PI 运算求出有功功率给定值 p^*，

无功指令 q^* 给定值为 0，进而进行 PI 运算，然后空间矢量调制，控制逆变器的开关管动作。

3. MPPT 控制

光伏阵列工作在最大功率状态下的工作点，称为最大功率点。最大功率点的电压 U_m 与电流 I_m 的关系为

$$\frac{U_m}{I_m}=R_s+\frac{R_{sh}}{I_0R_{sh}\exp[(U_m+I_mR_s)/(nU_{th})]/(nU_{th})+1} \tag{3-5}$$

最大功率跟踪就是由已知的 $U_m(I_m)$ 预测 $U_m(I_m+\Delta I_m)$，可以由以下数学公式表示。

自变量任意改变＋多阶跟踪为

$$U_m(I_m+\Delta I_m)=U_mI_m+\frac{dU_m(I_m)}{dI_m}\Delta I_m+\frac{1}{2!}\frac{d^2U_m(I_m)}{dI_m^2}(\Delta I_m)^2+\cdots \tag{3-6}$$

自变量改变极小＋一阶跟踪为

$$U_m(I_m+\Delta I_m)=U_m(I_m)+\frac{dU_m(I_m)}{dI_m}\Delta I_m \tag{3-7}$$

采用多阶跟踪，虽然能够由已知点任意预测另外一点，但需要确定最大功率方程式，即式（3-6）中负载电压对负载电流的无穷多阶导数。无穷多阶导数无法进行技术实践，所以多阶跟踪在数学原理上可行但不具备实践意义。选用一阶跟踪方式，只需要用到负载电压对负载电流的一阶导数，便于开展工程实践。下面介绍两种应用较广的 MPPT 控制策略。

（1）扰动观察法。扰动观察法（Perturb and Observe，P&O），就是当光伏阵列正常工作时，不断地在工作电压上加入一个很小的扰动，在电压变化的同时，检测功率的变化，根据功率的变化方向，决定下一步电压改变的方向。若观测的功率增加，下一次扰动保持原来的扰动方向；若观测的功率减少，下一次扰动改变原来的扰动方向，如此循环，使光伏阵列工作在最大功率点处。

P&O 法先扰动光伏阵列输出电压值，再对扰动后的光伏阵列输出功率进行观测，表达式为

$$\begin{cases}P: U_{dc}(n)=U_{dc}(n-1)+s\mid\Delta U_{dc}\mid \\ O: \Delta P=P(n)-P(n-1)=I_{dc}(n)U_{dc}(n)-P(n-1)\end{cases} \tag{3-8}$$

式中 $U_{dc}(n)$ ——当前阵列电压采样；

$I_{dc}(n)$ ——当前阵列电流采样；

s ——扰动方向；

$\mid\Delta U_{dc}\mid$ ——电压扰动步长；

$U_{dc}(n-1)$ ——前一次阵列电压采样；

$P(n)$ ——当前计算功率；

$P(n-1)$ ——前一次计算功率；

ΔP——功率之差。

与扰动之前功率值相比，若扰动后的功率值增加，则扰动方向 s 不变；若扰动后的功率值减小，则改变扰动方向 s。

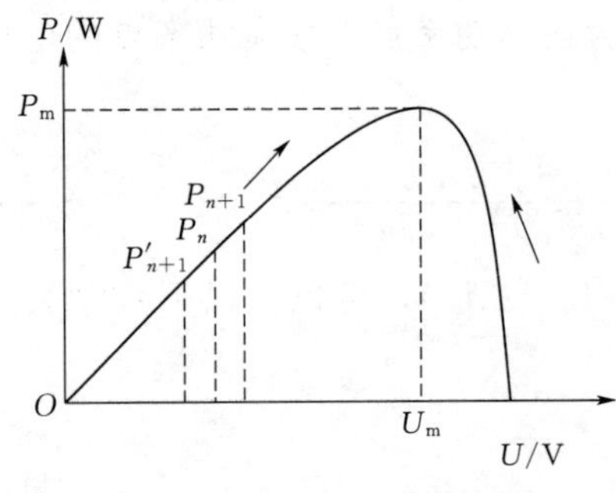

图 3-9　扰动观察法搜索过程

扰动观察法搜索过程如图 3-9 所示，假设光伏阵列开始工作在 P_n 点，设置一个扰动量 ΔU，控制器通过检测前后两次功率值并进行比较，如果 $P_{n+1}>P_n$，即输出功率增加，则可以确定扰动方向正确，按原来方向继续扰动，直到最大功率点 P_m 附近；如果 $P_{n+1}<P_n$，即输出功率减小，系统工作于 P'_{n+1} 处，则可以确定扰动方向错误，需要按照相反方向进行扰动。无论系统工作在 P_m 左侧还是右侧，通过扰动调节，系统最终会工作在最大功率点 P_m 附近，由于扰动量的存在系统最终会在 P_m 附近振荡，系统跟踪效果的好坏与扰动量的大小密切相关。

（2）最优梯度法。最优梯度法选取目标函数的正梯度方向作为每步迭代的搜索方向，逐步逼近函数的最大值，保留了扰动观察法的优点，同时由一个类似动态的变化量来改变在光伏输出功率曲线上电压的收敛速度。

利用最优梯度法进行最大功率点跟踪控制过程如图 3-10 所示，U_{k-1}、U_k、U_{k+1} 分别代表 $k-1$ 时刻、k 时刻、$k+1$ 时刻的参考电压值，图 3-10（a）中当工作点位于最大功率点左侧且远离峰值点时，电压以较大的幅度迭代增加（$U_{k-1}\rightarrow U_k$），当工作点位于最大功率点附近时，由于此时曲线斜率较小，则提供较小的变化量（$U_k\rightarrow U_{k+1}$）。反之，图 3-10（b）中当工作点位于最大功率点右侧并远离峰值点时，电压也以较大的幅度迭代减少（$U_{k-1}\rightarrow U_k$），当工作点接近最大功率点时，则提供较小的变化量（$U_k\rightarrow U_{k+1}$）。最优梯度法可以改善传统扰动观察法在最大功率输出点附近振荡的缺点，同时也有较好的动态响应速率。

通过采集光伏阵列的直流电压 U 和直流电流 I，计算当前光伏阵列的输出功率 P，

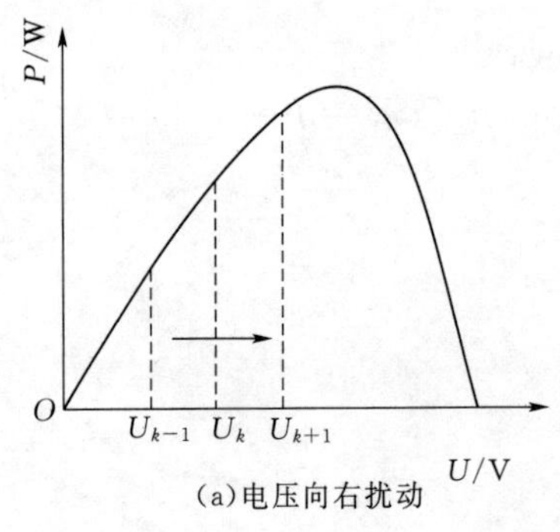

(a)电压向右扰动

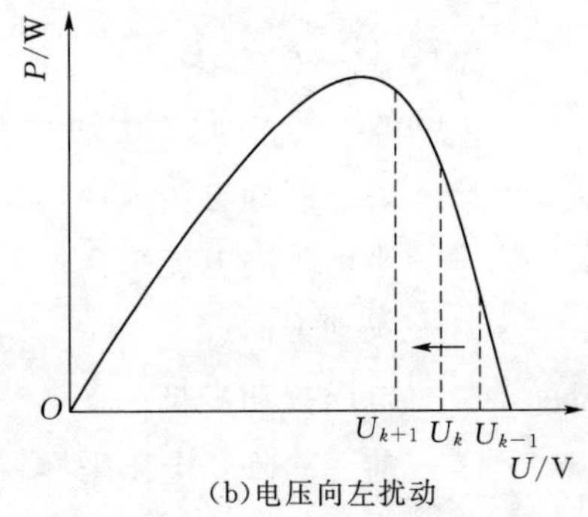

(b)电压向左扰动

图 3-10　利用最优梯度法进行最大功率点跟踪控制过程

然后分别计算 P、U 对时间 t 的微分值 $\mathrm{d}P/\mathrm{d}t$，$\mathrm{d}U/\mathrm{d}t$，得到

$$\frac{\mathrm{d}P}{\mathrm{d}U}=\frac{\mathrm{d}P/\mathrm{d}t}{\mathrm{d}U/\mathrm{d}t} \tag{3-9}$$

当 $\mathrm{d}P/\mathrm{d}U>0$ 时，工作点处于最大功率点的左侧，当 $\mathrm{d}P/\mathrm{d}U<0$ 时，工作点处于最大功率点的右侧，并且 $\mathrm{d}P/\mathrm{d}U$ 的绝对值越大，则表示其距离最大功率点越远；只有当 $\mathrm{d}P/\mathrm{d}U\approx 0$ 时，工作点处于最大功率点附近。

3.2 风力发电

3.2.1 风力发电原理

1. 风力发电

风力发电是利用风力带动风车叶片旋转，再透过增速机将旋转的速度提升，进而带动发电机发电。风电机组主要由风轮、机舱、塔架以及整体的基础底座组合而成。风力机按风轮主轴的方向分为水平轴、垂直轴两大类。对水平轴风力机，需要风轮保持迎风状态，根据风轮是在塔架前还是在塔架后迎风旋转分为上风向和下风向两类。目前应用最多的是上风向、水平轴式、三叶片风力机。

2. 拓扑结构

按照风电机组的类型划分，可分为同步发电机和异步发电机；按照风力机驱动发电机的方式划分，可分为直驱式和使用增速齿轮箱驱动式；按照风电机组转速划分，可分为恒频/恒速和恒频/变速两种方式。

(1) 恒频/恒速风力发电系统。在恒频/恒速风力发电系统中，发电机直接与电网相连，风速变化时，采用失速控制方法控制风力机的桨叶维持发电机转速恒定。这种风力发电系统一般以异步发电机直接并网的形式为主，鼠笼型异步发电机恒速恒频风力发电系统如图 3-11 所示。

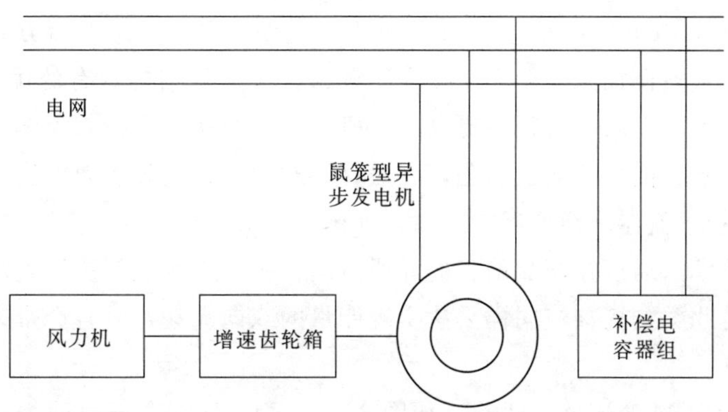

图 3-11 鼠笼型异步发电机恒速恒频风力发电系统

（2）恒频/变速风力发电系统。恒频/变速风力发电系统中，较为常见的是双馈风力发电系统和永磁同步直驱风力发电系统。

双馈风力发电系统如图 3-12 所示。这种风力发电系统的控制方式为变桨控制，可以使风电机组在较大范围内按最佳参数运行。双馈电机的定子与电网直接相连，转子通过变频器连接到电网中，变频器可以改变发电机转子输入电流的频率，进而可以保证发电机定子输出与电网频率同步，实现变速恒频控制。

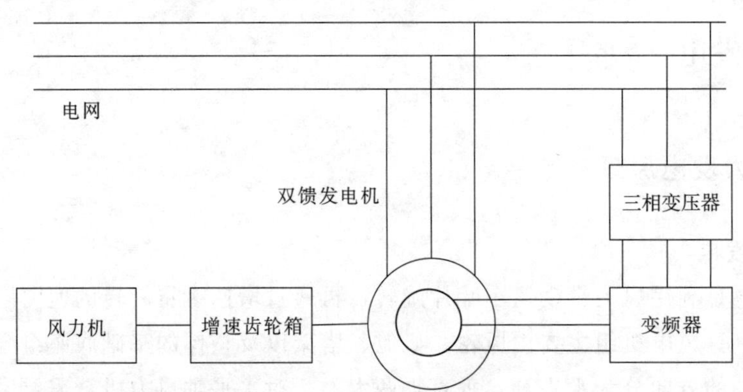

图 3-12　双馈风力发电系统

双馈风力发电系统控制方式较恒频/恒速风力发电系统相对复杂，但性能上具有较大的优势。转子侧通过变频器并网，可对有功和无功进行控制，不需要无功补偿装置；采用双馈发电方式，可以使原动机转速不受发电机输出频率限制，同时发电机输出电压和电流的频率、幅值和相位也不受转子速度和瞬时位置的影响。

永磁同步直驱式风力发电系统并网结构如图 3-13 所示，可采用的并网方式有：①不可控整流器＋PWM 逆变器；②不可控整流器＋升压斩波电路＋PWM 逆变器；③相控整流器＋逆变器；④双 PWM 变流器。具体的并网特点有以下方面：

1）采用不可控整流器＋PWM 逆变器的并网方式时，如图 3-13（a）所示。这种方式由于采用二极管整流，结构简单，但存在着风电机组能量无法回馈电网的问题。

2）当采用不可控整流器＋升压斩波电路＋PWM 逆变器时，为解决低风速时运行问题实际中往往采用不可控整流器＋升压斩波电路＋PWM 逆变器方式，如图 3-13（b）所示，即在直流侧加入一个 Boost 升压电路。该电路结构具有的优点是通过 Boost 变换器实现输入侧功率因数校正，提高发电机的运行效率，保持直流侧电压的稳定。但这种结构同样受限于能量单向性问题，无法直接对发电机实施有效控制。

3）采用相控整流器＋逆变器方式时，如图 3-13（c）所示。其中，电机侧采用晶闸管可控整流技术。通过控制晶闸管的导通时间，一定程度上解决了直流母线电压泵升过高问题。但是此类相控整流同样无法实现能量的双向流动，并且会带来电机定子电流谐波增大的问题。

4）采用双 PWM 变流器方式时，如图 3-13（d）所示。通过两个全功率 PWM 变流器与电网相连，与二极管整流相比，这种控制方式可以控制有功功率和无功功率，调节发电机功率因数为1。特别是双PWM结构的变流器中，能量可以实现双向流动，极大地提高了系统整体性能。

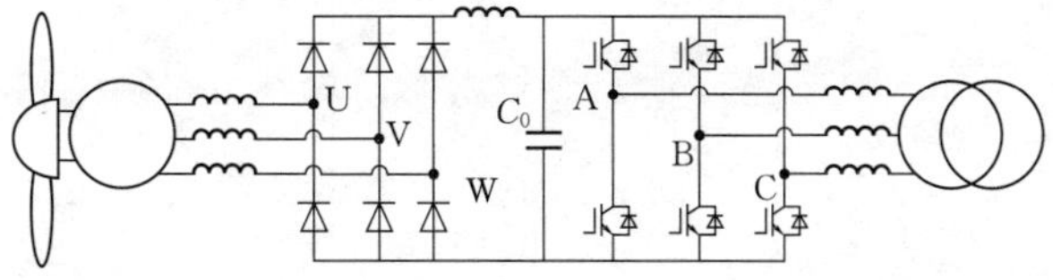

(a)不可控整流器+PWM逆变器

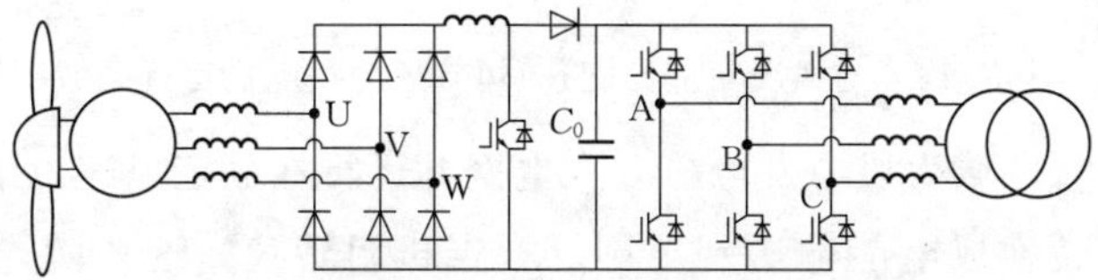

(b)不可控整流器+升压斩波电路+PWM逆变器

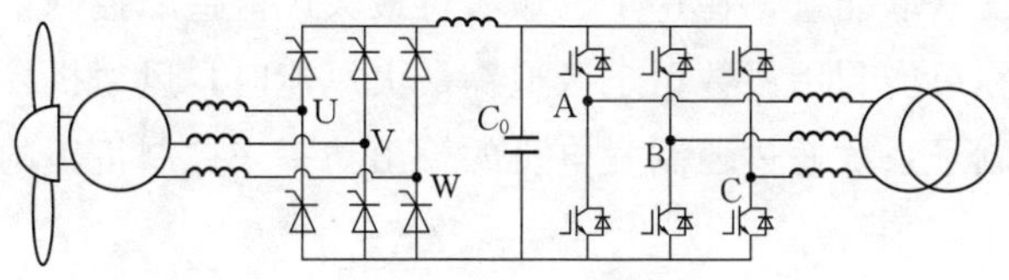

(c)相控整流器+逆变器

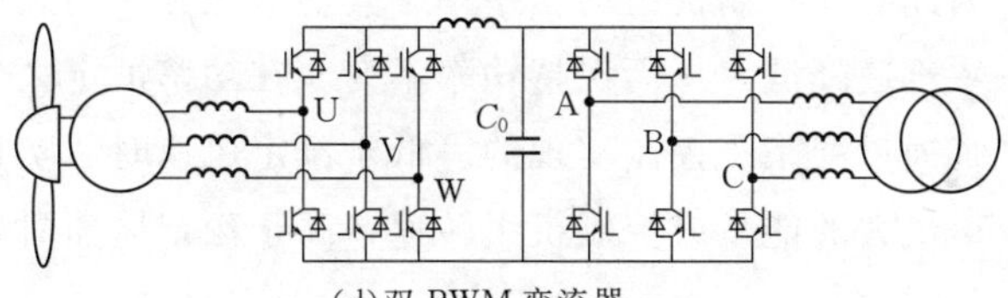

(d)双PWM变流器

图3-13 永磁同步直驱式风力发电系统并网结构

3.2.2 控制策略

双馈异步风电机组因其励磁变频器容量小、造价低、可实现变速恒频运行等优势成为风电机组的主流机型。本节以变速/恒频风电机组为例，研究其控制策略。根据风况的不同，交流励磁变速恒频风电机组的运行可以划分为三个区域，如图3-14所示。三个运行区域的控制手段和控制任务各不相同。

(1) 第一个运行区域为启动阶段，此时风速从零上升到切入风速。在切入风速以下时，发电机与电网相脱离，风力发电机不能发电运行，直到当风速大于或等于切入风速时发电机可并入电网。这个区域主要是实现发电机的并网控制，在进行并网控制时，风力机控制子系统的任务是通过变桨距系统改变叶节距来调节机组的转速，使其保持恒定或在一个允许的范围内变化。发电机控制子系统的任务是调节发电机定子电压，使其满足并网条件，并在适当的时候进行并网操作。

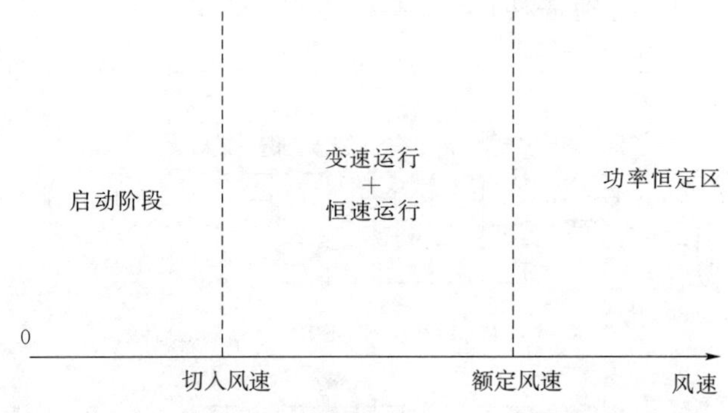

图 3-14　与风况对应的变速/恒频风力发电机运行区域

（2）第二个运行区域为风力发电机并入电网并运行在额定风速以下的区域。此时风力发电机获得能量转换成电能输送到电网。根据机组转速，这一阶段又可分为两个区域：变速运行区和恒速运行区。当机组转速小于最大允许转速时，风电机组运行在变速运行区。为最大限度获取能量，在这个区域实行最大风能追踪控制，机组转速随风速变化相应进行调节。在风能利用系数恒定区追踪最大风能时，风力机控制子系统进行定桨距控制，发电机控制子系统通过控制发电机的输出功率来控制机组的转速，实现变速恒频运行。

（3）第三个运行区域为功率恒定区。随着风速和功率不断增大，发电机和变换器将达到其功率限额，因此必须控制机组的功率小于其功率限额。当风速增加时，机组转速降低，风能利用系数迅速降低，从而保持功率不变。在功率恒定区内实行功率控制也是由风力机控制子系统通过变桨距控制实现的。低于额定风速时，实行最大风能追踪控制或转速控制，以获得最大的能量或控制机组转速；高于额定风速时，实行功率控制，保持输出稳定。

双馈风力发电系统采用背靠背式双 PWM 变流器，网侧变流器通常以保证直流环节电压稳定和网侧单位功率因数为控制目标。变频器的两个 PWM 变换器的主电路结构完全相同，在转子不同的能量流向状态下，交替实现整流和逆变的功能，在分析中只需要区分为电网侧变换器和转子侧变换器。电网侧变换器矢量控制框图如图 3-15 所示。其中，u_{abc} 表示并网逆变器三相交流电压；i_{abc} 表示并网逆变器三相交流电流；u_d 表示网侧电压在 d 轴分量的参考实际值；u_α^* 、u_β^* 分别为逆变器输出电压 α 、β 轴分量的参考值；i_d 、i_q 分别为并网逆变器交流电流 d、q 轴分量实际值；i_d^* 、i_q^* 分别为并网逆变器交流 d、q 轴分量参考值；u_{d1} 、u_{q1} 分别为经 PI 运算后 d、q 轴电压调节量；u_d^* 、u_q^* 逆变器输出电压 d、q 轴分量的参考值；u_{ey} 为电网电压经 3/2 变换后分量参考值；θ_e 为电网电压位置角度；u_{dc} 为直流母线侧电压实际值，u_{dc}^* 为直流母线电压给定值；L 为交流侧耦合电感。

图 3-15 中采用了同步旋转坐标系结构，其中电压外环用于控制变换器的输出电压，电流内环实现网侧单位功率因数正弦波电流控制。同步旋转坐标变换将三相对称的交流量变换成同步旋转坐标系中的直流量，因此电流内环采用 PI 调节器即可取得无静

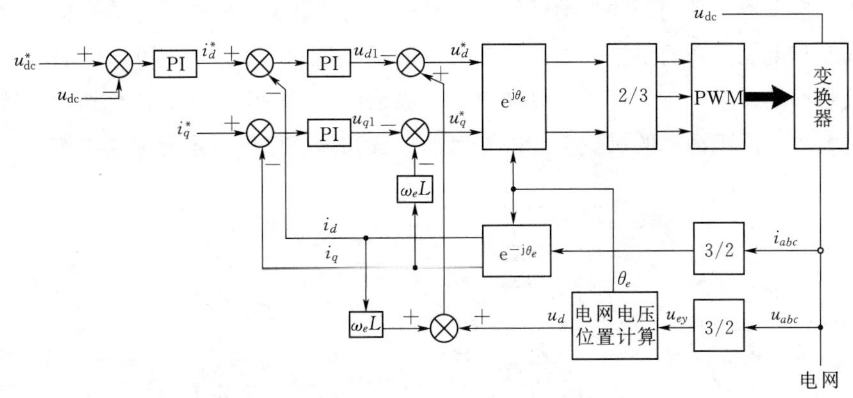

图 3-15　电网侧变换器矢量控制框图

差调节。直流母线电压给定值 u_{dc}^* 与实际值 u_{dc} 之间差值在 PI 调节器作用下，所得电流 i_d^* 与计算所得电流实际值 i_d 之间差值经 PI 调节器作用后，为逆变器输出电压提供参考分量 u_{d1} 。无功电流的运算与上面相似，最终得出输出电压参考分量 u_{q1} 。同时，根据逆变器出口滤波电感参数 L，计算 d、q 轴电压耦合分量 $w_e L i_d$、$w_e L i_q$，通过叠加，得到逆变器输出电压参考值 u_d^* 、u_q^* ，再经过坐标变换，将其转化为三相 a、b、c 坐标分量，对变换器进行控制。

3.3　微燃气轮机发电

微燃气轮机（简称微燃机）是组成微燃气轮机发电系统的核心部件。微燃机机组有单轴和双轴两种模式。其中：①单轴模式是指由一根轴使用透平同时驱动压气机和发电机，运动部件只有一根主轴，其结构具有简单紧凑、故障率低、维护量小等优点，并且采用了比较先进的空气轴承技术，大大提高了微燃机的工作效率和使用寿命；②双轴模式是指燃气涡轮与动力涡轮采用不同的转轴，转速较低的动力涡轮通过变速齿轮与传统发电机相连，发电机可直接并网而不需要额外增加变流装置。目前在微燃气轮机发电系统中大多使用单轴模式的微燃机。

3.3.1　微燃气轮机发电原理

通常，燃气轮机循环为简单的布雷顿（Brayton）循环。为了提高微型燃气轮机的热效率，现在生产的多数微型燃气轮机在排气系统设置回热器，吸入空气在回热器中被燃气轮机的高温排气加热，以此来改善热效率。Brayton 循环是微燃机的理想循环，由于压气机、透平中存在的不可逆因素及气流通道中存在的压损，它的实际循环和理想循环有很大差别。

微燃机工作原理示意如图 3-16 所示，周围环境空气进入压气机，经过轴流式压气机，将空气压缩到较高压力，空气的温度也随之上升。经压缩的高压空气被送入燃烧室，与喷入燃烧室的燃料进行混合并燃烧，产生高温高压的烟气。高温高压烟气导入燃气透平膨胀做功，推动透平转动，并带动压气机及发电机高速旋转，实现了气体燃料的化学能转化为机械能和电能。在简单循环中，透平发出的机械能有 1/2～2/3 用来带动压气机。在燃气轮机启动的时候，首先需要外界动力，一般是启动机带动压气机，直到燃气透平发出的机械功大于压气机消耗的机械功，外界启动机脱扣，燃气轮机才能独立工作。

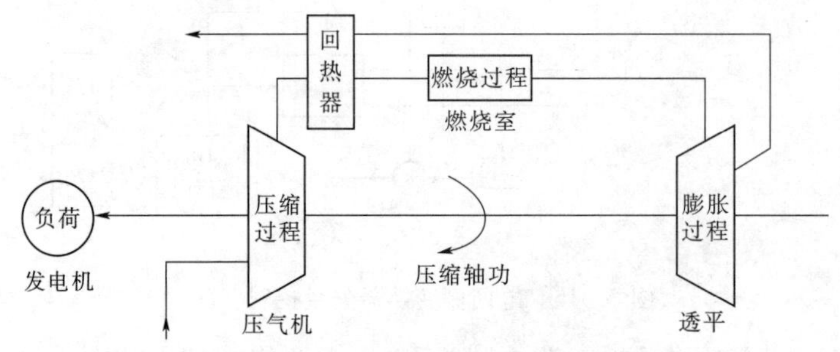

图 3-16　微燃机工作原理示意图

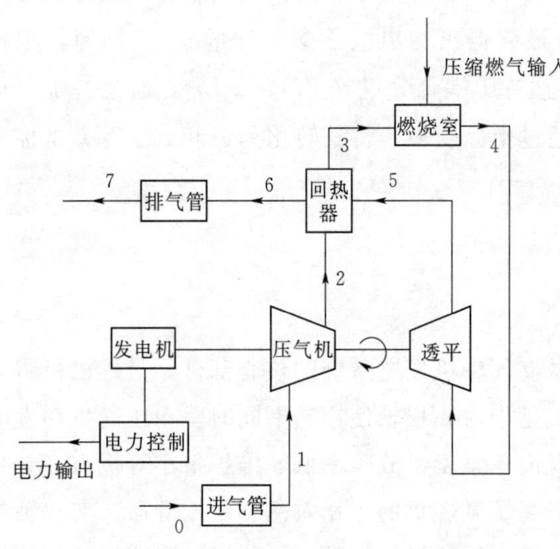

图 3-17　微燃机工作过程示意图

微燃机工作过程示意如图 3-17 所示，外界空气（温度为 T_0，压力为 P_0）经过空气过滤器过滤后进入进气管，这段管道承担冷却发电机的作用，空气吸收发电机在发电过程中产生的热量，此时空气温度可以升高至 T_1，压力降至 P_1。升温后的空气进入压气机被压缩到压力为 P_2，此时温度升至 T_2，压缩之后的空气接着再进入回热器，与来自透平的高温烟气进行热量交换，对空气进行进入燃烧室前的预热，这个过程可以减少燃料消耗，提高系统的热效率，此时空气温度升至 T_3。但是由于流动阻力，压力会略有下降，经预热后的空气进入燃烧室与燃料混合燃烧，产生高温高压的烟气（温度为 T_4，压力为 P_4），高温高压烟气进入透平室，在透平内膨胀做功同时带动压气机和发电机一起转动，将气体燃料的化学能转化为机械能，并输出电能。烟气压力下降至 P_5，温度降低至 T_5之后，离开透平进入回热器，释放部分余热用于预热来自压气机的空气，温度降低到 T_6，压力减小到 P_6，最后烟气排入外界环境，整个热力循环过程完成。

3.3.2　控制策略

为保证机组的运行安全，微燃机在转速控制过程中，工程上需要对透平排气温度以及转子加速度加以限制，最终归结为对进入燃烧室燃料的最佳控制。将限制回路的燃料控制与转速控制经信号最小选择器处理，调节燃料输出基准来对燃机转速进行控制。微

燃机一般没有专门的启动机，而是由与燃机转子同轴的高速发电机兼作启动机。微燃机启动时先由蓄电池供电，经电力变换系统的变频软启动电路给发电机供电，这时发电机用作电动机驱动燃机转子系统升速到点火转速，点火成功后进入双机拖动状态；当透平输出功率能够提供压气机的功耗时，变频软启动电路配置为整流模式，发电机进入发电运行状态。达到空载转速时，电力变换系统的逆变输出电路开始工作，对外输出电能，启动过程结束。此后根据负载变化情况，控制燃机变转速、变工况运行，以利于提高燃机效率。在微燃机的启动过程中，一般采用开环控制，这是一个受环境温度、大气压力等外界条件影响的动态过程。

微燃机经典控制策略中仅利用输出速度进行反馈控制，会影响系统响应速度和控制精度，更好的策略是采用状态反馈控制。微燃机状态反馈控制框图如图 3-18 所示，微燃机的输入量是燃料流量，输出量是转速和输出功率，燃料流量由三个状态变量即 T_m^* 、P_3^* 和 n 决定，状态反馈控制由状态反馈部分和输入部分构成。

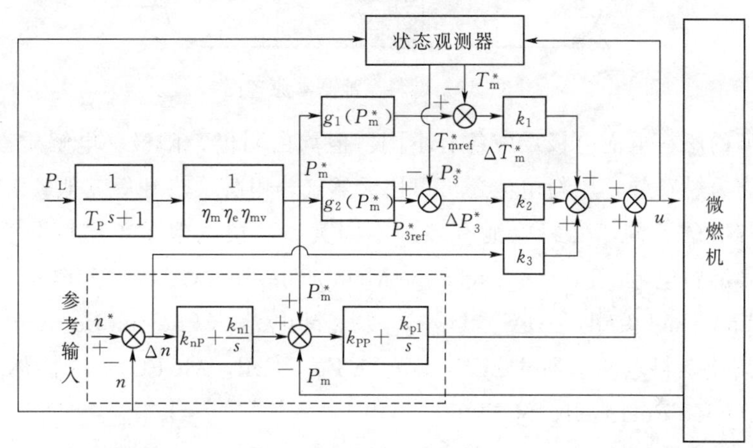

图 3-18　微燃机状态反馈控制框图

系统的负载功率经时间常数为 T_P 的低通滤波器滤波后，考虑系统效率求出微燃机期望输出功率。利用期望输出功率计算状态变量的参考值，包括回热器金属壁面平均温度和透平进气压强。通过状态观测器求得状态变量的反馈值，状态观测器的输入量是转速和燃料流量。状态变量的参考值和反馈值做差乘以相应的状态反馈增益，相加得到状态反馈部分的燃料流量。通过极点配置方法对状态反馈部分闭环系统的稳定性进行设计，参考输入部分由转速外环和输出功率内环构成。转速外环用于消除误差，输出功率内环可实现瞬时功率的平稳控制。

3.4 燃料电池

3.4.1 燃料电池发电原理

燃料电池是将化学反应中产生的化学能直接转化为电能的电化学装置。燃料电池由电子导电的阴极和阳极及离子导电的电解质构成。在电极与电解质的界面上电荷载体由电子变为离子，在阳极（燃料电池的负极）进行氧化反应，燃料扩散通过阳极时失去电子而产生电流。在阴极（燃料电池的正极）进行还原反应。当外部不断地输送燃料和氧化剂时，燃料氧化所释放的能量转化为电能和热能。燃料电池基本原理如图 3－19 所示。

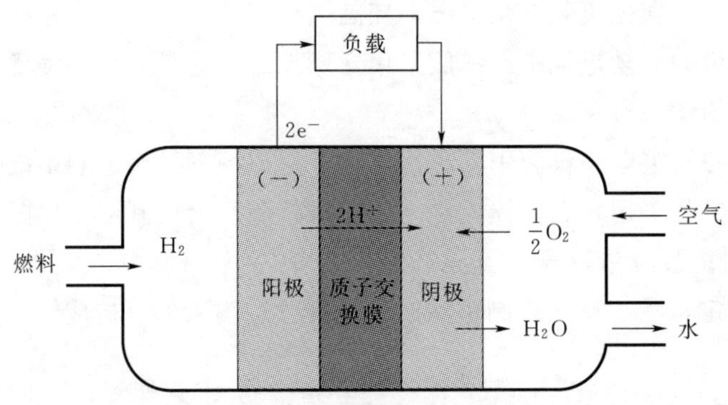

图 3－19　燃料电池基本原理图

不同类型的燃料电池电极反应各有不同，但均由阴极、阳极、电解质三部分构成。除采用氢气作为燃料外，燃料电池还可以用天然气、甲醇、汽油等其他碳氢化合物作燃料。由于电解质的不同，燃料电池有多种不同类型。按电解质不同可分为五种类型：①质子交换膜燃料电池（Proton Exchange Membrane Fuel Cel，PEMFC）；②碱性燃料电池（Alkaline Fuel Cell，AFC）；③磷酸燃料电池（Phosphoric Acid Fuel Cell，PAFC）；④熔盐燃料电池（Molten Carbonate Fuel Cell，MCFC）；⑤固体氧化物燃料电池（Solid Oxide Fuel Cell，SOFC）。

电池单元输出电流大小由电流密度和面积决定。通过多个单元的串并联，构成燃料电池电堆，得到满足负载需求的电压与电流。燃料电池系统除了电堆外，还必须配备燃料与空气处理、温度和压力的调节、水与热的管理以及功率变换等多个处理子系统。燃料电池发电系统工作时还需要配套系统，包括燃料存储供给系统、排热排水系统以及安全系统等。

燃料电池的输出电压范围很宽，且远低于用户端所需的 220V 交流电压峰值，因此燃料电池发电系统一般采用 DC/DC＋DC/AC 两级拓扑结构。燃料电池的动态响应具有一定的延时，负载快速的变化会对燃料电池造成损害，进而影响燃料电池的性能和工作寿命。因此燃料电池发电系统需要配置一个辅助的能量缓冲单元（超级电容），实现燃料电池动态特性与负载匹配。

3.4.2　控制策略

在中小功率燃料电池方面，PEMFC 占主导地位，超过 90％的商业应用为 PEMFC。PEMFC 并网发电系统原理如图 3－20 所示，主要包括燃料电池、直流变换器、逆

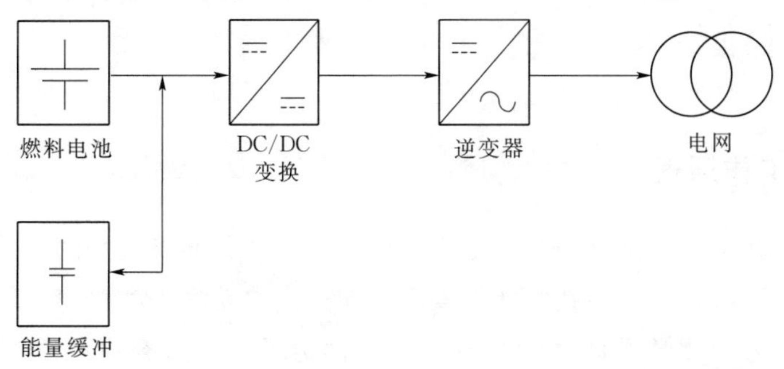

图 3-20 PEMFC 并网发电系统原理图

变器和能量缓冲环节。直流变换器为高频 PWM 控制的隔离或不隔离 DC/DC 变换环节，具有较高的变换效率和动态响应能力。燃料电池输出功率的变化受到燃料供应、水处理等因素的制约，调节速度较慢。为此在燃料电池的输出端并联能量缓冲环节，如蓄电池、超级电容等，以满足负载突变时逆变器对直流功率的快速变化的要求，并通过此能量缓冲环节抑制燃料电池输出电流的纹波。通过直流变换环节和能量缓冲环节实现了逆变器输出功率和燃料电池输出功率之间的解耦，使得燃料电池只承担逆变器输出有功功率中平均值部分，而逆变器直流输入端可视为稳定的直流电源。

燃料电池的控制主要分为燃料电池本体控制和变换器控制两个方面。

燃料电池本体控制策略为：燃料电池低温冷启动及常温启动状态下，控制内循环回路中的加热器及循环水泵的工作状态，使内循环回路温度快速升高并与燃料电池充分热交换，使燃料电池电堆温度快速达到设定温度；燃料电池处于正常工作状态时，控制内循环回路中的循环水泵及外循环回路中的流量控制器，从而控制两个回路间通过板式换热器进行热交换，带走燃料电池产生的热量，使燃料电池电堆温度工作在设定温度状态；对于外循环流量控制器的控制，由于流量控制器的控制电流与外循环流量之间是非线性关系，内循环和外循环之间的热交换与外循环流量也是非线性的关系，采用传统的 PID 控制难以达到控制要求，可采用模糊 PID 控制算法。对于内循环中循环水泵的控制，由于内循环回路中燃料电池和板式换热器都是非线性系统，同样采用模糊 PID 控制算法。由于在燃料电池达到设定温度后，整个系统的散热主要依靠外循环进行，使燃料电池能够保持在设定温度，而内循环回路的主要作用是与电堆充分热交换，保持燃料电池的进堆水温度和出堆水温度在一定差值范围之内，从而确保燃料电池产生的热量能够及时散出，并使得内循环回路的温度尽量均衡分布，因此外循环流量控制器和循环水泵控制器输入量应该有所差别。在正常工作中散热主要依赖于外循环，对于内循环中循环水泵的控制目标是使电堆与内循环进行充分的热交换。

燃料电池的并网运行控制主要是针对 DC/DC 和逆变器的控制，相应控制策略将在 3.5 节中阐述。

3.5　分布式储能

3.5.1　储能工作原理

风力发电和光伏发电是分布式发电中的主流电源，其间歇性和随机性波动较大时会对配电网造成严重影响。储能技术能够实现分布式发电功率平滑输出，微电网中比较成熟的储能技术可分为化学类储能和物理类储能两大类。化学类储能主要包括电池类储能；物理类储能包括飞轮储能、抽水蓄能、压缩空气储能等。本书阐述适用于微电网应用的电池类储能，包括铅酸电池和铁锂电池。储能装置主要由电池类储能和并网变流器两部分构成。

1. 电池类储能

(1) 铅酸电池原理。铅酸电池主要由正极板、负极板、电解液、隔板、槽和盖等组成。正极活性物质是二氧化铅，负极活性物质是海绵状金属铅，电解液是硫酸，开路电压为 2V。正、负两极活性物质在电池放电后都转化为硫酸铅，发生的电化学反应如下

负极反应

$$Pb+HSO_4^- - 2e \longleftrightarrow PbSO_4+H^+ \tag{3-10}$$

正极反应

$$PbO_2+3H^+ +HSO_4^- +2e \longleftrightarrow PbSO_4+2H_2O \tag{3-11}$$

电池总反应

$$PbO_2+Pb+2H^+ +2HSO_4^- \longleftrightarrow PbSO_4+2H_2O \tag{3-12}$$

在电池充电过程中，当正极板的荷电状态达到 70%左右时，水开始分解

$$2H_2O \longrightarrow O_2+4H^+ +4e \tag{3-13}$$

根据电池结构和工作原理，铅酸电池分为普通非密封富液铅蓄电池和阀控密封铅蓄电池。阀控密封铅蓄电池的充放电电极反应机理和普通铅酸电池相同，但采用了氧复合技术和贫液技术，电池结构和工作原理发生了很大改变。采用氧复合技术，充电过程产生的氢和氧再化合成水返回电解液中；采用贫液技术，确保氧能快速、大量地移动到负极发生还原反应，提高了可充电电流。

(2) 锂离子电池原理。锂离子电池采用了一种锂离子嵌入和脱嵌的金属氧化物或硫化物作为正极，有机溶剂—无机盐体系作为电解质，碳材料作为负极。充电时，Li^+ 从正极脱出嵌入负极晶格，正极处于贫锂态；放电时，Li^+ 从负极脱出并插入正极，正极为富锂态。为保持电荷的平衡，充、放电过程中应有相同数量的电子经外电路传递，与 Li^+ 同时在正负极间迁移，使负极发生氧化还原反应，保持一定的电位，锂离子电池的工作原理如图 3-21 所示。根据正极材料划分，锂离子电池又分为钴酸锂、镍酸锂、锰酸锂、磷酸铁锂等。

2. 并网变流器

(1) DC/AC变流器原理。储能变流器（Power Conversion System，PCS）是能量可双向流动的可逆PWM变流器。由于电能的双向传输，当变流器从电网吸取电能时，其运行于整流工作状态；而当变流器向电网传输电能时，其运行于有源逆变工作状态。双向DC/AC变流器实际上是一个交、直流侧可控的四象限运行的变流装置。如图3-22为DC/AC变流器单相等值电路模型。从图3-22可以看出：变流器模型电路由交流回路、功率开关桥路以及直流回路组成。其中交流回路包括交流电动势e以及网侧电感L等；直流回路为储能电池E_S；功率开关桥路可由电压型或电流型桥路组成。当不计功率桥路损耗时，由交、直流侧功率平衡关系得

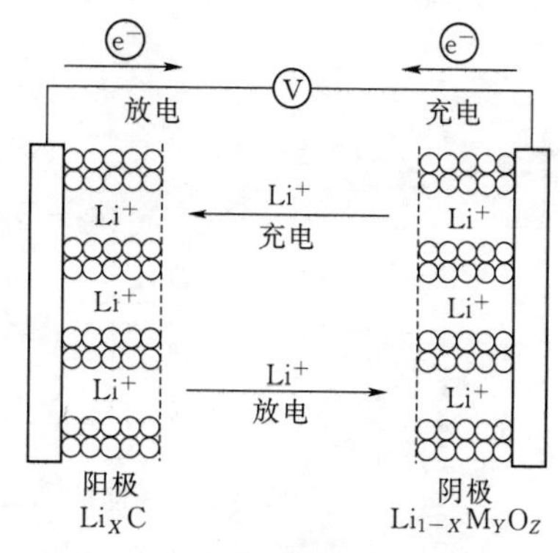

图3-21 锂离子电池的工作原理

$$iu = i_{dc}u_{dc} \tag{3-14}$$

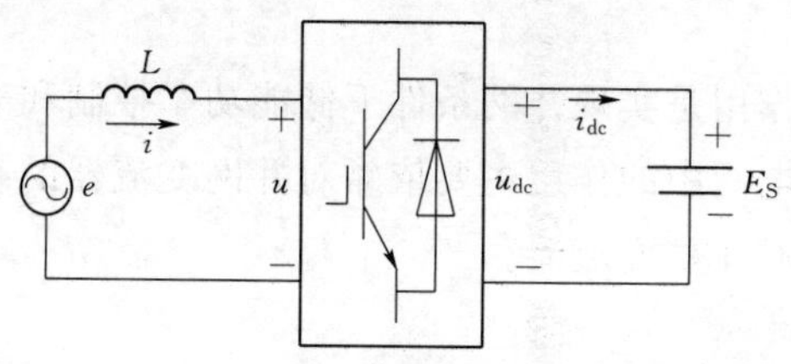

图3-22 DC/AC变流器单相等值电路模型

式中 u、i——模型电路交流侧电压、电流；

u_{dc}、i_{dc}——模型电路直流侧电压、电流。

通常采用双闭环PI调节实现上述变流器控制。外环根据控制目标采用恒功率或恒压控制，内环采用交流输入电流控制。外环的作用是保证控制目标的稳定性，电流内环作用是用于提高系统的动态性能和实现限流保护。外环调节的输出即为内环输入电流的参考值，比较得到电流误差后，对电流误差进行PI调节，用以减缓电流在动态过程中的突变。得到调节后的dq坐标系下的两相电压，再通过反变换公式，变换到abc坐标系或$\alpha\beta$坐标系下，采用合适的PWM调制技术，即可生成相应6路驱动脉冲控制三相整流桥IGBT的通断。

(2) DC/DC变换器原理。将一个不受控制的输入直流电压变换成为另一个受控的输出直流电压称为DC/DC变换。所谓双向DC/DC变换器就是DC/DC变换器的双象限运行，它的输入、输出电压极性不变，但输入、输出电流的方向可以改变，在功能上相当于两个单向DC/DC变换器。变换器的输出状态可在$V—I$平面的一、二象限内变化。变换器的输入、输出端口调换仍可完成电压变换功能，功率不仅可以从输入端流向输出端，也能从输出端流向输入端。

储能装置要求能量具备双向流动，所用的DC/DC变换器要具备升降压双向变换功能，即升降压斩波电路。储能系统Boost/Buck双向DC/DC变换器等效电路如图3-23所示。图3-23中，L为斩波电感，C_1为直流母线电容，C_2为滤波电容，S_1、S_2为储能系统的升降压斩波IGBT，VD_1、VD_2为续流二极管。假设电路中电感L值很大，电容C_1也很大。

Boost/Buck控制系统是一个双闭环的控制系统，其中外环是电压控制环，采样得

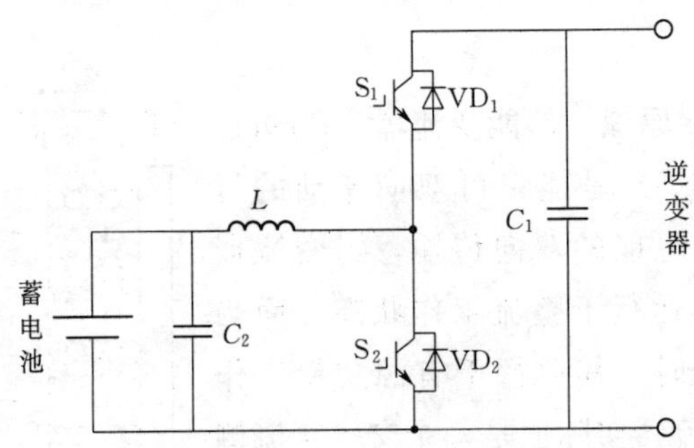

图 3-23　储能系统 Boost/Buck 双向 DC/DC 变换器等效电路

到的输出电压与电压给定值相减，根据电压误差信号进行电压环 PI 运算，输出得到电感电流的给定信号；内环是电流控制环，采样得到的电感电流与给定值相减，根据电流误差信号进行电流环 PI 运算，输出得到开关元件的占空比信号，并输出给变换器主回路的 IGBT 开关元件。

3.5.2　控制策略

储能电池通过并网变流器接入微电网，其作用是实现并网条件下储能功率控制和离网条件下系统电压与频率支撑。实现储能在微电网中的作用主要依靠对并网变流器的有效控制，储能系统的两种关键设备为 PCS 和 DC/DC 变流器。

1. PCS 控制策略

(1) *PQ* 控制。DC/AC 变流器 *PQ* 控制的目的是使储能系统输出的有功功率和无功功率维持在其参考值附近。微电网并网运行时，储能系统直接采用电网频率和电压作为支撑，根据上级控制器发出的有功和无功参考值指令，储能变流器按照 *PQ* 控制策略实现有功、无功功率控制，其有功功率控制器和无功功率控制器可以分别调整有功和无功功率输出，按照给定参考值输出有功和无功功率，以使储能系统的输出功率维持恒定。*PQ* 控制如图 3-24 所示。

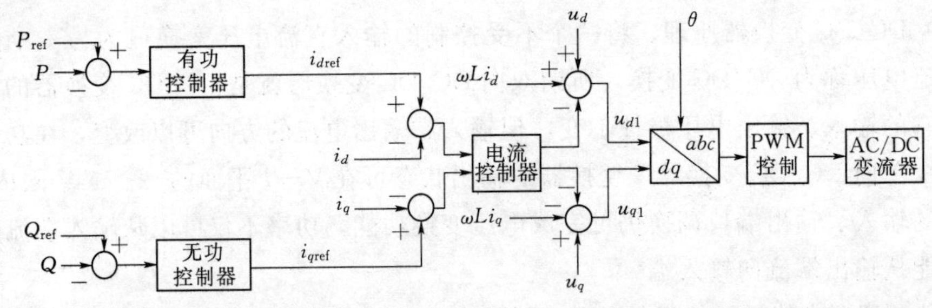

图 3-24　DC/AC 的 *PQ* 控制框图

图 3-24 中，P_{ref}、Q_{ref} 分别为功率给定参考值；P、Q 分别为功率实测值；i_{dref}、i_{qref} 分别为交流侧电流 d、q 轴分量的参考值；i_d、i_q 分别为交流侧电流 d、q 轴分量的实际值；u_d、u_q 分别为逆变器输出电压 d、q 轴分量的实际值；u_{d1}、u_{q1} 分别为逆变器输出

电压 d、q 轴分量的参考值；L 为交流侧耦合电感；θ 为电压初始相位角。

要实现上述控制，首先要进行有功和无功的解耦，利用坐标变换公式，将 DC/AC 变流器输出的三相 abc 坐标系中的电压电流分量变换到同步旋转 dq 坐标系中的分量，并使 q 轴电压分量 $u_q=0$，则逆变器输出功率可以表示为

$$\begin{cases}P=u_d i_d+u_q i_q=u_d i_d\\Q=u_d i_q-u_q i_d=u_d i_q\end{cases}\tag{3-15}$$

功率给定参考值 P_{ref}、Q_{ref} 与实际测量值 P、Q 之间的差值在 PI 调节器作用下，为逆变器输出电流提供参考值 i_{dref}、i_{qref}。输出电流参考值和电流实际值 i_d、i_q 的差值在 PI 调节器作用下，为逆变器输出电压提供参考分量；同时，根据逆变器出口滤波电感参数 L，计算 d、q 轴电压耦合分量 ωLi_d、ωLi_q，通过叠加，得到逆变器输出电压参考值 u_{d1}、u_{q1}，再经过坐标变换，将其转化为三相 abc 坐标分量，对逆变器进行控制。

(2) V/f 控制。DC/AC 变流器 V/f 控制的目的是对离网条件下系统电压和频率进行支撑，采用电压电流双闭环控制方式。电压电流双闭环控制以变换器输出电压为外环控制量，滤波电感电流为内环控制量，电压电流双闭环控制框图如图 3-25 所示。

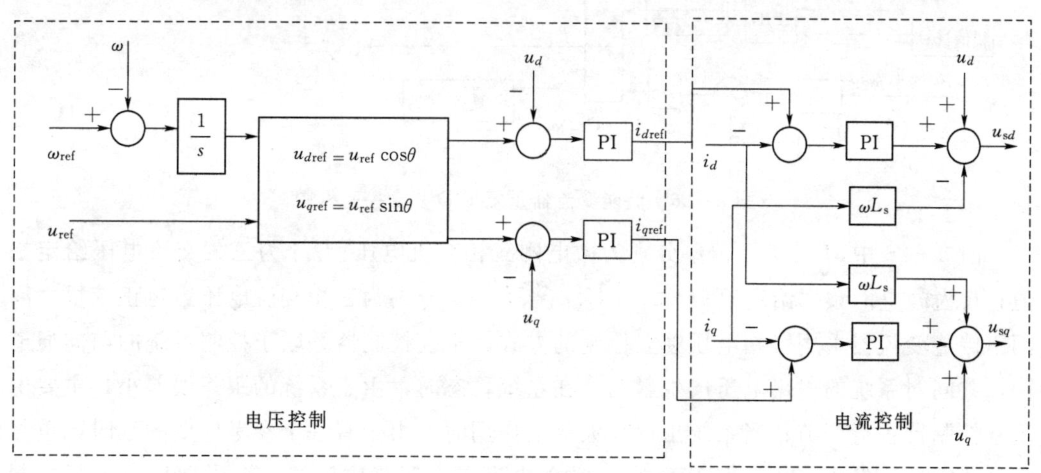

图 3-25　电压电流双闭环控制框图

此控制策略，在电压外环闭环的基础上，增加了电流内环，同时实现了对输出电压有效值和输出电流波形的控制。电压外环控制为交流侧提供电压支撑，电感电流内环控制能够快速跟踪负荷变化，提高动态响应速度。

图 3-25 中，u_{ref} 为给定电压参考值；u_{dref}、u_{qref} 分别为电压参考值的 d、q 分量；i_{dref}、i_{qref} 分别为交流侧电流 d、q 轴分量的参考值；i_d、i_q 分别为交流侧电流 d、q 轴分量的实际值；u_d、u_q 分别为逆变器输出电压 d、q 轴分量的实际值；u_{sd}、u_{sq} 分别为逆变器输出电压 d、q 轴分量的参考值；L_s 为交流侧耦合电感；f 为给定频率指令；ω 为电气角速度；ω_{ref} 为电气角速度给定值；θ 为电压相位角。

(3) 电能质量优化控制。采用 PID 控制对跟踪误差能够立即产生调节作用，响应速度较快，但跟踪精度不高，波形畸变较严重。重复控制具有对正弦给定信号近乎无静

差跟踪优势，输出畸变较低，但由于重复控制指令需滞后一个周期才输出，存在动态响应速度慢的问题。采用基于PID控制和重复控制的复合控制策略，能够保障离网下储能系统具有较快的动态响应速度，以及非线性负荷接入时较好的输出电能质量。

基于PID控制和重复控制相结合的复合控制框图如图3-26所示。

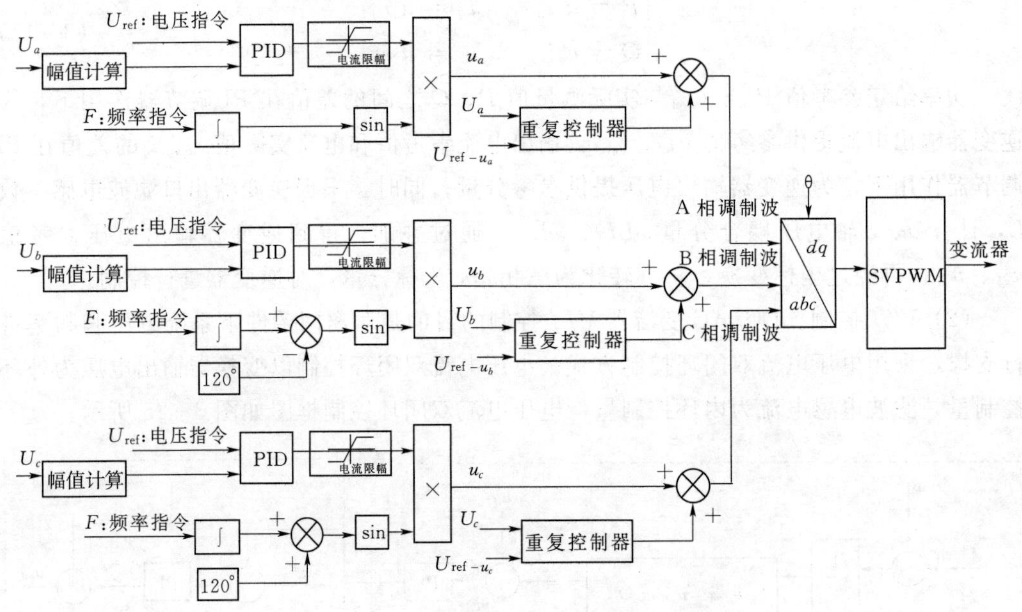

图3-26　储能变流器重复PID复合控制框图

图3-26中，U_a、U_b、U_c 分别为微电网三相交流电压；U_{ref} 为三相交流电压给定幅值；F 为微电网频率给定值；U_{ref-u_a}、U_{ref-u_b}、U_{ref-u_c} 分别为三相交流电压给定正弦量。离网下储能变流器采用三相电压独立控制的方式，重复控制器并联于控制系统的前向通道中，共同对系统的输出电压产生影响。在系统稳态时，由于系统的跟踪误差小，主要由重复控制器进行调节；当系统出现较大扰动作用时，由于有一个参考周期的延时，重复控制器输出未发生变化，但PID控制器会快速产生调节作用，一个周期后，重复控制器产生调节作用会使跟踪误差减小。这样可以保证在满足重复控制稳态性能的情况下，提高系统的动态指标。

2. DC/DC 下垂控制

下垂控制是通过控制调节各个分布式电源自身的等效输出阻抗（即外特性曲线斜率）进行输出功率的调节。

假设DG1、DG2为直流汇集系统内两储能单元，输出电压与输出电流关系为

$$U_{dc\_ref1} = U_{dc}^{*} - k_1 I_{dc1} \tag{3-16}$$

$$U_{dc\_ref2} = U_{dc}^{*} - k_2 I_{dc2} \tag{3-17}$$

式中　U_{dc_ref1}、U_{dc_ref2}——DG1、DG2输出电压；

U_{dc}^{*}——给定电压；

k_1、k_2 ——DG1、DG2 下垂系数；

I_{dc1}、I_{dc2} ——DG1、DG2 输出电流。

当 $k_1 \neq k_2$ 时，其下垂特性曲线如图 3-27 所示。假设 DG1 运行于 P_1点时 DG2 投入运行，DG1 沿曲线 M_1运行，随着电流减小输出电压给定增大。DG2 沿曲线 M_2运行，随着电流增大输出电压降低。当两台 DG1、DG2 输出电压给定相同后系统稳定，其各自电流大小与斜率成反比。

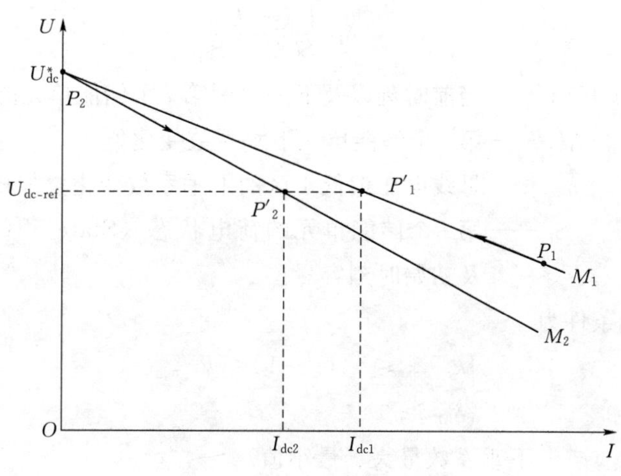

图 3-27 下垂特性曲线

由式（3-16）、式（3-17）和图 3-27 可知，稳态时并联的储能单元输出电压给定相同，可以得到

$$k_1 I_{dc1} = k_2 I_{dc2} \tag{3-18}$$

$$k_1 P_1 = k_2 P_2 \tag{3-19}$$

式中 P_1、P_2——两种类型储能单元的输出功率。

对于多系统并联来说则有

$$k_1 P_1 = k_2 P_2 = \cdots = k_n P_n \qquad n \geqslant 2 \tag{3-20}$$

由式（3-20）可见，通过调节下垂控制系数可调节直流母线侧各个分布式储能的输出功率。

直流母线电压的高低是功率波动以及潮流流向的直接反应，因而可以根据母线电压的高低对接入其中的各储能单元下垂系数进行调整达到稳定直流母线电压的目的。为了方便下垂控制将直流母线电压分为七个区域，各个工作阶段如图 3-28所示。图中 U_{dc} 为直流母线电压，$U_1 < U_{dc} \leqslant U_0$ 为正常工作区，$U_2 < U_{dc} \leqslant U_1$ 为母线电压偏低 1 区，$U_3 < U_{dc} \leqslant U_2$ 为母线电压偏低 2 区，$U_{dc} \leqslant U_3$ 为欠压故障区，$U_0 < U_{dc} \leqslant U_4$ 为母线电压偏高 1 区，$U_4 < U_{dc} \leqslant U_5$ 为母线电压偏高 2 区，$U_{dc} > U_5$ 为过压故障区。

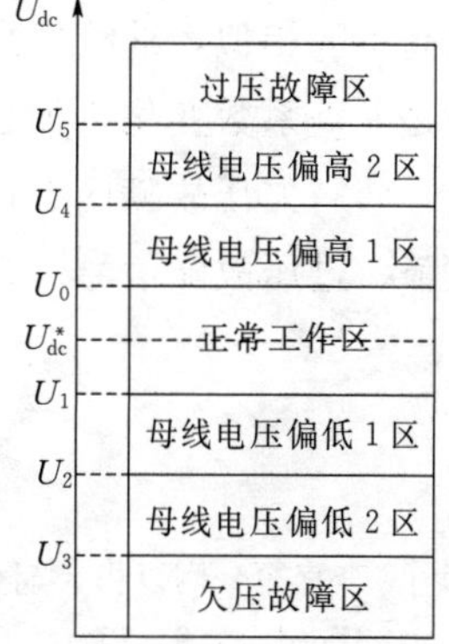

图 3-28 各个工作阶段

（1）正常工作区。该阶段直流母线电压在正常范围内波动，此时分布式新能源发电量与可控负荷消耗电量基本平衡，各储能单元下垂控制系数为初始值。

（2）母线电压偏低 1 区。该阶段直流母线电压偏低，此时分布式新能源发电量略小于负荷消耗量。需根据直流母线电压降低幅度以及各储能单元自身剩余容量减小下垂系数，提高直流母线电压。下垂系数调节方式为

$$k_i(t+1)=k_i(t)+\Delta k_i \tag{3-21}$$

其中

$$\Delta k_i=\delta_{L1}\frac{U_{dc}-U_{dc}^*}{SOC_i\cdot S_i}$$

式中　$k_i(t)$、$k_i(t+1)$——当前时刻以及下一时刻第 i 个储能单元的下垂系数；

Δk_i——第 i 个储能单元下垂系数变化值；

δ_{L1}——母线电压偏低 1 区的下垂系数变化量加权值；

SOC_i、S_i——第 i 个储能单元的荷电状态（State of Charge，SOC）以及初始时刻容量。

下垂系数约束条件为

$$\begin{cases}k_{i\_\max}\leqslant k_i(t+1)\leqslant k_{i\_\min}\\ \delta_{L1}\geqslant 0\end{cases} \tag{3-22}$$

式中　$k_{i\_\max}$、$k_{i\_\min}$——下垂系数最大、最小值。

（3）母线电压偏低 2 区。该阶段直流母线电压偏低幅度较大，调节方法与母线电压偏低 1 区相似，继续减小储能单元下垂系数，具体调节方法与母线电压偏低 1 区类似，但是下垂系数变化量加权值为 δ_{L2}，且满足 $\delta_{L2}>\delta_{L1}$。

（4）母线电压偏高 1 区。该阶段直流母线电压偏高，此时分布式新能源发电量略高于负荷消耗量。需根据直流母线电压升高幅度以及各储能单元自身剩余容量调整下垂系数，降低直流母线电压。下垂系数调节如式（3-21）所示，其约束条件与式（3-22）相同，但是下垂系数变化值有所变化，即

$$\Delta k_i=\delta_{H1}\frac{U_{dc}-U_{dc}^*}{SOC_i\cdot S_i} \tag{3-23}$$

（5）母线电压偏高 2 区。该阶段直流母线电压偏高幅度较大，调节方法与母线电压偏高 1 区相似，继续提高储能单元下垂系数。具体调节方法与母线电压偏高 1 区类似，但是下垂系数变化量加权值为 δ_{H2}，且满足 $\delta_{H2}>\delta_{H1}$。

（6）欠压故障区、过压故障区。该阶段直流母线电压过低，向协调控制器发送欠压故障、过压故障信号。

参考文献

［1］李官军，陶以彬，胡金杭，等．储能系统在微网系统中的应用研究［J］．电力电子技术，2013，47（11）：9-11.

［2］李官军，陶以彬，李强，等．一种双向直流变换器优化控制策略［J］．电力电子技术，2015，

49 (7): 106 - 108.

[3] 唐西胜，邓卫，李宁宁，等．基于储能的可再生能源微网运行控制技术 [J]. 电力自动化设备，2012，32 (3): 99 - 103.

[4] 鲍薇，胡学浩，何国庆，等．分布式电源并网标准研究 [J]. 电网技术，2012，36 (11): 46 -52.

[5] 杨金孝，朱琳．基于 Matlab/Simulink 光伏电池模型的研究 [J]. 现代电子技术，2011，34 (24): 192 - 195.

[6] Ohnuki T, Miyashita O, Lataire P, et al. Control of a Three-phase PWM Rectifier Using Estimated AC-side and DC-side Voltages [J]. IEEE Transactions on Power Electronics, 1999, 14 (2): 222 - 226.

[7] 梁才浩，段献忠．分布式发电及其对电力系统的影响 [J]. 电力系统自动化，2001，25 (12): 53 - 56.

[8] 王兆安，黄俊．电力电子技术 [M]. 4 版．北京：机械工业出版社，2000.

[9] 年珩，曾嵘．分布式发电系统离网运行模式下输出电能质量控制技术 [J]. 中国电机工程学报，2011，31 (12): 22 - 28.

[10] 王立乔，孙孝峰．分布式发电系统中的光伏发电技术 [M]. 北京：机械工业出版社，2010.

[11] 唐西胜，邓卫，李宁宁，等．基于储能的可再生能源微网运行控制技术 [J]. 电力自动化设备，2012，32 (3): 99 - 103.

[12] 张国驹，唐西胜，齐智平．超级电容器与蓄电池混合储能系统在微网中的应用 [J]. 电力系统自动化，2010，34 (12): 85 - 89.

[13] 曹剑平．DC—DC 开关变换器建模与数字仿真分析研究 [D]. 长沙：中南大学，2008.

[14] E. Denny, M. O'Malley. Wind generation, power system operation, and emissions reduction [J]. IEEE Transactions on Power Systems, 2006, 21 (1): 341 - 347.

[15] Thomas Ackermann. Wind Power in Power Systems [M]. Chichester: John Wiley & Sons, Ltd., 2005.

[16] 王晓蓉，王伟胜，戴慧珠．我国风力发电现状和展望 [J]. 中国电力，2004，37 (1): 81 - 84.

[17] 刘振国，邓应松，胡亚平．交直流混合微电网平台开发及其控制策略研究 [J]. 广东电力，2015，28 (1): 67 - 71.

[18] 张颖颖，曹广益，朱新坚．燃料电池：有前途的分布式发电技术 [J]. 电网技术，2005，29 (2): 57 - 61.

[19] Murshed A M, Huang B, Nandakumar K. Control relevant modeling of planer solid oxide fuel cell system [J]. Journal of Power Sources, 2007 (163): 830 - 845.

[20] Hatziadoniu C J, Lobo A A, Pourboghrat F. A simplified dynamic model of grid-connected fuel cell generators [J]. IEEE Trans Power Del, 2002, 17 (2): 467 - 473.

[21] Qusai Z. A l - Hamdan, Munzer S Y, Ebaid. Modeling and Simulation of a Gas Turbine Engine for Power Generation [J]. Journal of Engineering for Gas Turbines Power, 2006, 128 (4): 302 -311.

[22] 翁史烈．燃气轮机性能分析 [M]. 上海：上海交通大学出版社，1987.

[23] 张勇传．水电站经济运行 [M]. 北京：水利电力出版社，1984.

[24] EL-Hawary M E, Chistensen G S. Optimal Economic of Electric Power System [M]. New York: Academic Press, 1979.

[25] 张兴．PWM 整流器及其控制策略的研究 [D]. 合肥：合肥工业大学，2003.

[26] 张文亮，丘明，来小康．储能技术在电力系统中的应用 [J]. 电网技术，2008，32 (7): 1 - 9.

[27] Bo Yin, Ramesh Oruganti, Sanjib Kumar et al. An output power control strategy for a three phase PWM rectifier under unbalanced supply conditions [J]. IEEE transactions on industrial electronics. 2008, 55 (5): 2140 - 2151.

[28] R. Teodorescu, F. Blaabjerg, M. Liserre, P C Loh. Proportional resonant controller sand filters for grid connected voltage source converters [C]. IEE proceedings electric power applications. 2006, 153 (5): 750 - 762.

[29] S. Aurtenechea, M. A. Rodri guez, E. Oyarbide, et al. Predictive Control Strategy for DC/AC Converters Based on Direct Power Control [J]. IEEE on industrial electronics, 2007, 54 (6): 1261 - 1271.

第4章　微电网控制技术

基于分布式电源本体控制，微电网监控系统通过对微电网内分布式电源以及负荷的协调控制，实现微电网的安全、高效和稳定运行。微电网控制主要包括主从控制和对等控制两大控制模式。本章主要对主从控制模式下以储能系统作为主电源的微电网的并网运行、离网运行以及并/离网切换等各种协调控制策略进行详细论述。

4.1　微电网主从控制模式

主从控制是指微电网系统在离网运行时，以某一控制器为主控制器，控制某个分布式电源（称为主电源，通常采用恒压恒频 V/f 控制），为微电网中的其他分布式电源提供电压和频率参考，其余分布式电源为从电源（其控制器为从控制器，采用恒功率 PQ 控制）。主从控制器之间一般需要通信联系，主控制器通过检测微电网中的各种电气量，根据微电网的运行情况采取相应的调节手段，通过通信线路发出控制命令来控制其他从控制器的输出，实现整个微电网的功率平衡，使电压频率稳定在额定范围。主从控制模式又可分为以主电源控制器为主控制器和以独立的微电网监控系统为主控制器两大类。

以主电源控制器为主控制器的主从控制结构如图 4－1 所示，选择作为主电源的分布式电源需满足一定的条件：在微电网离网运行时，该分布电源功率输出应能够在给定/设定范围内可控，且能够快速跟随负荷的波动变化；在微电网运行状态切换时，要求主电源能够在并网运行 PQ 控制和离网运行 V/f 控制两种控制模式间快速切换。常见

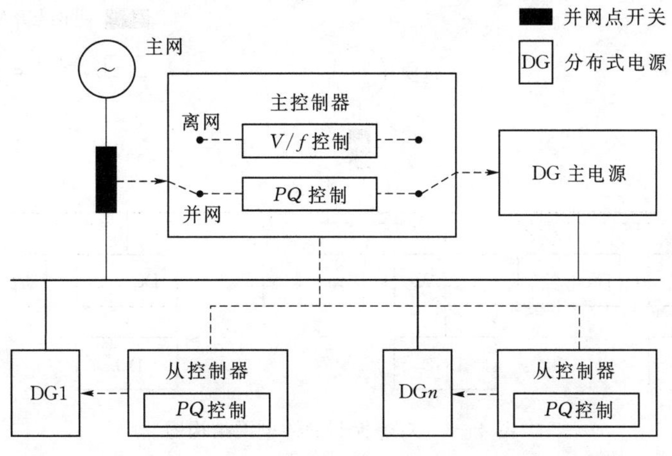

图 4－1　以主电源控制器为主控制器的主从控制结构图

的可作为主电源的一般有储能系统、微型燃气轮机等。

以微电网监控系统为主控制器的主从控制结构如图 4-2 所示，微电网监控系统与分布式电源控制器之间采用快速通信，微电网监控系统根据分布式电源的输出功率和微电网内的负荷需求调节各分布式电源控制器的运行参数。微电网监控系统可设定某一分布式电源为主电源并控制其运行状态的切换。

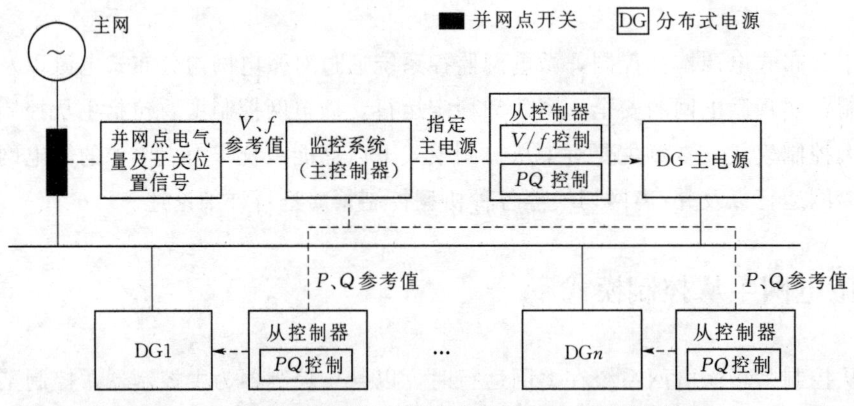

图 4-2　以微电网监控系统为主控制器的主从控制结构

4.2　微电网对等控制模式

对等控制模式是指微电网中每个分布式电源具有相等的地位，所有的分布式电源以预先设定的控制方式共同参与有功功率和无功功率的调节，从而保持微电网系统内电压和频率的稳定。对等控制模式下分布式电源一般采用 V/f 控制方式，其控制策略的选择十分关键，目前比较常用的策略是下垂特性（Droop）控制。Droop 控制能让分布式电源具有“即插即用”的功能，即微电网中的任何一个分布式电源在接入或断开时，不需要改变微电网中其他电源的设置，对等控制的微电网结构如图4-3所示。

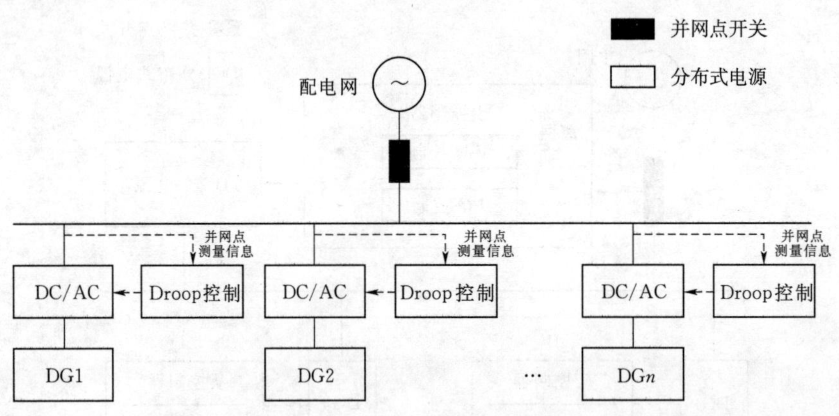

图 4-3　对等控制的微电网结构图

在微电网离网运行时，分布式电源采用相同的 Droop 控制方法，系统电压和频率

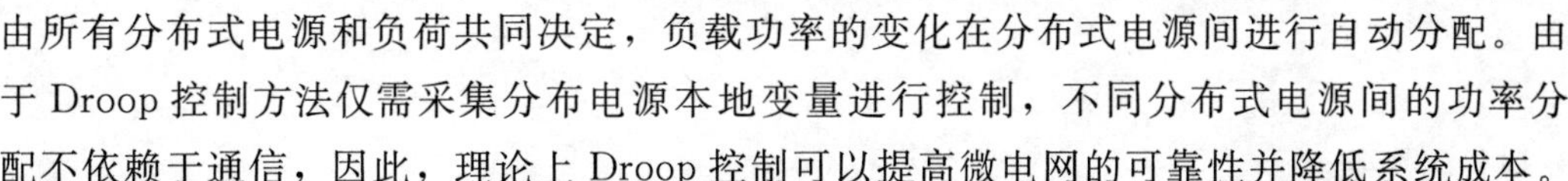

由所有分布式电源和负荷共同决定，负载功率的变化在分布式电源间进行自动分配。由于Droop控制方法仅需采集分布电源本地变量进行控制，不同分布式电源间的功率分配不依赖于通信，因此，理论上Droop控制可以提高微电网的可靠性并降低系统成本。

对等控制对微电网系统参数的一致性提出了比较严格的要求，目前国内外仅有少量以实验研究为主的微电网系统采用了对等控制，例如，CERTS微电网示范工程采用了三台规格、容量完全一致的60kW微型燃气轮机来实现对等控制。如何提高系统的稳定性和鲁棒性是目前对等控制模式下微电网需要解决的关键问题。

4.3 微电网并网运行控制策略

与大电网相比，微电网容量很小，微电网并网运行时，其电压和频率主要跟随大电网的电压和频率，微电网内分布式电源一般采用PQ控制模式运行。微电网并网运行控制策略是对微电网内各分布式电源出力进行协调控制，实现微电网的各种控制目标，例如分布式发电/储能计划控制、风光储联合功率控制、联络线功率控制等，保障微电网的安全稳定运行。

4.3.1 分布式发电/储能计划控制

分布式发电/储能计划控制是指由用户或电网管理部门下发分布式电源未来一段时间内的出力计划控制曲线，微电网控制策略按照下发的计划控制曲线来控制分布式电源的出力以及储能的充放电。对于功率可控的分布式发电单元，微电网根据下发的计划控制曲线制定分布式发电出力时需考虑其功率运行范围；对储能单元的充放电控制，需考虑储能单元的安全稳定技术指标，例如电池的SOC允许范围、充放电次数限值等。因此微电网运行控制策略对下发的计划曲线需进行合理性评估。

以储能单元的充放电计划控制为例，控制策略流程如图4-4所示，详细步骤如下：

(1) 读取储能单元充放电计划控制曲线，检查储能单元运行状态。若储能单元处于停机状态，下达并网开机指令；若储能单元处于正常运行状态，进入步骤(2)。

(2) 检查充放电计划功率是否越限。若充放电功率计划值超过最大允许充放电功率或连续充电/放电时间过长，则告知用户及电网调度需重新制定充放电计划控制曲线；否则，进入步骤(3)。

(3) 检查储能单元当日充放电次数是否越限。若越限，则发储能充放电次数越限告警。

(4) 检查储能单元SOC是否越限。若是充电指令，检查储能单元当前SOC是否越上限，若是放电指令，检查储能单元当前SOC是否越下限。若SOC越限，则告知用户及电网调度需重新制定充放电计划控制曲线；否则，进入步骤(5)。

(5) 按照计划值下达储能充放电指令并检查执行情况。若储能单元出力实时监测值与计划曲线有出入，超过允许范围，则向储能单元再次下达充放电指令；若多次下达指

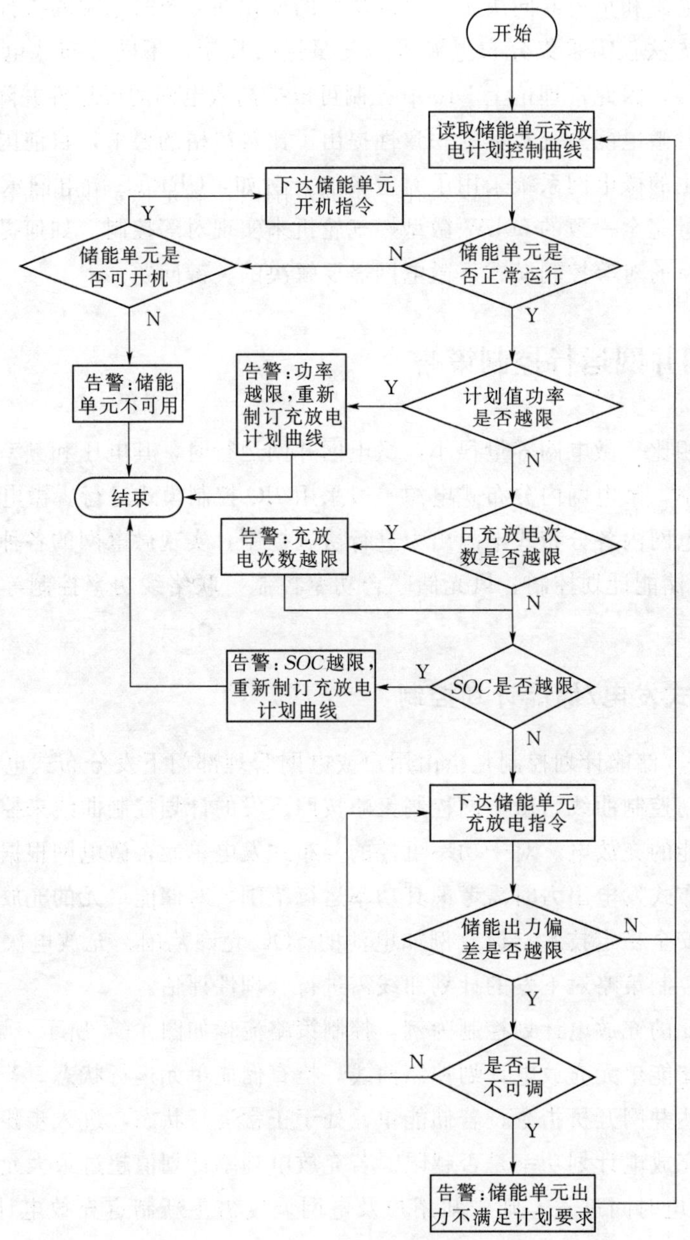

图 4-4　储能充放电计划控制流程

令后，储能单元实时出力与计划曲线差额仍然超过允许范围，则告知用户及电网调度储能单元出力不满足计划要求。

分布式发电/储能计划控制可用于削峰填谷。例如，在峰荷时段下令储能单元放电并加大其他分布式电源出力；在谷荷时段下令储能单元充电并减小其他分布式电源出力；在其他时段，需保证储能单元有足够的备用容量，即峰荷时段有足够的放电容量，谷荷时段有足够的充电容量。

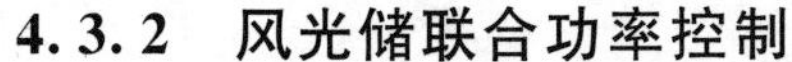

4.3.2 风光储联合功率控制

风力发电和光伏发电的出力易受到外部气象因素影响，出力会有波动，可根据分布式发电预测与负荷预测的结果，科学控制微电网内储能单元出力，弥补风、光发电的实时波动，使风光储联合发电出力稳定在一定的范围内，满足稳定供电的要求，这就是风光储联合功率控制。

1. 基本控制流程

风光储联合功率控制策略可根据预设的风光储联合发电出力目标，参考下一时间段风力发电和光伏发电预测出力曲线，在满足储能单元安全稳定技术指标的前提下，制定储能单元的预定充放电工作曲线。在实际执行过程中，要根据风光实际出力对储能单元预定充放电工作曲线进行合理性评估，实时调整储能单元的充放电出力在允许的范围内。

风光储联合功率控制流程如图 4－5 所示，图中 P_{M}为储能出力目标值、P_{pro}为当前时段风光预测出力值、P_{set}为预设风光出力值，详细步骤如下：

(1) 接收风光储联合功率控制指令，检查储能单元运行状态。若储能单元处于停机状态，下达并网开机指令；若储能单元处于正常运行状态，进入步骤 (2)。

(2) 计算预设的风光出力值与当前时段风光出力预测值之间的功率差额作为储能单元的出力目标值。

(3) 检查储能单元出力目标值是否功率越限。若目标值在储能最大允许充放电范围内，进入步骤 (5)；否则，进入步骤 (4)。

(4) 根据风光实时出力情况计算储能单元的出力目标值，可采用一阶低通滤波算法计算目标值，并检查目标值是否功率越限。若目标值超过储能最大允许充放电功率，修正目标值为最大允许充放电功率值。

(5) 检查储能单元当日充放电次数是否越限。若越限，则发储能充放电次数越限告警。

(6) 检查储能单元 *SOC* 是否越限。若是充电指令，检查储能单元当前 *SOC* 是否越上限，若是放电指令，检查储能单元当前 *SOC* 是否越下限。若 *SOC* 越限，则告知用户及电网调度 *SOC* 越限，进入步骤 (7)；否则，进入步骤 (8)。

(7) 若 *SOC* 低于下限，下达充电指令，储能单元以较大功率充电；若 *SOC* 高于上限，下达放电指令，储能单元以较大功率放电。直到 *SOC* 恢复到某一设定值。

(8) 按照计算目标值下达储能充放电指令并检查执行情况。若风光出力实时监测值与预设出力有出入，超过允许范围，则返回步骤 (4)，再次根据当前风光实时出力情况计算储能单元的出力目标值并下达充放电指令，直到进入风光出力预测下一时段。

与计划控制相比，风光储联合功率控制策略对储能系统的控制提出了更高的要求，计划控制策略中，储能系统大部分时候是恒功率运行，而在风光储联合功率控制策略中，储能系统主要进行变功率充放电运行。为减少储能系统日充放电次数，提高储能系

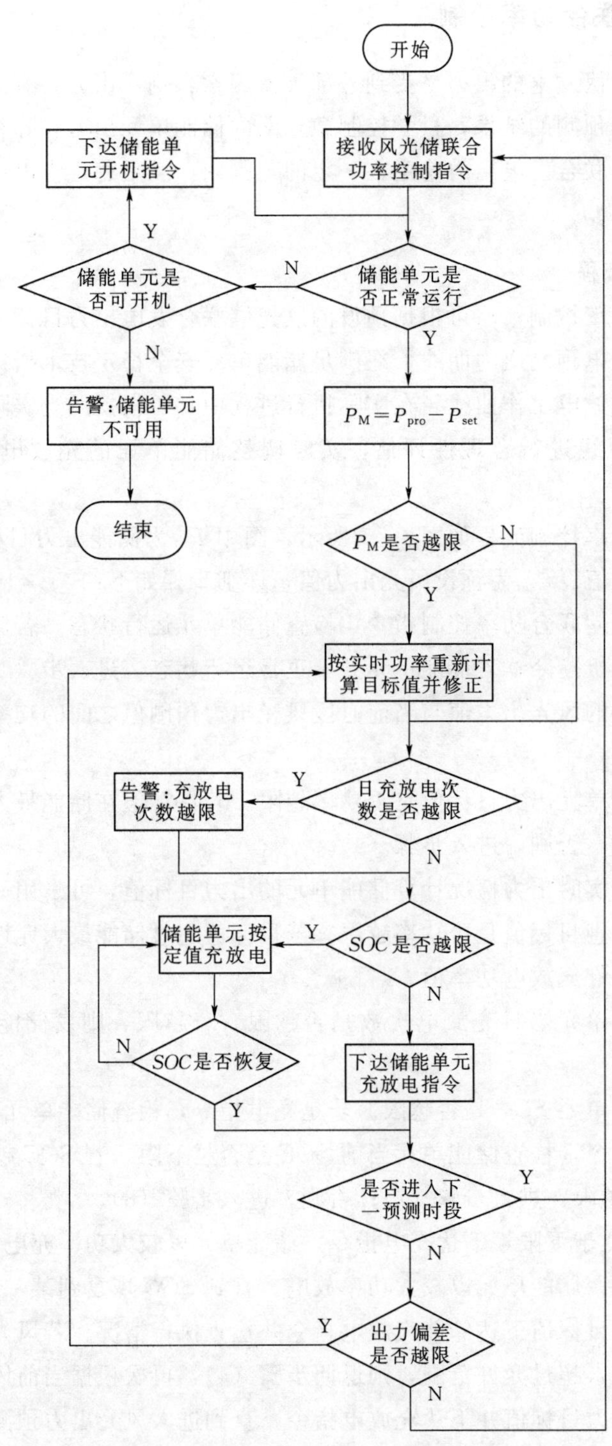

图 4-5　风光储联合功率控制流程

统的使用寿命，要合理选取计算参数 P_{M}。

2. 基于混合储能的功率平滑控制

目前越来越多的微电网采用混合储能系统，典型的混合储能系统一般包含超级电容和蓄电池。用于平抑分布式发电功率波动的混合储能功率分配算法遵循如下原理：短时间尺度的功率变化由超级电容来调节，长时间尺度的功率变化由蓄电池来调节。

设风光当前出力为 $P_{\mathrm{w.s}}$，同时设单位时间内功率变化值用功率变化值 P_{k} 来衡量，取 $P_{\mathrm{k}}=P_{\mathrm{w.s}}(t_i)-P_{\mathrm{w.s}}(t_{i-1})$，采取的控制算法是设定一个功率变化限定值 P_{kup}，当功率变化绝对值小于限定值时，补偿功率由蓄电池来调节；当功率变化绝对值大于限定值时，超出部分由超级电容来调节。

蓄电池在 t 时刻需调节的功率 P_{bat} 为

$$P_{\mathrm{bat}}(t)=\begin{cases}P_{\mathrm{M}}(t) & |P_{\mathrm{k}}|\leqslant P_{\mathrm{kup}}\\ P_{\mathrm{bat}}(t_{i-1})+P_{\mathrm{kup}} & |P_{\mathrm{k}}|>P_{\mathrm{kup}}\text{ 且 }P_{\mathrm{k}}>0\\ P_{\mathrm{bat}}(t_{i-1})-P_{\mathrm{kup}} & |P_{\mathrm{k}}|>P_{\mathrm{kup}}\text{ 且 }P_{\mathrm{k}}<0\end{cases} \tag{4-1}$$

当功率变化值小于该限定值时，补偿功率全部由蓄电池来调节；当功率变化绝对值大于限定值时，分配给蓄电池的功率调节值为前一时刻的调节值与最大允许功率变化值之和，剩余部分由超级电容来调节。

超级电容在 t 时刻需调节的功率 P_{sc} 为

$$P_{\mathrm{sc}}(t)=P_{\mathrm{M}}(t)-P_{\mathrm{bat}}(t) \tag{4-2}$$

对于功率变化率限定值 P_{kup} 的选取，需根据蓄电池的充放电功率限值以及 *SOC* 允许范围来调整。

4.3.3 联络线功率控制

联络线功率控制是指微电网并网运行时，对微电网公共连接点的功率设定计划值或计划曲线，使其按照计划运行。在制订计划值或计划曲线时，需结合微电网内分布式电源和负荷的实际发电与用电曲线，进行合理制定。联络线功率控制策略可分为联络线的恒功率控制及功率平滑控制。

恒功率控制是控制微电网并网点功率维持在一恒定值，这是电力调度运行人员比较喜欢的一种微电网运行控制方式，在该控制方式下，调度侧可准确地预测微电网出力，减少风光等随机性电源对配电网负荷预测准确性的影响。功率平滑控制是对微电网并网点功率进行平滑，减小微电网并网点功率波动性，从而减小并网点电压波动，提高电能质量；随着微电网数量的增加，采用联络线功率平滑控制策略，能够显著减少因功率波动过大造成的配电网容量浪费现象，降低配电网合理规划的难度。

制定联络线功率计划值的基本原则包括结合正常工作日、周末和节假日等不同时间发用电的特点分别制定不同的控制目标；储能系统尽量在晚上充电、白天放电，减少白天需要从主网的购电量，节约电费；新能源发电量尽量在微电网内部消纳，减少与外部电网的电量交换。

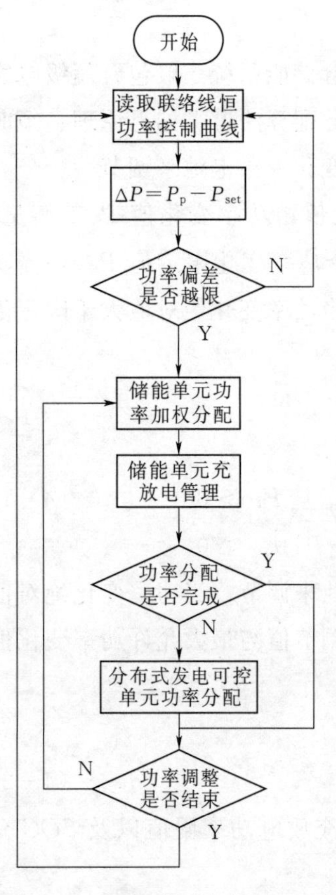

图 4-6 联络线功率控制流程

微电网并网运行时与外部主网间联络线功率控制策略流程如图 4-6 所示，图中 ΔP 为联络线功率偏差、P_p 为联络线当前功率、P_{set} 为联络线功率设定值。微电网内可能包含多个功率可控单元，例如多个储能单元、光伏发电单元、风力发电单元，对于光伏发电单元和风力发电单元一般采用最大功率控制模式，功率控制优先调节储能单元。当微电网内含有多个储能单元时，可采用加权分配的算法分配各储能单元出力：充电时，按各储能单元消耗储能电量占总消耗储能电量的百分比分配；放电时，按剩余储能电量占总剩余储能电量的百分比分配。

同时，需要根据储能系统充放电功率及当前荷电状态来进行储能充放电管理，其原则依然是满足储能单元安全稳定技术指标，充放电功率不超过允许的最大充放电功率，避免蓄电池的过充过放。为保障储能单元的备用容量，当 *SOC* 较大时，要采用小功率充电大功率放电方式，当 *SOC* 较小时，要采用大功率充电小功率放电方式。

4.3.4 无功电压控制

目前，农村配电网的末端区域往往存在着无功不足、电压水平较低的问题，可利用接入配电网末端的微电网无功电压控制能力，减少配电网无功潮流，提高配电网末端电压水平，降低网损。

微电网并网运行时无功电压控制策略流程如图 4-7 所示，当微电网配有专用无功补偿设备（如 SVG）时，由于其相应速度更快（一般为毫秒级），可优先调用，若需要微电网内分布式电源输出无功时，应优先选择储能单元输出无功。

微电网无功输出的大小取决于微电网母线电压、电压偏差以及配电网系统电抗。当电压调节目标在额定范围附近时，可采用无功补偿容量，即

$$Q_b = -\lambda U_m \cdot \Delta U \tag{4-3}$$

式中 Q_b——无功补偿容量；

λ——补偿系数；

U_m——微电网母线电压；

ΔU——电压偏差。

在实际工程中，由于配电网结构复杂，系统电抗值往往难以精确计算，因此 λ 的取值一般可通过现场实测微电网并网点无功功率变化量和微电网母线电压变化量来确定。

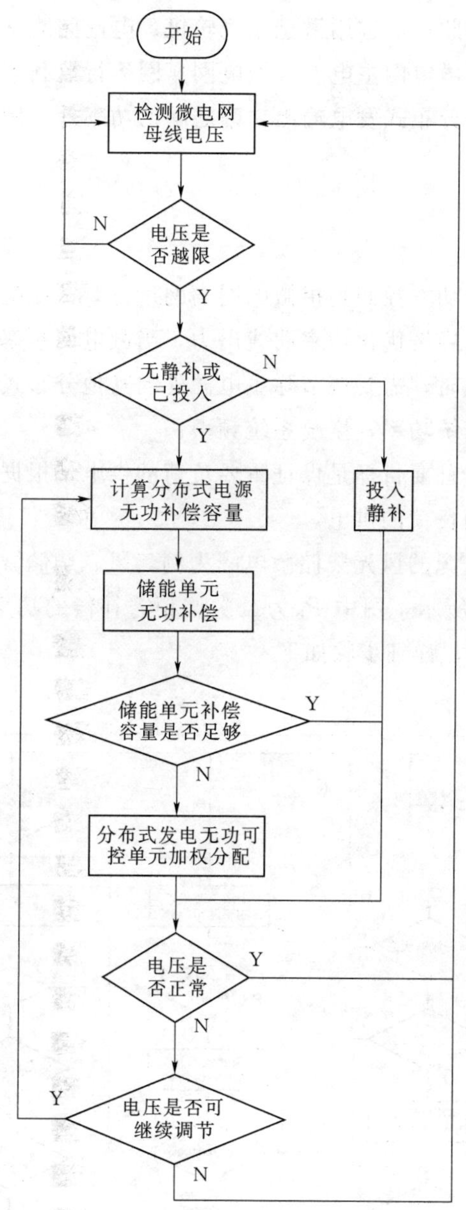

图 4-7 微电网并网运行时无功电压控制策略流程

4.4 微电网离网运行控制策略

微电网离网运行时，微电网内的分布式电源有两种控制模式：①采用 PQ 控制只发出恒定的有功或是执行最大功率跟踪，不参与电压和频率调节；②采用 V/f 控制，用于维持微电网的电压和频率，保证微电网的正常运行。微电网在离网运行时，主电源承担着一次调频调压的责任，必须在无通信的条件下通过调节自身出力对微电网内的扰动在数毫秒内做出响应。因此一般选用微型燃气轮机、电池储能系统等容量较大、控制响应速度快的稳定电源作为微电网主电源。微电网离网运行控制策略主要进行二次调频调压工作，实时计算负荷与分布式发电输出功率之间的功率差，调节分布式电源出力，平衡系统功率。

4.4.1　有功功率控制

微电网离网运行有功功率控制是指微电网离网运行时，微电网内各分布式电源正常按照能量管理系统下达的经济优化功率曲线出力，当微电网频率偏离额定范围仅靠主电源出力不能稳定系统频率时，需要调节除主电源外的其他分布式电源出力，必要时采用投切负荷的手段，平衡系统功率，恢复系统频率。

微电网离网运行时，首要目标是保证重要负荷的供电，根据微电网实际情况，有选择地保证可控负荷、可切负荷的供电。

以储能单元作为主电源的风光柴储微电网为例，风光柴储微电网离网运行有功功率控制策略流程如图4-8所示，图中 P_B 为二次调频需补偿的功率、P_{dis} 为分布式电源输出功率、P_{load} 为负荷功率，详细步骤如下：

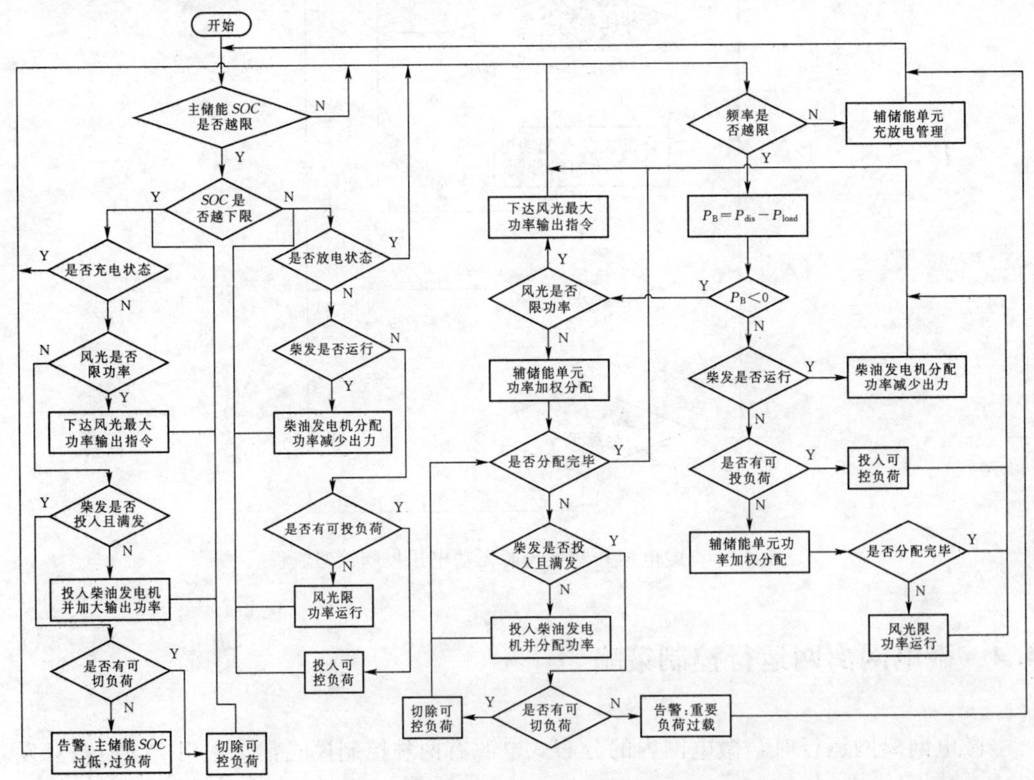

图4-8　风光柴储微电网离网运行有功功率控制流程

（1）检查主储能单元 SOC 是否越限。若 SOC 过低，进入步骤（2）；若 SOC 过高，进入步骤（3）；若正常进入步骤（4）。

（2）检查主储能单元运行状态。若主储能为充电状态，进入步骤（4）；否则，下令风力发电、光伏发电出力满发，若主储能单元还是不能充电以恢复 SOC，投入柴油发电机，按功率由小到大的顺序逐步切除可控负荷。若以上措施仍不能使主储能单元退出放电状态，则告知用户主储能单元 SOC 过低，系统过负荷。用户可人工决策继续给重要负荷供电还是人工切除部分重要负荷，让主储能单元 SOC 回到正常水平。

（3）检查主储能单元运行状态。若主储能为放电状态，进入步骤（4）；否则，减少柴油发电机出力直至退出柴油发电机，投入可控负荷。若以上措施仍不能使主储能单元退出充电状态，则限制风电、光伏发电出力，进入步骤（4）。

（4）检查微电网频率是否越限。若微电网频率偏差未越限，进入步骤（8）；否则，进入步骤（5）。

（5）计算微电网调频需补偿功率值。若为负值，微电网内分布式电源需增加出力，进入步骤（6）；否则，进入步骤（7）。

（6）下令风力发电、光伏发电出力满发。若出力仍不足，辅储能单元加权分配功率，增加出力。当辅储能单元出力不足时，投入柴油发电机、加大柴油发电机出力，按功率由小到大的顺序逐步切除可控负荷，返回步骤（4）。若以上措施仍不能完全补偿功率差额，则告知用户重要负荷过载，由用户决定是否人工切除部分重要负荷，返回步骤（1）。

（7）减少柴油发电机出力，投入可控负荷。若微电网出力仍有富余，辅储能单元加权分配功率，减小出力（或增大充电功率）。若以上措施执行后仍有富余功率，则限制风力发电、光伏发电出力，返回步骤（4）。

（8）进行辅储能单元充放电管理。当 SOC 过低时，若分布式发电有富余出力，辅储能单元进行充电，否则待机；当 SOC 过高时，增加负载，辅储能单元放电，否则待机。

上述控制策略优先考虑主储能单元即主电源的安全性和稳定性，必要情况下投入柴油发电机对主储能单元充电，维持主储能单元 SOC 在正常水平，并在此基础上，调节微电网的功率平衡。该控制策略对主储能单元的容量需求较大，但是降低了柴油发电机容量和运行时间需求，经济性较好。

4.4.2 无功电压控制

对微电网来说，离网运行时系统无功电压控制显得尤为重要。失去了外部主网提供的电压参考值，微电网主要通过主电源的 V/f 控制，调节无功出力来稳定微电网系统电压。一般来说，主电源的调节范围会受到自身容量和有功出力的限制，有可能不能完全补偿系统无功。当发生无功不平衡时，首先由 SVG 等专用无功补偿设备对系统无功进行动态补偿；若没有专用无功补偿设备或补偿容量不足，微电网电压偏差仍然较大，则需要控制策略实时计算补偿差额，调节除主电源外的其他分布式电源无功出力，恢复微电网电压到正常水平。

微电网离网运行时无功电压控制策略流程如图 4-9 所示，在调节分布式电源的无功功率时，应首先保证有功出力，分布式电源可用无功功率为

$$Q_R = \sum_{i=1}^{N} \sqrt{S_{Ni}^2 - P_i^2} \tag{4-4}$$

式中　S_{Ni}——第 i 个分布式电源视在功率；

P_i——第 i 个分布式电源当前有功功率。

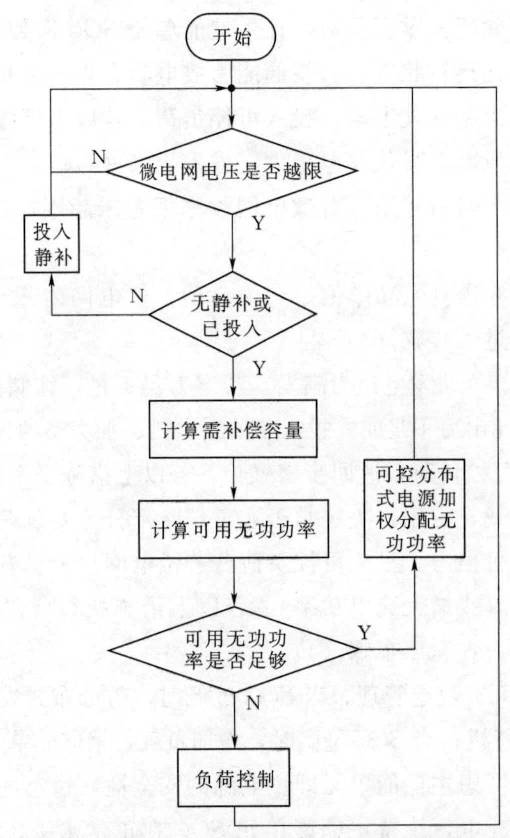

图 4-9　微电网离网运行时无功电压控制策略流程

无功调节顺序依次为储能单元、同步电机电源（已经投运，否则不参与无功调节）、其他分布式电源。当分布式电源可用无功容量与需补偿容量差额较大时，可切除功率因数较低的负荷支路。

4.5　微电网运行状态切换控制策略

4.5.1　微电网运行状态

微电网在稳定运行时分为停止运行、并网运行、离网运行和外部电网直供电 4 种运行状态。微电网运行状态说明见表 4-1。

表 4-1 微电网运行状态说明

运行状态	说明
停止运行	(1) 微电网并网开关为断开状态。 (2) 微电网内所有分布式电源处于停机状态。 (3) 微电网母线电压为零
并网运行	(1) 外部电网电压、频率正常。 (2) 微电网并网开关为合闸状态。 (3) 微电网内至少有 1 个分布式电源处于运行状态。 (4) 微电网母线电压、频率正常
离网运行	(1) 微电网并网开关断开。 (2) 微电网内至少有 1 个主电源以 V/f 控制模式运行。 (3) 微电网母线电压、频率正常
外部电网直供电运行	(1) 外部电网电压、频率正常。 (2) 微电网并网开关为合闸状态。 (3) 微电网内所有分布式电源处于停机状态。 (4) 微电网母线电压、频率正常

通过相应的控制命令，微电网可以在各运行状态之间相互切换，微电网运行过程中各个运行状态之间主要的切换过程如图 4-10 所示。

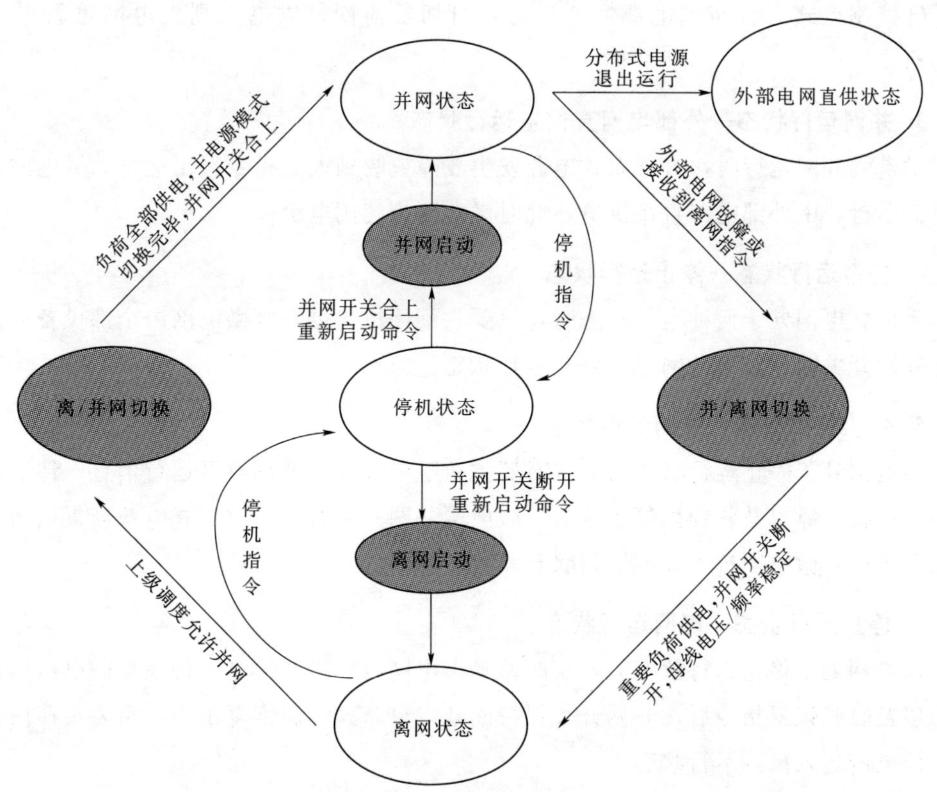

图 4-10 微电网运行过程中各个运动状态之间主要的切换过程

1. 并网运行状态—离网运行状态

并网运行时，微电网在电网安全性和稳定性允许的情况下，按照一定策略协调分布式发电、储能和负荷并网运行，实现优化运行。当外部电网出现异常时（如电压跌落、频率振荡等）或者有上级需求时，微电网断开并网开关，进入并/离网转换状态。并/离网转换主要包括无缝切换与有缝切换两种切换模式。在并/离网切换执行过程中，如果实现了微电网内重要负荷与可控负荷安全运行，微电网母线电压、频率稳定在允许范围内，并网开关断开，则微电网成功进入离网运行状态。

2. 离网运行状态—并网运行状态

由于外部电网故障（或异常）微电网进行离网运行时，微电网主电源采用 V/f 控制模式，稳定微电网的电压和频率，微电网按照一定的控制策略调整储能单元出力，协调分布式电源与负荷功率平衡，维持微电网的安全稳定运行，保证微电网重要负荷的供电。微电网实时监测外部电网的电压/频率，一旦外部电网恢复正常后微电网根据实际情况可经过一定的延迟自动地或者经上级电网调度允许后，微电网可进入离/并网切换状态。离/并网切换包括有缝切换或无缝切换两种模式。在离/并网切换执行过程中，微电网完成与外部电网的同步，合上并网开关，主电源切换至 PQ 控制模式，分布式电源恢复出力，可切负荷恢复供电，则微电网重新进入并网运行。

3. 并网运行状态—外部电网直供电运行状态

微电网并网运行时，若分布式电源发生故障或收到人工指令退出运行，微电网内只有负荷运行，由外部电网直接供电，此时微电网为纯用电负荷。

4. 任何运行状态—停止运行状态

无论微电网处于何种运行状态时，只要收到停机指令，则微电网内全部设备退出运行，并网开关断开，微电网进入停止运行状态。

5. 停止运行状态—并网运行状态

微电网处于停止运行状态时，实时监测微电网内部与外部电网运行信息，待消除微电网内设备故障以及收到恢复指令后，微电网并网开关合上，分布式电源恢复出力，负荷恢复供电，微电网进入并网运行状态。

6. 停止运行状态—离网运行状态

微电网处于停止运行状态时，实时监测微电网内部设备信息，待消除微电网内设备故障以及收到恢复指令后，并网开关保持断开，分布式电源恢复出力，重要负荷恢复供电，微电网进入离网运行状态。

在微电网的控制中，系统在稳定运行状态的工况下可完成一定的任务，微电网在各种稳定运行状态时执行的动作见表 4－2。

表 4-2 微电网在各种稳定运行状态时执行的动作

运行状态	在该状态下可执行动作
停止运行	(1) 并网运行。 (2) 离网运行。 (3) 外部电网直供电启动
并网运行	(1) 功率优化控制。 (2) 无功电压控制。 (3) 并网到离网运行状态切换。 (4) 并网到停止运行状态切换。 (5) 并网到外部电网直供电状态切换
离网运行	(1) 功率优化控制。 (2) 无功电压控制。 (3) 离网到并网运行状态切换。 (4) 离网到停止运行状态切换
外部电网直供电	(1) 外部电网直供电到并网运行状态切换。 (2) 外部电网直供电到离网运行状态切换。 (3) 外部电网直供电到停止运行状态切换

4.5.2 微电网负荷分级

微电网内的负荷按供电可靠性可分为重要负荷、可控负荷和可切负荷，具体如下：

(1) 重要负荷在并网和离网条件下均需优先保证供电，一般情况下只有保护动作和人工检修时才切除。

(2) 可控负荷供电优先级低于重要负荷，在微电网并网转离网的过程中，切除可控负荷，当微电网进入离网运行稳定状态后再投入。微电网离网运行时当主电源电量不足时，优先切除可控负荷。

(3) 可切负荷供电优先级最低，当微电网离网运行时，一般不投入。微电网并网转离网的过程中，首先切除可切负荷。

微电网负荷的分级可由用户自行设置，微电网控制策略应能实时读取负荷分级设置。

4.5.3 微电网运行/停运控制

1. 外部电网直供电到停运

从外部电网直供电到微电网停运的主要目标就是保证微电网内负荷安全切除。当接收到微电网停运指令，微电网与外部电网断开，停止对微电网内负荷进行供电。

外部电网直供电到停运控制流程如图 4-11 所示，详细步骤如下：

(1) 接收外部电网直供电到停运状态切换控制指令，检查微电网当前运行状态。若

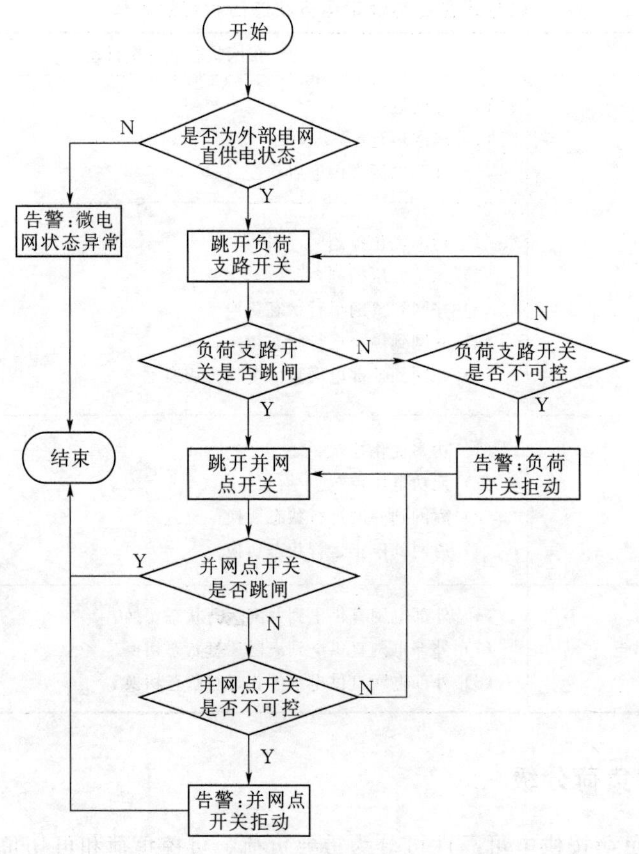

图 4-11　外部电网直供电到停运控制流程

微电网当前运行状态为外部电网直供电状态，进入步骤（2）；否则，告知用户微电网状态异常，结束控制。

（2）跳开负荷支路开关，检查负荷支路开关状态。若为合闸状态，进入步骤（3）；若为分闸状态，进入步骤（4）。

（3）检查负荷支路开关是否可控。若连续多次下达跳闸指令后负荷支路开关状态仍然为合闸状态，告知用户负荷支路开关拒动，进入步骤（4）。

（4）跳开并网点开关，检查并网点开关状态。若为合闸状态，进入步骤（5）；若为分闸状态，微电网运行状态切换控制结束。

（5）检查并网点开关是否可控。若连续多次下达跳闸指令后并网点开关状态仍然为合闸状态，告知用户并网点开关拒动，微电网运行状态切换控制结束。

外部直供电到停运控制策略对开关的动作顺序不作严格要求，最主要的是保证并网点开关的正常断开。

2. 停运到外部电网直供电

从微电网停运状态到外部电网直供电状态时，主要是保证微电网内负荷安全供电。

微电网停运到外部电网直供电控制策略流程如图 4-12 所示，详细步骤如下：

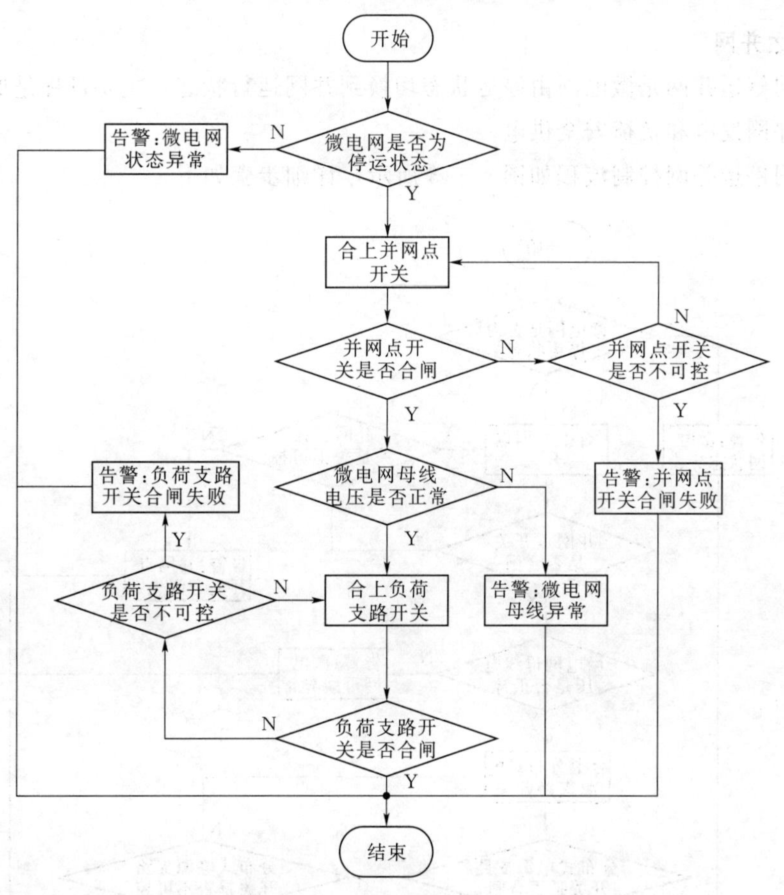

图 4-12 微电网停运到外部电网直供电控制策略流程

(1) 接收停运到外部电网直供电状态切换控制指令，检查微电网当前运行状态。若微电网当前运行状态为停运状态，进入步骤 (2)；否则，告知用户微电网状态异常，结束控制。

(2) 合上并网点开关，检查并网点开关状态。若为分闸状态，进入步骤 (3)；若为合闸状态，进入步骤 (4)。

(3) 检查并网点开关是否可控。若连续多次下达合闸指令后并网点开关状态仍然为分闸状态或下达合闸指令后有继电保护动作，则告知用户并网点开关合闸失败，结束控制。

(4) 检查微电网母线电压是否正常。若母线电压正常，进入步骤 (5)；否则，告知用户微电网母线异常，结束控制。

(5) 合上负荷支路开关，检查负荷支路开关状态。若为合闸状态，微电网运行状态切换控制结束；若为分闸状态，进入步骤 (6)。

(6) 检查负荷支路开关是否可控。若连续多次下达合闸指令后负荷支路开关状态仍然为分闸状态或下达合闸指令后有继电保护动作，告知用户负荷支路开关合闸失败，微电网运行状态切换控制结束。

停运到外部电网直供电控制策略要求微电网母线电压正常后再合上负荷支路开关，与常规配电网负荷上电要求相同。

3. 停运并网

微电网停运并网是微电网由停运状态切换到并网运行状态，主要目标是保证分布式电源安全并网发电和负荷安全供电。

微电网停运并网控制流程如图 4－13 所示，详细步骤如下：

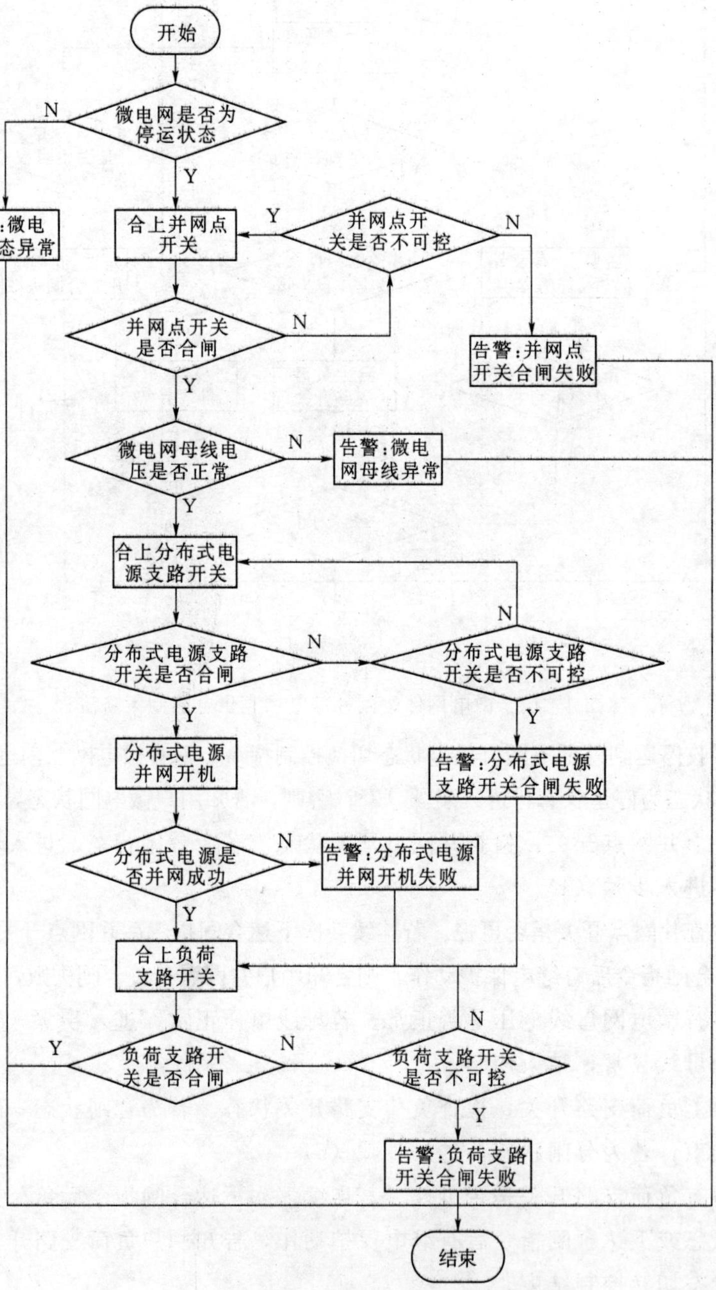

图 4－13　微电网停运并网控制流程

(1) 接收并网运行控制指令，检查微电网当前运行状态。若微电网当前运行状态为停运状态，进入步骤 (2)；否则，告知用户微电网状态异常，结束控制。

(2) 合上并网点开关，检查并网点开关状态。若为分闸状态，进入步骤 (3)；若为合闸状态，进入步骤 (4)。

(3) 检查并网点开关是否可控。若连续多次下达合闸指令后并网点开关状态仍然为分闸状态或下达合闸指令后有继电保护动作，则告知用户并网点开关合闸失败，结束控制。

(4) 检查微电网母线电压是否正常。若母线电压正常，进入步骤 (5)；否则，告知用户微电网母线异常，结束控制。

(5) 合上分布式电源支路开关，检查分布式电源支路开关状态。若为分闸状态，进入步骤 (6)；若为合闸状态，进入步骤 (7)。

(6) 检查分布式电源支路开关是否可控。若连续多次下达合闸指令后分布式电源支路开关状态仍然为分闸状态或下达合闸指令后有继电保护动作，告知用户分布式电源支路开关合闸失败，进入步骤 (8)。

(7) 下达分布式电源并网开机指令，并检查分布式电源是否并网开机成功。若并网开机失败，则告知用户分布式电源并网开机失败，进入步骤 (8)。

(8) 合上负荷支路开关，检查负荷支路开关状态。若为合闸状态，微电网运行状态切换控制结束；若为分闸状态，进入步骤 (9)。

(9) 检查负荷支路开关是否可控。若连续多次下达合闸指令后负荷支路开关状态仍然为分闸状态或下达合闸指令后有继电保护动作，告知用户负荷支路开关合闸失败，微电网运行状态切换控制结束。

停运并网控制策略要求微电网先投入分布式电源，再投入负荷，避免分布式电源并网时的冲击带来的电能质量问题对重要负荷产生不利影响。

4. 并网停运

微电网并网停运是微电网由并网运行状态切换到停运状态，主要目标是保证分布式电源安全退出运行和负荷的安全切除。

微电网并网停运控制流程如图 4-14 所示，详细步骤如下：

(1) 接收并网停运控制指令，检查微电网当前运行状态。若微电网当前运行状态为并网运行状态，进入步骤 (2)；否则，告知用户微电网状态异常，结束控制。

(2) 跳开负荷支路开关，检查负荷支路开关状态。若为合闸状态，进入步骤 (3)；若为分闸状态，进入步骤 (4)。

(3) 检查负荷支路开关是否可控。若连续多次下达分闸指令后负荷支路开关状态仍然为合闸状态，则告知用户负荷支路开关拒动，进入步骤 (4)。

(4) 下达分布式电源停机指令，检查各分布式电源运行状态。若分布式电源停机，进入步骤 (5)；否则，告知用户分布式电源停机失败。

(5) 依次跳开各分布式电源支路开关和并网点开关，检查并网点开关状态。若为合

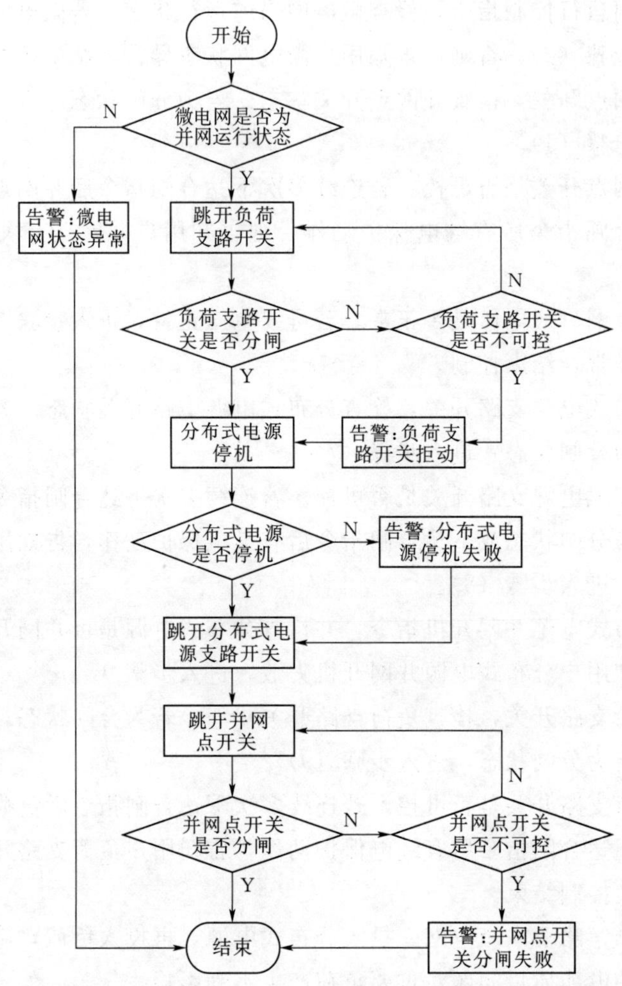

图 4 - 14　微电网并网停运控制流程

闸状态，进入步骤（6）；若为分闸状态，微电网运行状态切换控制结束。

（6）检查并网点开关是否可控。若连续多次下达分闸指令后并网点开关状态仍然为合闸状态，则告知用户并网点开关分闸失败，微电网运行状态切换控制结束。

并网停运控制策略应尽量避免并网点开关带电源分闸，当分布式电源停机失败时（如通信故障），应先将分布式电源支路开关跳开。

5. 停运离网

微电网停运离网是微电网由停运状态切换到离网运行状态，主要目标是保证微电网内部主电源建立母线电压，其他分布式电源并网发电，重要负荷安全供电。

微电网停运离网控制流程如图 4 - 15 所示，详细步骤如下：

（1）接收停运离网控制指令，检查微电网当前运行状态。若微电网当前运行状态为停运状态，进入步骤（2）；否则，告知用户微电网状态异常，结束控制。

（2）合上主电源支路开关，检查主电源支路开关状态。若为分闸状态，进入步骤

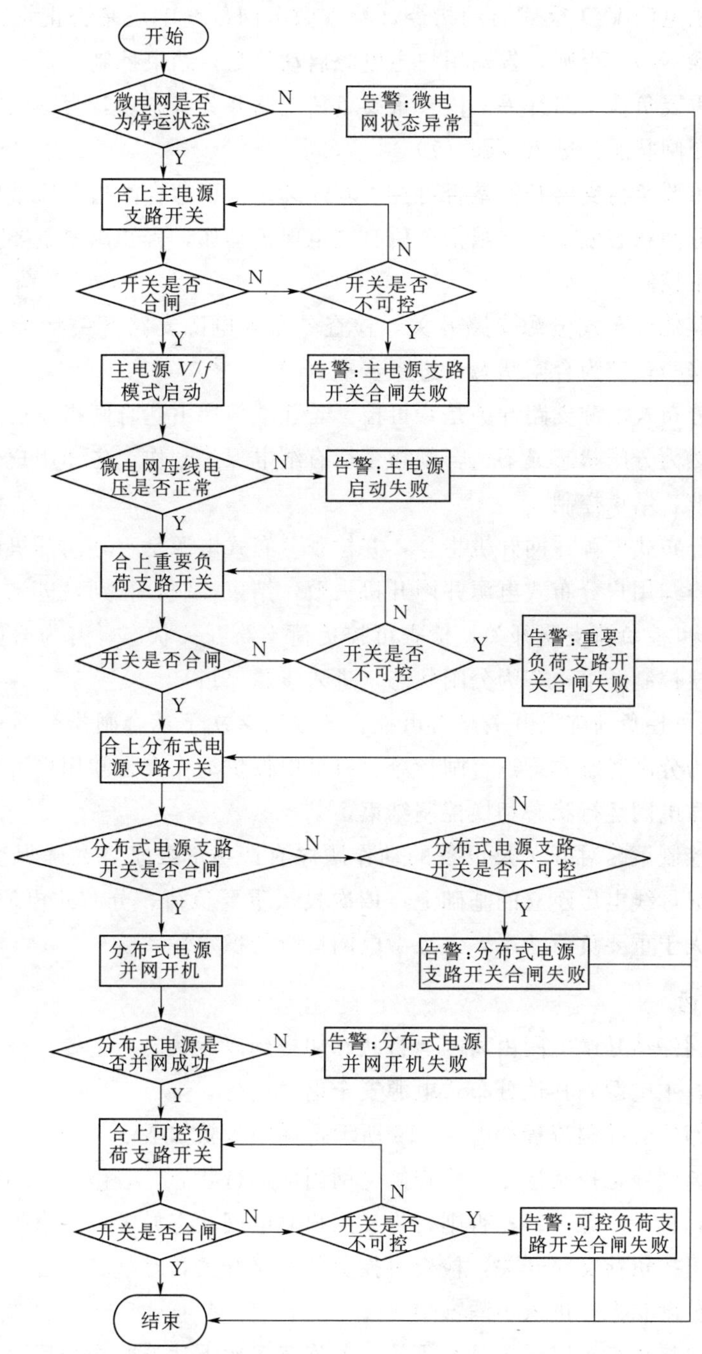

图 4-15　微电网停运离网控制流程

(3)；若为合闸状态，进入步骤 (4)。

(3) 检查主电源支路开关是否可控。若连续多次下达合闸指令后主电源支路开关状态仍然为分闸状态或下达合闸指令后有继电保护动作，则告知用户主电源支路开关合闸失败，结束控制。

(4) 下达主电源 V/f 模式启动指令，检查微电网母线电压是否正常。若母线电压正常，进入步骤 (5)；否则，告知用户主电源启动失败，结束控制。

(5) 合上重要负荷支路开关，检查重要负荷支路开关状态。若为分闸状态，进入步骤 (6)；若为合闸状态，进入步骤 (7)。

(6) 检查重要负荷支路开关是否可控。若连续多次下达合闸指令后重要负荷支路开关状态仍然为分闸状态或下达合闸指令后有继电保护动作，告知用户重要负荷支路开关合闸失败，结束控制。

(7) 合上其他分布式电源支路开关，检查分布式电源支路开关状态。若为分闸状态，进入步骤 (8)；若为合闸状态，进入步骤 (9)。

(8) 检查分布式电源支路开关是否可控。若连续多次下达合闸指令后分布式电源支路开关状态仍然为分闸状态或下达合闸指令后有继电保护动作，告知用户分布式电源支路开关合闸失败，结束控制。

(9) 下达分布式电源并网开机指令，并检查分布式电源是否并网开机成功。若并网开机失败，则告知用户分布式电源并网开机失败，结束控制；否则，进入步骤 (10)。

(10) 合上可控负荷支路开关，检查可控负荷支路开关状态。若为合闸状态，微电网运行状态切换控制结束；若为分闸状态，进入步骤 (11)。

(11) 检查可控负荷支路开关是否可控。若连续多次下达合闸指令后可控负荷支路开关状态仍然为分闸状态或下达合闸指令后有继电保护动作，告知用户可控负荷支路开关合闸失败，微电网运行状态切换控制结束。

停运离网控制策略对开关及设备的动作顺序有严格的要求，在确保主电源正常开机，微电网完成母线电压建立的基础上，依次投入重要负荷、分布式电源和可控负荷。主电源容量要大于重要负荷功率，保证微电网运行的稳定性。

6. 离网停运

微电网离网停运是微电网由离网运行状态切换到停运状态，主要目标是保证重要负荷的安全切除，主电源和其他分布式电源安全退出运行。

微电网离网停运控制流程如图 4－16 所示，详细步骤如下：

(1) 接收离网停运控制指令，检查微电网当前运行状态。若微电网当前运行状态为离网运行状态，进入步骤 (2)；否则，告知用户微电网状态异常，结束控制。

(2) 跳开可控负荷支路开关，检查可控负荷支路开关状态。若为合闸状态，进入步骤 (3)；若为分闸状态，进入步骤 (4)。

(3) 检查可控负荷支路开关是否可控。若连续多次下达分闸指令后可控负荷支路开关状态仍然为合闸状态，则告知用户可控负荷支路开关分闸失败，进入步骤 (4)。

(4) 对除主电源外的分布式电源下达停机指令，检查分布式电源运行状态。若没有停运，告知用户分布式电源停机失败；否则进入步骤 (5)。

(5) 跳开分布式电源支路开关，检查分布式电源支路开关状态。若为合闸状态，进入步骤 (6)；若为分闸状态，进入步骤 (7)。

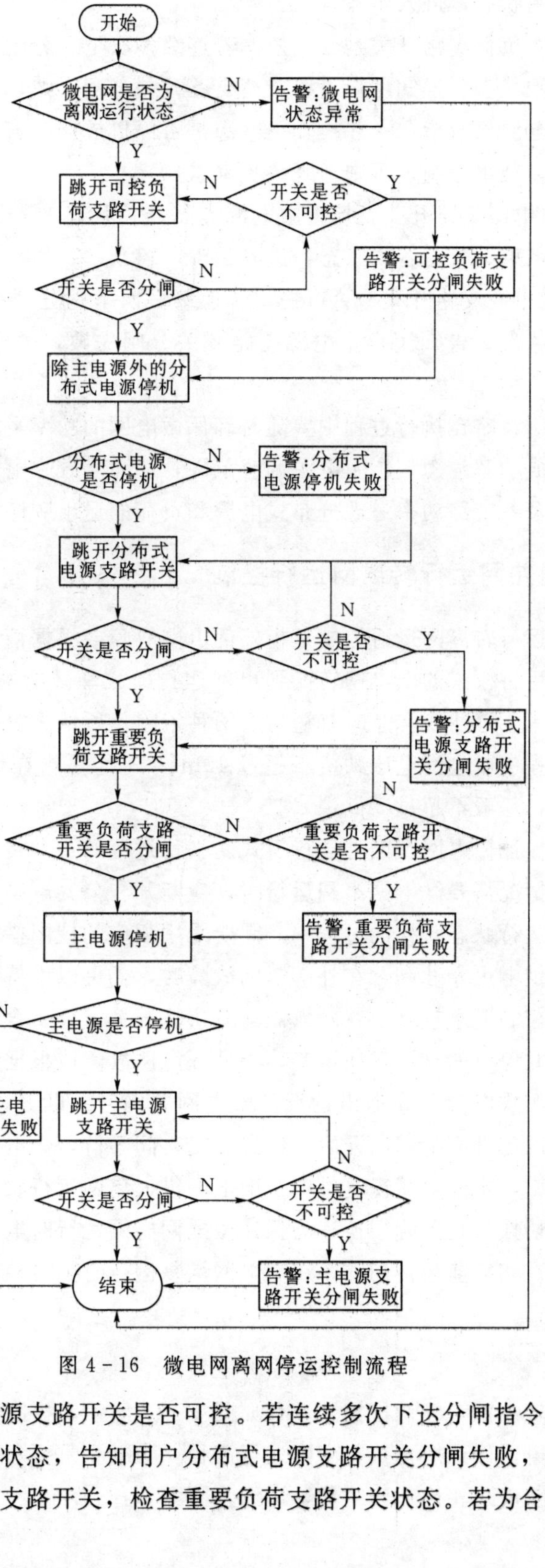

图 4-16 微电网离网停运控制流程

(6) 检查分布式电源支路开关是否可控。若连续多次下达分闸指令后分布式电源支路开关状态仍然为合闸状态，告知用户分布式电源支路开关分闸失败，进入步骤 (7)。

(7) 跳开重要负荷支路开关，检查重要负荷支路开关状态。若为合闸状态，进入步骤（8）；若为分闸状态，进入步骤（9）。

（8）检查重要负荷支路开关是否可控。若连续多次下达分闸指令后重要负荷支路开关状态仍然为合闸状态，告知用户重要负荷支路开关分闸失败，进入步骤（9）。

（9）下达主电源停机指令，并检查主电源是否停机成功。若停机失败，则告知用户主电源停机失败，结束控制；否则，进入步骤（10）。

（10）跳开主电源支路开关，检查主电源支路开关状态。若为分闸状态，微电网运行状态切换控制结束；若为合闸状态，进入步骤（11）。

（11）检查主电源支路开关是否可控。若连续多次下达分闸指令后主电源支路开关状态仍然为合闸状态，告知用户主电源支路开关分闸失败，微电网运行状态切换控制结束。

离网停运控制策略在执行过程中要随时确保微电网的功率平衡，不能因为某个负荷或电源的切除造成功率失衡超出主电源调节范围，从而导致主电源提前退出运行，需根据主电源容量以及各支路功率考虑分布式电源和负荷的退出顺序。

4.5.4　微电网并网运行转离网运行控制

微电网并网运行转离网运行控制是指外部电网故障或根据情况需要微电网离网运行时，将处于并网运行模式的微电网转换到离网运行模式。微电网进行并/离网运行模式切换时，可以采用无缝切换和短时有缝切换两种策略。所谓无缝是指在并网和离网两种运行状态切换过程中微电网电压跌落不超过 10ms；有缝是指在切换过程中微电网电压会出现短时中断，一般不超过 5min。

无缝切换是保证微电网在两种运行模式间平稳过渡的关键技术。当检测到外部电网发生故障或根据情况需要微电网离网运行时，应断开与公共电网的连接，转入离网运行模式。在这两种运行状态转换的过程中，需要采用相应的控制措施，以保证平稳切换和过渡。无缝切换供电可靠性高，在外部电网故障时，仍可以维持微电网内重要负荷不断电，但对微电网控制要求较高，并网点需配置快速开关（分、合闸时间小于 10ms）。

对于允许短时停电的有缝切换策略，当外部电网故障或根据情况需要微电网离网运行时，微电网分布式电源首先退出运行，微电网并网开关断开，微电网内负荷短时停电；当确认微电网与外部电网断开后，经过一定时间等待，微电网内主电源重新建立微电网的电压和频率，重要负荷恢复供电，微电网进入离网运行状态。

无论是有缝切换还是无缝切换，为保证微电网离网运行时电压和频率的稳定，可控负荷与可切负荷在切换前会被切除，在微电网恢复运行时，可控负荷将有序投入，可切负荷不再投入运行。

1. 有缝切换

微电网并网转离网有缝切换控制流程如图 4-17 所示，控制策略首先执行并网停运流程，当确认微电网停运后再执行离网运行流程。为减少重要负荷停电时间，并网停运与离网运行流程与前述相比适当简化，详细步骤如下：

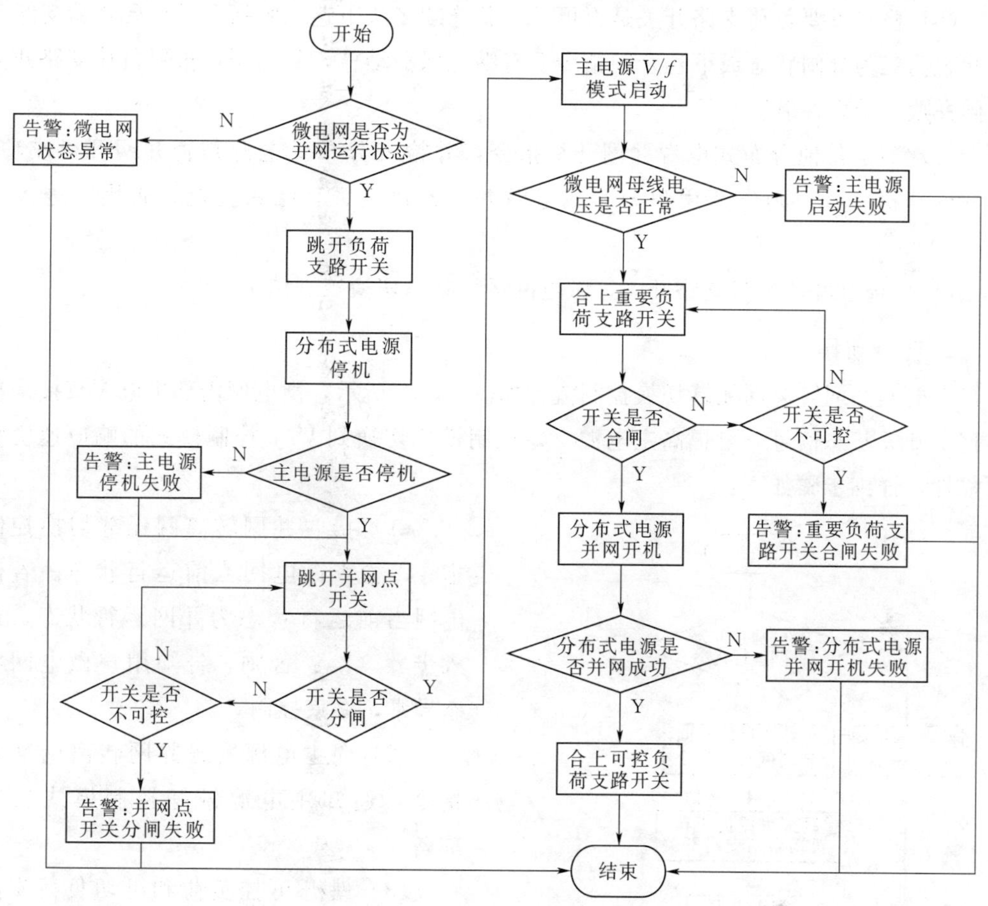

图 4-17　微电网并网转离网有缝切换控制流程

(1) 接收并网转离网有缝切换控制指令，检查微电网当前运行状态。若微电网当前运行状态为并网运行状态，进入步骤 (2)；否则，告知用户微电网状态异常，结束控制。

(2) 依次跳开可切负荷、可控负荷、重要负荷支路开关。

(3) 下达各分布式电源停机指令，检查主电源运行状态。若主电源停机，进入步骤 (4)；否则，告知用户主电源停机失败。

(4) 跳开并网点开关，检查并网点开关状态。若为合闸状态，进入步骤 (5)；若为分闸状态，进入步骤 (6)。

(5) 检查并网点开关是否可控。若连续多次下达分闸指令后并网点开关状态仍然为合闸状态，则告知用户并网点开关分闸失败，微电网运行状态切换控制结束。

(6) 下达主电源 V/f 模式启动指令，检查微电网母线电压是否正常。若母线电压正常，进入步骤 (7)；否则，告知用户主电源启动失败，结束控制。

(7) 合上重要负荷支路开关，检查重要负荷支路开关状态。若为分闸状态，进入步骤 (8)；若为合闸状态，进入步骤 (9)。

(8) 检查重要负荷支路开关是否可控。若连续多次下达合闸指令后重要负荷支路开关状态仍然为分闸状态或下达合闸指令后有继电保护动作，告知用户重要负荷支路开关合闸失败，结束控制。

(9) 下达其他分布式电源并网开机指令，并检查分布式电源是否并网开机成功。若并网开机失败，则告知用户分布式电源并网开机失败，结束控制；否则，进入步骤（10）。

(10) 合上可控负荷支路开关，微电网运行状态切换控制结束。

2. 无缝切换

微电网并网转离网无缝切换控制流程如图4-18所示，微电网内部主电源直接采集并网点开关状态信号，可提高主电源 PQ 控制模式切换到 V/f 控制模式的响应速度和可靠性，详细步骤如下：

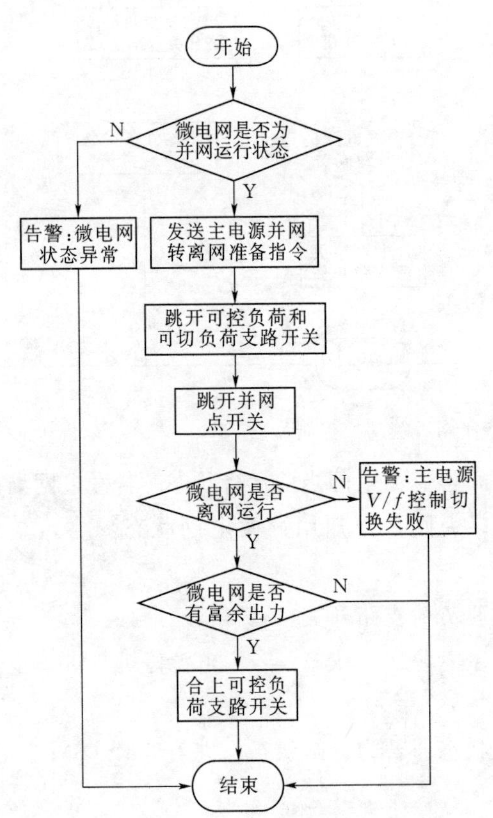

图4-18 微电网并网转离网无缝切换控制流程

(1) 接收并网转离网无缝切换控制指令，检查微电网当前运行状态。若微电网当前运行状态为并网运行状态，进入步骤（2）；否则，告知用户微电网状态异常，结束控制。

(2) 向主电源发送并网转离网准备指令，通知主电源做好控制模式切换准备。

(3) 跳开可控负荷和可切负荷支路开关。

(4) 跳开并网点开关。

(5) 主电源收到并网点开关变位信号后立刻进入 V/f 控制模式，维持微电网电压、频率稳定，确保重要负荷供电。若切换失败，重要负荷失电，告知用户主电源 V/f 控制切换失败，结束控制；否则，进入步骤（6）。

(6) 根据可控负荷功率和分布式电源出力情况，检查是否有富余出力。若有富余出力，合上可控负荷支路开关，微电网运行状态切换控制结束。

与有缝切换相比，并/离网无缝切换策略更多地依赖于微电网并网点开关与主电源的配合，参与设备很少，切换时间大大缩短，这也是实现故障情况下自动并/离网切换的基础。

3. 外部电网故障情况下的自动并/离网切换

微电网处于并网运行状态时，当外部电网发生故障，微电网在并网点保护装置的配合下，可以采用无缝切换的模式，自动由并网运行状态转为离网运行状态，使微电网内重要负荷的供电不受外部电网故障的影响。

微电网在外部电网故障情况下进行并/离网切换时，并网点保护可做如下设置：

（1）设置外部故障并/离网切换软压板。

（2）防孤岛保护联跳可控负荷和可切负荷支路开关。

（3）增加模式切换启动信号开关。

具体切换过程可采用的控制策略如下：

（1）并网点保护装置投入“外部故障并/离网切换软压板”，当外部电网故障时，并网点保护装置防孤岛保护启动，同时送出主电源模式切换启动信号，通知主电源做好控制模式切换准备。

（2）防孤岛保护动作，并网点保护装置跳开并网点开关，同时联跳可控负荷和可切负荷开关。

（3）主电源收到并网点开关变位信号后立刻进入 V/f 控制模式，维持微电网电压、频率稳定，确保重要负荷供电。

4.5.5　微电网离网运行转并网运行控制

微电网离网运行转并网运行控制是指外部电网供电恢复正常或根据情况需要微电网并网运行时，将处于离网运行模式的微电网转换到并网运行模式。微电网进行离/并网运行模式切换时，同样可以采用无缝切换和短时有缝切换两种策略。

在有缝切换模式下，微电网内各分布式电源退出运行，微电网停运，负荷短时失电；然后合上微电网并网点开关，负荷恢复供电，重新投入微电网内各分布式电源，恢复出力。

在无缝切换模式下，微电网重新并网，要解决的是微电网与外部电网的同期问题，要求并网时微电网与外部电网有相同的电压幅值、相位和频率。微电网同期并网需对并网点两侧的电压幅值、相位和频率三对参数进行监测并控制在可接受的范围内，一般允许幅值相差 $\pm 5\% U_n$、相位相差 3°以内、频率相差 0.2Hz 以内。

1. 有缝切换

微电网离网转并网有缝切换控制流程如图 4-19 所示，控制策略首先执行离网停运流程，当确认微电网停运后再执行并网运行流程。为减少重要负荷停电时间，离网停运与并网运行流程与前述相比适当简化，详细步骤如下：

（1）接收离网转并网有缝切换控制指令，检查微电网当前运行状态。若微电网当前运行状态为离网运行状态，进入步骤（2）；否则，告知用户微电网状态异常，结束控制。

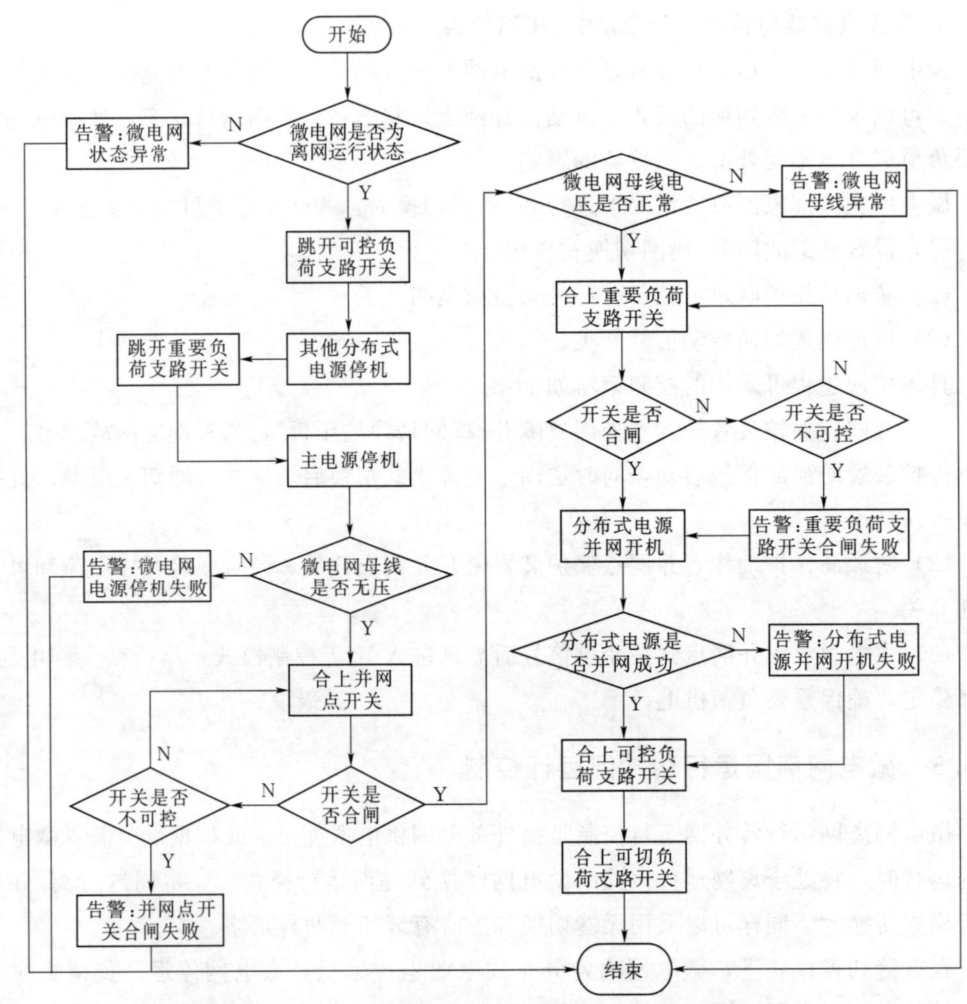

图 4-19　微电网离网转并网有缝切换控制流程

(2) 依次跳开可控负荷支路开关、下达除主电源外的各分布式电源停机指令、跳开重要负荷支路开关。

(3) 下达主电源停机指令，检查微电网母线状态。若微电网母线无压，进入步骤(4)；否则，告知用户微电网电源停机失败，结束控制。

(4) 合上并网点开关，检查并网点开关状态。若为分闸状态，进入步骤 (5)；若为合闸状态，进入步骤 (6)。

(5) 检查并网点开关是否可控。若连续多次下达合闸指令后并网点开关状态仍然为分闸状态或下达合闸指令后有继电保护动作，则告知用户并网点开关合闸失败，结束控制。

(6) 检查微电网母线电压是否正常。若母线电压正常，进入步骤 (7)；否则，告知用户主微电网母线异常，结束控制。

(7) 合上重要负荷支路开关，检查重要负荷支路开关状态。若为分闸状态，进入步

骤（8）；若为合闸状态，进入步骤（9）。

（8）检查重要负荷支路开关是否可控。若连续多次下达合闸指令后重要负荷支路开关状态仍然为分闸状态或下达合闸指令后有继电保护动作，告知用户重要负荷支路开关合闸失败，进入步骤（9）。

（9）下达各分布式电源并网开机指令，并检查分布式电源是否并网开机成功。若并网开机失败，则告知用户分布式电源并网开机失败；否则，进入步骤（10）。

（10）依次合上可控负荷和可切负荷支路开关，微电网运行状态切换控制结束。

2. 无缝切换

微电网离网转并网无缝切换控制流程如图 4-20 所示，主电源需具备准同期功能，并网点开关需具备同期合闸的功能，详细步骤如下：

（1）接收离网转并网无缝切换控制指令，检查微电网当前运行状态。若微电网当前运行状态为离网运行状态，进入步骤（2）；否则，告知用户微电网状态异常，结束控制。

（2）向主电源发送离网转并网准备指令，通知主电源做好控制模式切换准备，主电源开始准同期过程，调整微电网电压满足并网条件。

（3）发送并网点开关同期合闸指令，并网点同期装置检测到微电网母线电压满足并网要求后，立刻合上并网点开关；主电源检测到并网点开关为合闸状态后，立即由 V/f 控制切换到 PQ 控制模式。

（4）检查微电网是否进入并网运行状态。若微电网进入并网运行状态，进入步骤（5）；否则，告知用户微电网同期失败，结束控制。

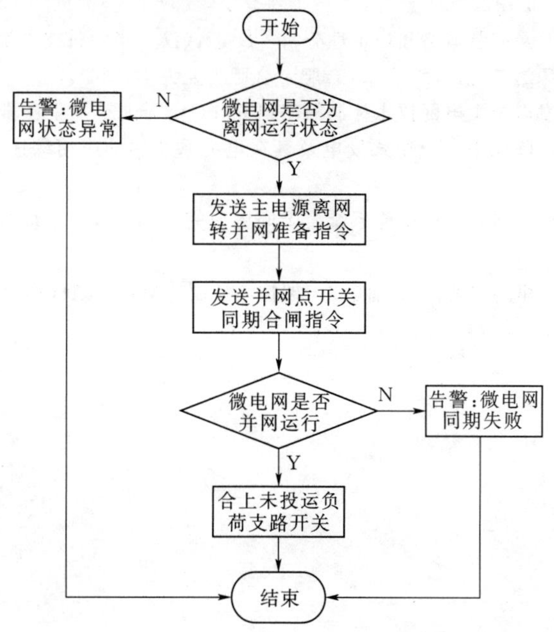

图 4-20　微电网离网转并网无缝切换控制流程

(5) 依次合上未投运负荷支路开关，微电网运行状态切换控制结束。

离/并网无缝切换控制策略执行的成功率主要取决于主电源的快速准同期能力和并网点开关的动作速度，同样的，在并/离网无缝切换时，开关的动作速度越快，电压跌落的时间越短。因此，越来越多的微电网选用固态开关作为微电网并网点开关，但是目前大容量固态开关价格昂贵，商业运营的微电网更多选用大容量快速框架式断路器作为微电网并网点开关。

3. 外部电网故障恢复后的自动离/并网切换

外部电网发生故障，微电网进入离网运行状态，当外部电网故障恢复后，检测到并网点系统侧电压和频率恢复正常，微电网重新并网进入并网运行状态。外部电网故障恢复后的自动离/并网切换过程可采用如下控制策略：

(1) 完成“外部电网故障情况下的自动并/离网切换”后，监测并网点系统侧电压和频率，直到外部电网电压和频率恢复正常。

(2) 检查微电网当前运行状态，若微电网当前运行状态为离网运行状态，进入“离/并网无缝切换步骤 (2)”；否则，告知用户微电网状态异常，结束控制。

参　考　文　献

[1] 张建华，黄伟．微电网运行控制与保护技术 [M]. 北京：中国电力出版社，2010.

[2] 吴福保，杨波，叶季蕾．电力系统储能应用技术 [M]. 北京：中国水利水电出版社，2014.

[3] 张野，郭力，贾宏杰，等．基于平滑控制的混合储能系统能量管理方法 [J]. 电力系统自动化，2012，36 (16)：36-42.

[4] 张涛．微型电网并网控制策略和稳定性分析 [D]. 武汉：华中科技大学，2008.

[5] 杨为．分布式电源的优化调度 [D]. 合肥：合肥工业大学，2011.

[6] 纪明伟．分布式发电中微电网技术控制策略研究 [D]. 合肥：合肥工业大学，2011.

[7] 梁有伟，胡志坚，陈允平．分布式发电及其在电力系统中的应用综述 [J]. 电网技术，2003，27 (12)：71-75.

[8] 王成山，王守相．分布式发电供能系统若干问题研究 [J]. 电力系统自动化，2008，32 (20)：1-4.

[9] 尼科斯·哈兹阿伊里乌，等．微电网——架构与控制 [M]. 陶顺，陈萌，杨洋，译．北京：机械工业出版社，2015.

第5章　微电网能量管理技术

在规模较大的微电网中，通常集成了多种能源输入（水能、太阳能、风能、常规化石燃料能、生物质能等）、多种能源输出（冷、热、电等）、多种能源转换单元（燃料电池、微型燃气轮机、内燃机等），是化学、热力学、电动力学等行为相互耦合的非线性复杂系统，微电网内能量的不确定性和时变性更强，微电网的能量管理（Micro - grid Energy Management System，MEMS）与大电网的能量管理（Energy Management Syetem，EMS）将会有很大不同。当微电网中含有多种分布式电源时，全面利用各种控制和调节手段，通过对微电网内分布式电源的能量管理与经济调度，实现微电网的优化运行，提高微电网整体运行效率，是一项需要从建模方法和求解技术等方面进行深入研究的课题。

微电网能量管理一般包括数据收集、能量优化和配电管理。微电网能量优化管理需要解决的问题主要包括新能源的随机调度问题和分布式电源的机组组合问题（Unit Commitment，UC）。新能源随机调度问题的关键技术是通过分布式发电功率预测技术和负荷预测技术将不确定的能量优化问题转换成确定性问题。机组组合问题是指根据各机组的运行成本为其分配在调度周期内各个时段最优的运行状态，其中涉及优化建模技术和优化算法。

因此，为实现微电网的能量管理，需要实现分布式发电功率预测、负荷预测，并在此基础上建立微电网能量管理的元件模型进而进行能量优化计划，保障微电网的经济稳定运行。

5.1　概述

5.1.1　能量管理技术现状

近年来，大电网的能量管理系统得到了更进一步的发展，它除了基本的SCADA功能以及电网分析和能量管理方面的电力系统高级应用软件（Power Application Software，PAS）外，还具有了调度员培训仿真（Dispatcher Training Simulator，DTS）功能。DTS在EMS已有应用软件的基础上，增加了动态模拟训练系统，对调度员进行培训。

在微电网中由于系统电源种类多、间隙性发电占比大、运行经济性要求高等特点，分布式电源需要应用能量管理技术，但目前的能量管理、经济运行等功能主要是在实验系统或示范工程中运行，世界上在微电网中应用能量管理系统的项目主要有：

美国 CERTS 微电网示范平台，系统电压为 480V，包括了 3 个 60kW 燃气轮机，有 3 条馈线，其中 2 条含有微电源并能孤网运行。美国 GE 公司微电网示范平台作为 CERTS 微电网研究的重要补充，目标是开发出一套微电网能量管理系统，用于保证微电网的电能质量，满足用户需求，同时通过市场决策，维持微电网的最优运行。

美国 Mad River 微电网属于乡村微电网，包含 6 个商业和工业厂区以及 12 个居民区，分布式发电有 2 台 100kW 的生物柴油机、2 台 90kW 的丙烷柴油机、30kW 的燃气轮机、光伏等，接入 7.2kV 配网。既可孤网运行，也可并网运行。在此基础上，美国北方电力开发了 SmartView 能量管理软件，对微电网进行调度管理。

日本 Shimizu Microgrid 项目，包含 4 台燃气轮机（22kW、27kW、90kW 和 350kW）、10kW 光伏系统、20kW 铅酸蓄电池、400kW・h 镍氢蓄电池和 100kW 超级电容，开发了负荷跟踪、优化调度、负荷预测、热电联产 4 套控制软件，要求控制微电网与公共电网连接节点处的功率恒定。

5.1.2　分布式电源在微电网中的能量管理

微电网运行控制与能量优化管理和传统大电网经济调度存在明显的差别。首先，分布式电源中的太阳能、风能等可再生能源受气候因素影响很大，具有较大的随机性，调度控制难度较大。其次，不同类型、容量的分布式电源运行和维护成本大相径庭，需要区别对待。对配电网能量管理系统来说，分布式电源接入所带来的挑战有以下方面：

(1) 需要能量管理系统能够远程管理各种类型的能源发电，并能够减小能源利用成本。

(2) 由于可再生能源具有的波动性和随机性，其发电出力不确定，所以在进行调度时不能按照传统电力系统的调度方式安排发电计划。

(3) 大量不同种类的分布式发电不仅会增加能量管理系统的信息处理量，还要求能量管理系统具备新的网络分析和发电计划安排方案以提高电网的电能质量。

(4) 用户侧的通信网络存在各类不同的技术和接口，目前还没有形成统一的标准和规范，使分布式电源 EMS 的普及遇到了障碍。

(5) 用户侧用电信息存在安全问题。随着分布式电源 EMS 的普及，势必会产生大量的用户数据信息，这些数据详细记录了用户每日、每个时段的用电、发电情况，反映了用户日常的生活情况，也涉及一些用户的隐私信息，需要对用户侧用电信息安全进行保护。

微电网是分布式电源接入电网的一种模式，同时也是给较为困难地区供电的重要手

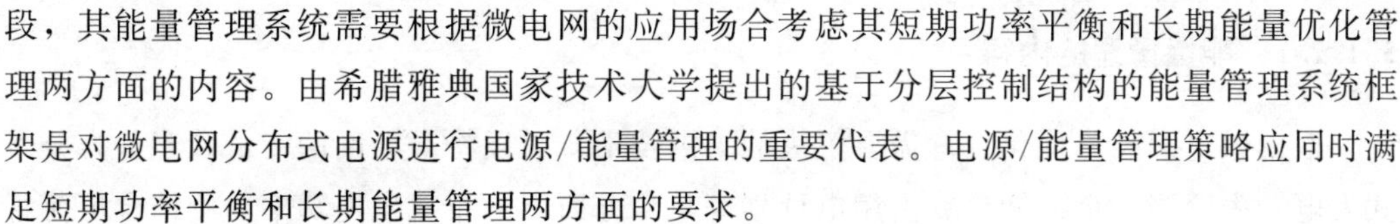

段，其能量管理系统需要根据微电网的应用场合考虑其短期功率平衡和长期能量优化管理两方面的内容。由希腊雅典国家技术大学提出的基于分层控制结构的能量管理系统框架是对微电网分布式电源进行电源/能量管理的重要代表。电源/能量管理策略应同时满足短期功率平衡和长期能量管理两方面的要求。

1. 短期功率平衡

短期功率平衡的内容包括以下方面：

（1）能够实现负荷追随、电压调整和频率控制。

（2）有较强的动态响应能力，能够实现电压/频率的快速恢复。

（3）能够满足敏感负荷对电能质量的要求。

（4）能够实现主电网恢复后的再同步。

2. 长期能量管理

长期能量管理的内容包括以下方面：

（1）维持适当水平的电量储备能力，安排分布式电源的发电计划使其满足多个目标（控制微电网与电网之间的交换功率；最大限度地减小功率损失；最大限度地提高可再生能源的功率输出；最大限度地减小以燃料为基础的发电单元的发电成本）。

（2）考虑分布式电源的特殊要求及其限制，包括分布式电源的类型、发电成本、时间依赖性、维护间隔和环境影响等。

（3）提供需求响应管理和不敏感负荷的恢复。

微电网的运行方式、电力市场和能源政策、系统内分布式发电单元的类型和渗透率、负荷特性和电能质量的约束，与常规电力系统存在较大的区别，因而需要对微电网内部各分布式电源单元间、单个微电网与主网间、多个微电网间的运行调度和能量优化管理研究制定出合理的控制策略，以确保微电网的安全性、稳定性和可靠性，保证微电网高效、经济地运行。

微电网处于并网运行状态时，涉及与主网间的相互作用和能量交换：一种是微电网利用内部的分布式电源单元来尽力满足网内的负荷需求，可以从主网吸收功率，但不可以向主网输出功率；另一种是允许微电网参与到开放的电力市场中，可以与主网自由交换功率，且除各分布式电源单元参与竞价外，需求侧也可参与市场竞价。微电网的运行、尤其是孤岛运行时，与其内部的分布式电源单元特性、负荷特性和所要求的电能质量有密切关系。同时，由于微电网承受扰动的能力相对较弱，特别是在分布式电源单元渗透率较高的情况下，对储能子系统进行有效的能量管理与控制，对平抑可再生能源的能量波动和负荷需求波动、维护系统的稳定运行有重要的作用。微电网能量优化管理可以通过综合当地的热电需求情况、气候状况、电价、燃料消耗、电能质量要求、趸售及零售服务需求、需求侧管理要求以及阻塞情况等情况来作出决策。

5.1.2.1 能量管理的内容

根据微电网能量优化管理需要解决的关键技术，可以将微电网的能量管理分为分布式发电功率预测、负荷管理、发用电计划等几个方面。分布式发电功率预测结合负荷管理中的负荷预测技术，通过预测方法将能量优化中的不确定性问题转换成确定性问题。通过建立微电网中各关键元件的模型，可采用优化算法得出优化计划结果，取得高效、经济的发用电计划。

(1) 分布式发电功率预测技术主要是针对光伏发电和风力发电两种发电形式进行功率预测，一般包括短期预测和超短期预测。分布式发电功率预测系统一般通过资源监测数据和气象预报数据进行预测，得出适用于微电网能量管理的数据，为能量优化计划提供数据支撑。通常光伏发电和风力发电功率预测系统的建设需要进行资源监测和气象预报。对较小规模的微电网来说，发电功率预测系统的建设可能导致微电网能量管理系统成本增大。所以目前大多数微电网能量管理系统的发电功率预测应用还较少。

(2) 微电网中的负荷管理包括负荷分级、负荷预测等内容，负荷通常根据微电网的应用场合进行分级，可分为重要负荷、可控负荷、可切负荷等，或者可按负荷分级标准分为 1 级、2 级、3 级负荷。负荷预测技术是微电网负荷管理的重要内容，由于微电网中负荷种类与配电网相比较少，统计规律性较小，其随机性更大，所以在微电网中进行负荷预测的难度相对较大。

(3) 在微电网负荷预测技术中，除了根据传统的负荷预测方法得出将来负荷用电功率以外，还需要考虑发用电计划的安排情况，进而能够符合微电网能量管理与分析的需求。

5.1.2.2 能量优化计划的内容

微电网能量优化计划的内容包括光伏发电、风力发电、微型燃气轮机、燃料电池、同步电机、储能、负荷等的发用电计划，因此需要对相关设备进行建模，这些模型与暂态控制模型的偏重有所不同，暂态控制模型主要对元件的电压、电流等特性进行描述，而能量管理的元件模型主要对元件的功率和能量进行建模描述。微电网能量管理元件模型是能量优化目标函数的重要组成。

微电网能量优化计划在取得发电功率预测数据、负荷预测数据的基础上，通过能量管理元件模型建模形成微电网能量管理优化计划模型，以微电网运行安全为约束，以经济运行为目标，采用优化算法，算出未来一段时间的发用电计划，控制各发用电设备按计划运行，实现微电网的安全、经济运行。

5.2 分布式发电功率预测

5.2.1 功率预测原理

目前分布式发电大多采用风力发电和光伏发电两种形式，其发电功率大小具有很强的随机性，为了提高微电网的可靠性和经济性，有必要对微电网中的分布式发电进行功率预测。风力发电与光伏发电预测技术具有一定的共性，采用风电场、光伏电站的历史功率、气象、地形地貌、数值天气预报和设备状态等数据建立输出功率的预测模型，以气象实测数据、功率数据和数值天气预报数据作为模型的输入，经运算得到未来时段的输出功率值。根据应用需求的不同，预测的时间尺度分为超短期和短期，分别对应未来15min～4h和未来0～72h的输出功率预测，预测的时间分辨率均不小于15min。

以全球背景场资料GFS、气象监测数据为输入源，运行中尺度天气预报（The Weather Research and Farecasting，WRF）模式，并将模式结果进行降尺度的精细化释用，生成气象短期预报数据；以实测气象数据校正后的气象预测值作为功率转化模型的输入，实现功率短期预测。

风力发电和光伏发电功率超短期预测建模方法一般是基于气象监测数据和电站监控数据，利用统计方法或学习算法建立功率超短期预测模型。对于光伏发电，由云引起的功率剧烈变化很难用统计方法实现准确预测。这一问题的解决，需要对云和地表辐射进行长期的自动监测，通过云的预测和云辐射强迫分析，结合光电功率转化模型实现电站功率超短期预测。

功率预测关键步骤如下：

（1）历史资料收集。充分获取不同预测尺度所需的气象实时监测数据、数值天气预报数据以及场站的基础信息和运行数据。

（2）数据预处理。为保证历史数据的可用性，应对历史资料进行必要的分析和整理，补全历史数据中的缺失数据，并剔除其中的突变数据。

（3）预测方法选择。在对预测场站（群）进行详细分析的基础上，针对预测的时间尺度选择适当的预测方法。

（4）预测模型建立。利用选定的预测模型对历史数据进行拟合或训练，在此过程中确定模型参数。

（5）预测模型评价。根据预测模型对历史数据的拟合效果，判定模型是否满足预测要求，若不满足要求，则应舍弃该模型，并重新求取模型参数。

（6）预测实施。应用已建立完成的预测模型对未来时段的功率变化进行预测。

（7）误差分析。统计分析不同表征形式的预测误差，评价预测方法的性能。

（8）置信评估。计算特定置信水平下功率预测值的波动范围，降低单点预测值应用风险，增强功率预报的实用性。

5.2.3　功率预测方法

目前国内外已经提出很多用于新能源发电功率预测的方法，常用的新能源发电功率预测方法有物理方法、统计方法和组合方法。其中：①物理方法主要通过中尺度数值天气预报的精细化释用，进行场内气象要素计算，并建立风/光发电转化模型进行功率预测；②统计方法则是基于历史气象数据和电站运行数据，提取功率的影响因子，直接针对发电功率与影响因子的量化关系进行建模；③组合方法则是在多种预测方法的基础上，通过综合利用各种方法预测结果来得出最终的预测结果。

1. 物理预测方法

物理预测方法主要是根据数值天气预报结果来模拟风电场范围内的天气，并将预测到的风电场内风向、风速、大气压、空气密度等天气数据结合风电机组周围物理信息与风电机组轮毂高度等信息建立物理预测模型，最后利用风电机组功率曲线得到预测功率。物理方法预测风电功率时，往往要考虑尾流效应的影响。从空间角度来看，风速序列表现出无规律、大幅度的波动；从时间角度来看，风速包含的趋势分量取决于大气分量的持续性而随机分量取决于大气运动情况，因此难以建立普适性的物理模型进行分析和预测，给预测结果带来了无法避免的误差。

在光伏发电预测中，物理预测方法是根据光伏电站所处的地理位置，综合分析光伏电站内部光伏电池板、逆变器等多种设备的特性，得到光伏电站功率与数值天气预报的物理关系，对光伏发电站的功率进行预测。该方法建立了光伏电站内部各种设备的物理模型，物理意义清晰，可以对每一部分进行分析。

由于物理方法是建立在数值天气预报之上，因而预测结果往往取决于数值天气预报结果的准确性。

2. 统计预测方法

统计预测方法不考虑发电机组所在区域的物理条件和光照、云层、风速、风向变化的物理过程，仅从历史数据中找出光照、风速、风向等气象条件与发电功率之间的关系，然后建立预测模型对分布式发电功率进行不同时段内的预测。常用的统计方法主要有卡尔曼滤波法、自回归滑动平均法、时间序列法、灰色预测法、空间相关法等。该方法短时间预测精度较高，随着时间增加，预测精度下降。统计方法一般需要大量的历史数据进行建模，对初值较敏感，进行平稳序列预测精度较高，对不平稳风和阵风的预测精度较低。

另外，该方法能够较好反映风电功率的非线性和非平稳性，预测精度较高。目前应用于功率预测的学习方法主要有人工神经网络、支持向量机等，其中人工神经网络方法应用最为广泛，具有较强的容错性以及自组织和自适应能力，对非线性问题的求解十分有效，但存在训练速度慢，容易陷入局部极小等缺点。支持向量机具有全局收敛性，样本维数不敏感，不依赖于经验信息等优点，但最佳核变换函数及其相应的参数确定较为

复杂。

3. 组合预测方法

组合预测方法基本思想是将不同的预测方法和模型通过加权组合起来，充分利用各模型提供的信息，综合处理数据，最终得到组合预测结果。分布式发电功率组合预测方法，就是将物理方法、统计方法等模型适当组合起来，充分发挥各方法优势，减小预测误差。一般来讲，混合方法建立的模型预测精度较好，但模型复杂。

组合预测方法的关键是找到合适的加权平均系数，使各单一预测方法有效组合起来。目前应用较多的方法有等权重平均法、最小方差法、无约束（约束）最小二乘法、贝叶斯法（Bayes）等。

5.2.3 功率预测应用

风电、光伏功率预测功能一般以软件模块作为微电网能量管理系统的有机组成部分，在预测风电、光伏发电功率的同时也承担微电网所处区域气象信息的收集与分析工作。

该软件是一个在分布式计算环境中的多模块协作平台软件集合，功率预测软件数据流程如图 5-1 所示。

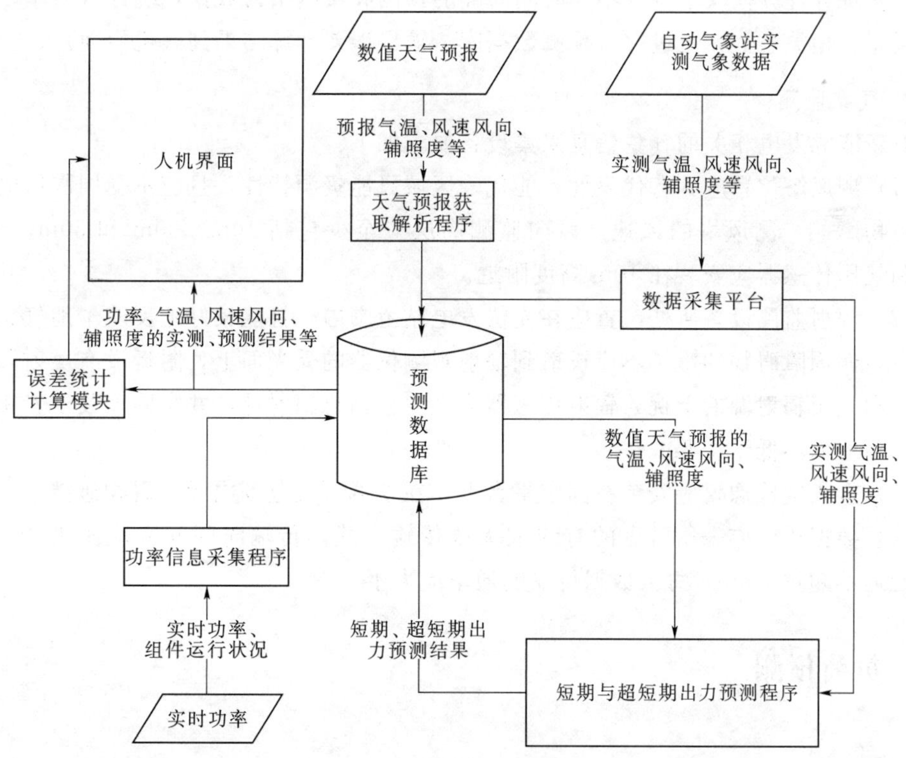

图 5-1 功率预测软件数据流程

1. 系统软件模块功能

预测数据库是整个预测系统的数据核心，各个功能模块都需要通过系统数据库完成数据的交互操作。系统数据库中存储的数据内容包括数值天气预报、自动气象站实测气象数据、实时有功数据、超短期辐射预测、时段整编数据、功率预测数据等。

人机界面是用户和系统进行交互的平台，人机界面中以数据表格和过程线、直方图等形式向用户展现了预测系统的各项实测气象数据、电站实时有功数据和预测的中间、最终结果。

数据接口模块实现数值天气预报、自动气象站实测气象数据（含测风塔、辐射监测站）、实时有功数据等信息的自动采集，并支持预测、分析结果等信息输出至微电网能量管理系统。

数据处理模块实现自动气象站实测气象数据的质量控制、时段整编、异常及缺测数据标识；实现全天空成像仪图片解析、图形图像处理及云图运动矢量输出；实现实时有功数据的质量控制、异常及缺测数据标识。

短期和超短期出力预测模块从预测数据库中获得数值天气预报、自动气象站实测气象数据、逆变器、风电机组工况等，以此为输入，应用各种模型计算短期和超短期功率预测结果并存入预测数据库。

误差统计计算模块中输入不同时间间隔的预测和实测出力数据，统计合格率、平均相对误差、相关系数；通过存入预测数据库、输出误差计算结果到人机界面。

2. 气象监测

对新能源发电相关的气象信息采集设备要求如下：

（1）测风塔位置应具有代表性，能代表区域风能资源特性，且应不受周围风电机组和障碍物影响，测风塔的风速、风向监测高层应至少包括 10m、30m 和 50m；温度、湿度和气压传感器应安装在 10m 高度附近。

（2）辐射监测设备所处位置应在光伏发电站范围内，且能较好地反映本地气象要素的特点，四周障碍物的影子不应投射到辐射观测仪器的受光面上，附近没有反射阳光强的物体和人工辐射源的干扰，辐射传感器应至少包括总辐射计，并牢固安装于专用的台柱上，距地面不低于 1.5m。

（3）全天空成像仪应安装在固定平台上，在仪器可视范围内无障碍物遮挡。

（4）数据传输应采用可靠的有线或无线传输方式，传输时间间隔应不大于 5min，数据延迟不超过 1min，每天数据传输畅通率应大于 95%。

5.3　负荷预测

5.3.1　负荷预测原理

电力系统负荷预测是指从已知的电力系统、经济、社会、气象等情况出发，通过对

大量历史数据进行分析和研究，探索事物之间的内在联系和发展变化规律，对负荷（功率或用电量）发展做出预先的估计和推测。

1. 负荷预测的要求

通常，将负荷预测按照预测时间的长短尺度划分为超短期、短期、中期和长期负荷预测。在实际的负荷预测工作中，为保证预测的准确性，需满足以下要求：

（1）历史数据的可用性。负荷预测工作需要搜集和掌握全面、准确的各类历史资料，但历史资料会不同程度地受到人为原因、突发事件等特殊因素的影响而出现异常。异常数据的存在会干扰正常的负荷序列，影响最终预测结果的精度，因此，必须尽可能地避免异常数据，以保证历史数据的可用性。

（2）预测手段的先进性。由于负荷预测所涉及的数据量很大，一般应采用计算机进行各种统计分析和预测工作，并应不断尝试应用新的预测理论与方法，同时也可借鉴其他领域的成功经验。

（3）预测方法的适应性。由于气象条件、经济发展、突发事件等随机性因素直接影响电力负荷的变化规律，因此，预测方法要能够考虑多种影响因素，从而得出准确的预测结果。此外，预测模型应能根据预测效果和外部条件的变化，不断地调整模型的参数，以求达到更好的预测效果，即要求预测模型具有较强的鲁棒性。

2. 负荷预测步骤

（1）历史资料收集。充分获取不同预测尺度所需的电力负荷及其对应时期的经济、气象、社会等数据资料。

（2）数据预处理。为保证历史数据的可用性，应对历史资料进行必要的分析和整理，补全历史数据中的缺失数据，并剔除其中的突变数据。

（3）选择预测模型。在对预测对象进行详细分析的基础上，根据所掌握的历史数据情况和预测精度要求，选择适当的预测方法。

（4）建立预测模型。利用选定的预测模型对历史数据进行拟合或训练，在此过程中确定模型参数。

（5）模型评价。根据预测模型对历史数据的拟合效果，判定模型是否符合预测要求，若不满足要求，则应舍弃该模型，并重新求取模型参数。

（6）实施预测。应用已建立完成的预测模型对未来时段的负荷变化进行预测。

（7）误差分析。计算不同表征形式的预测误差，并观察其变化幅值及稳定程度，从而评价预测模型的性能。

3. 预测误差分析

预测误差是指预测结果与实际值之间的差距。预测误差可以直观地反映预测模型的性能。因此，应对预测误差的产生原因进行分析，并设法使预测模型达到最好的预测效果。经过研究分析发现，产生预测误差的主要原因有以下方面：

（1）突发事件。突发事件对负荷变化有较大程度的影响，例如重大社会活动的发

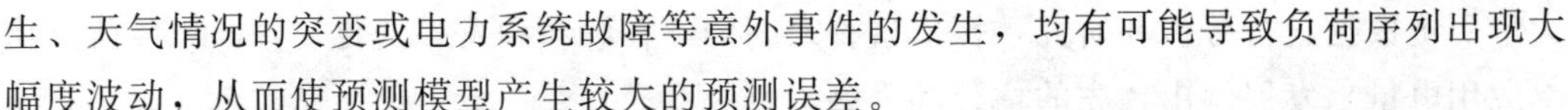

生、天气情况的突变或电力系统故障等意外事件的发生，均有可能导致负荷序列出现大幅度波动，从而使预测模型产生较大的预测误差。

（2）历史数据异常。负荷预测中所用的各类历史数据可能存在不同程度的异常数据，主要表现为数据突变、数据缺失等。此外，在数据采集过程中，数据会受到设备电磁干扰而夹杂噪声信号。因此，在预测之前要最大程度地减小这一不利因素。

（3）预测方法不适应。各种预测模型的复杂程度及适用条件各不相同，同一预测模型对于不同变化规律的负荷序列，其产生的预测误差也不尽相同。因此，若预测模型选择的不合理，则会产生一定的预测误差。

4. 预测误差评价标准

评价预测模型性能和预测精度的一般标准是预测误差，良好的预测模型产生的预测误差在满足精度要求的同时，还要被限定在各自规定的波动范围内。预测误差是评价预测模型可靠性与精确程度的重要标志，预测人员可以根据预测误差的实际大小和稳定程度评价预测模型的准确性和适用性，同时，预测误差也为预测模型的优化和改进提供了依据。

在传统大电网中，一部分负荷的变动对于整体负荷的影响不大，但由于微电网的建设规模和负荷水平都相对较小，其变化趋势更容易受到气象、季节、星期类型等因素的影响，并且表现出较强的随机性和波动性，历史负荷曲线相似度低。此外，微电网中具有一定容量的冷、热负荷，使得微电网负荷特性曲线呈现出高度的非线性特点。综合考虑微电网下负荷自身特点及超短期负荷预测的相关特点，微电网超短期负荷预测模型应当能够根据最新的实际数据，对预测模型参数进行自适应调整，使得预测模型保持较高的预测精度，例如在预测模型初始化时，一次性掌握当地的负荷发展规律。在预测过程中，当预测精度持续较低或负荷发展规律发生重大变化时，预测模型能够自动地调整模型参数，以适应当前时期的负荷变化趋势，从而保证预测精度。

5.3.2　负荷预测方法

20 世纪 50 年代，国内外学者开始对电力系统负荷预测理论展开探索，在数十年的研究历程中，多种切实可行的预测方法被陆续提出，同时在实际应用中得到了不断的优化和改进，不仅取得了理想的预测效果，也为电力系统负荷预测工作的长远发展奠定了坚实的理论基础。

5.3.2.1　负荷预测算法

目前，针对于微电网下负荷预测方法的研究相对较少，通常是采用传统大电网成熟的负荷预测方法，主要的预测方法包括曲线外推法、灰色预测法、回归分析法、时间序列法、负荷求导法、人工神经网络法、支持向量机、组合预测法。

1. 曲线外推法

曲线外推法是对历史负荷数据进行拟合，得到拟合曲线后按照此增长曲线估计出未

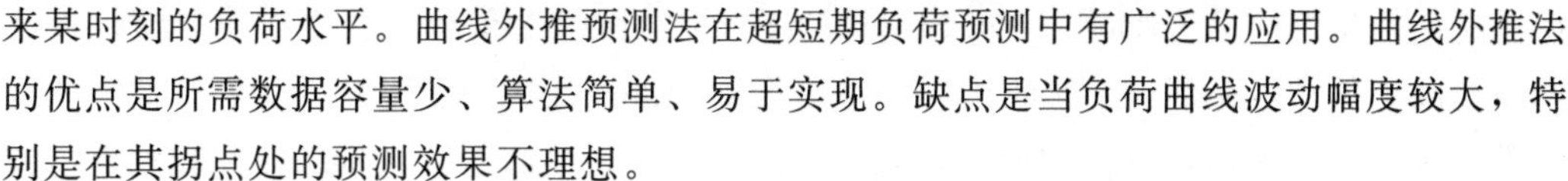

来某时刻的负荷水平。曲线外推预测法在超短期负荷预测中有广泛的应用。曲线外推法的优点是所需数据容量少、算法简单、易于实现。缺点是当负荷曲线波动幅度较大，特别是在其拐点处的预测效果不理想。

2. 灰色预测法

灰色理论是由我国学者邓聚龙在20世纪八十年代初提出的。该理论广泛应用于预测、聚类和模式识别等领域。灰色理论运用颜色描述信息系统的已知程度，其实质是对新生成的，并且具有一定规律的累加序列进行曲线拟合。基于灰色理论的预测方法其优点是预测模型对于小规模数据样本有很好的适应性。

但此种方法对数据的稳定程度要求严格，如果数据的离散程度较大，其预测效果不理想，在实际应用中，通常预先对历史数据做平滑处理。

3. 回归分析法

回归分析法是通过对已选定因变量和自变量的观测数据进行统计分析，通过最小二乘法估计回归系数确定具体的数学模型。此方法在负荷预测中可以计及某些影响负荷变化的相关因素。

此种方法需要对大量的数据进行统计分析，建立数学模型并确定其系数，通过对初建模型的统计检验，得出各自变量对因变量的量化关系，但是在实际预测工作中影响负荷的因素往往难以准确把握。

4. 时间序列法

时间序列法是根据负荷时序的特点及其自、偏相关函数进行统计分析，分别对应自回归模型 $AR(p)$、滑动平均模型 $MA(q)$、自回归滑动平均模型 $ARMA(p, q)$ 和累积式自回归滑动平均模型 $ARIMA(p, q)$，其中 $ARIMA(p, q)$ 模型可以适用于非平稳时间序列。

5. 负荷求导法

负荷求导法是通过数据拟合求得负荷曲线的一次导函数，从而得出每天的负荷变化率。因此，利用负荷的变化率进行超短期负荷预测能够保证一定的预测精度。负荷求导法的算法简单，运行速度快，通常适用于超短期负荷预测。预测模型能够在一定程度上提高在负荷曲线拐点处的预测精度。但历史负荷曲线的拟合函数难以准确求得，并且此预测模型不能考虑外界因素对负荷变化的影响，因此，单一的负荷求导预测方法的预测精度不够准确。

6. 人工神经网络法

随着人工智能理论的发展，基于神经网络的预测方法逐渐成为该领域的研究热点和重点。人工神经网络由多个神经元彼此按照一定的权值连接而成，它模拟人类学习和处理信息的过程，在理论上通过训练后可以逼近任意的函数。由于神经网络所具有较强的自适应学习能力，使其被引入短期和超短期负荷预测中，取得了较好的预测效果。目前误差逆传播型的前馈（Back Propagation，BP）神经网络在负荷预测中应用广泛。神经网络预测法的优点是通过对数据的自适应学习，能够解决如负荷时序的高随机性和非线性类问题。但网络结构及参数的初始化缺乏理论支持，同时也存在训练时间较长、容易陷入局部极小值点等缺点。

7. 支持向量机

支持向量机是依据统计学中 VC 维（Vapnik-Chervonenkis Dimension）理论和结构风险最小化原则，发展而成的一种人工智能系统。其基本理论是使用样本空间或特征空间来构建最优平面，并使其与不同类别的样本集之间的距离最大化。

支持向量机一般适用于短期和超短期负荷预测，但在处理大样本数据时的训练时间较长，预测模型参数的选取影响最终的预测精度，并且平衡因子、核函数等模型参数的合理选择对预测模型的性能影响较大，并且缺乏较强的理论支撑。

8. 组合预测法

每种预测方法都存在各自的适用范围，单一的预测模型通常不能很好地适应电力负荷的复杂变化和随机波动。因此，为充分发挥每种预测方法的优势，将不同预测方法赋予相应的权重进行组合，称为组合预测法。

组合预测法的优点是综合了多种预测模型的有利方面，使各种方法的优势得到互补，较好地改善了负荷预测的质量，但是组合预测方法建模复杂，计算速度较慢，并且权重的分配常常是根据经验而得，缺乏理论依据。

5.3.2.2　预测算法分类

综上所述，可将电力系统负荷预测方法划分为传统预测方法、现代智能预测方法和综合预测方法，在实际的负荷预测研究工作中，可以根据历史数据的特点和预测精度要求选择合适的预测方法。

1. 传统预测方法

传统预测方法主要有曲线外推法、灰色预测法、回归分析法、时间序列法和负荷求导法等。此类方法运用概率论或数理统计理论，通过统计分析得出历史数据的拟合函数进行负荷预测，其算法过程简明，易于实现。但此类方法通常不能充分考虑影响负荷变化的外界因素，并且由于负荷自身存在的随机性和不确定性，导致传统预测方法在负荷序列波动较大情况下的预测精度不高。传统预测方法通常适用于历史负荷数据有限，并且数据波动幅度较小、预测精度要求不高的情况。

2. 现代智能预测方法

现代智能预测方法主要有人工神经网络和支持向量机预测方法。此类方法运用人工智能技术，通过经验学习和样本训练对负荷变化规律进行最优拟合，并且能够充分地考虑外界因素对负荷变化的影响，预测结果的精度较高。但是此类预测方法的实现过程较为复杂，并且需要大量的数据样本。如果网络结构或参数设置得不合理，容易出现训练

时间长、陷入局部极小值点甚至不收敛的情况。现代智能预测方法一般适用于历史数据样本丰富，预测精度要求高的情况。

3. 综合预测方法

综合预测方法主要有两种形式：一种是以某一种预测方法为主要方法，针对其不足之处，选择另一种方法对其进行优化，称为优化组合预测法；另一种是选择多种预测方法并按某种评价标准分配相应的权重，最终将每种方法的预测结果进行加权组合，称为加权组合预测法，其中权重分配的合理性是影响预测效果的关键。此类方法应用时需注意所选择方法之间配合的合理性，当两种方法的预测结果精度相差较大时，不宜采用加权组合预测。

由于人工神经网络具有的自适应学习能力，并且对复杂的非线性系统具有较强的鲁棒性与联想能力，因而在电力系统超短期负荷预测中被广泛使用。常见的神经网络有BP 神经网络、径向基神经网络以及各种优化改进的神经网络。理论研究已经证明，目前，径向基神经网络是前馈型网络中具有较强映射能力和较快收敛速度的网络模型之一。

5.3.3 负荷预测应用

微电网中一般是对未来一天 24h 的日负荷预测，其目的是安排日开停机计划和发电计划，进而完成微电网的能量优化管理，包括各发电机组启停的优化、大电网与微电网的经济调度与协调、负荷的经济分配等。

微电网负荷预测一般分为以下步骤：

(1) 明确负荷预测目的，编制预测计划。根据微电网负荷的具体情况，确定合理的预测目标和预测内容。

(2) 调查并选择资料。根据短期负荷预测内容的具体要求，尽可能全面和细致地收集所需要的资料，确保收集到的资料系统、连贯、准确。

(3) 基础资料整理分析。对收集的大量资料去伪存真，提高关键数据的代表性、真实度和可信度。

(4) 微电网相关数据的预测和获取。从相关部门获取相关影响因素的历史记录和未来变化规律的预测结果，必要时还需对相关影响因素进行预测。

(5) 选择预测模型。针对具体负荷预测目的和相关资料选择适当的预测模型。

(6) 数据预处理。根据所选预测模型，对相关资料做预处理，如历史负荷数据的平滑出力。

(7) 模型参数辨识。由预测模型和预处理的数据求取模型参数。

(8) 运用预测模型进行负荷预测。

(9) 负荷预测结果的综合分析与评价。结合电网负荷预测的相关标准对预测结果或预测精度做出评价，用历史数据样本进行校验，并进行适当的修正。

目前国内外微电网的应用场景大多是居民用户、学校、通信设备、海岛、商业大楼

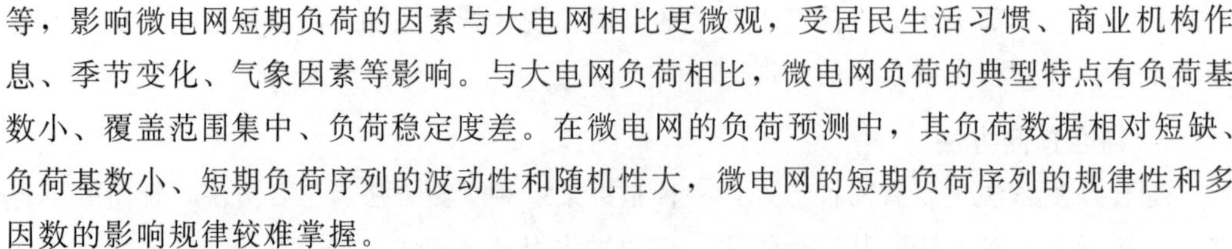

等，影响微电网短期负荷的因素与大电网相比更微观，受居民生活习惯、商业机构作息、季节变化、气象因素等影响。与大电网负荷相比，微电网负荷的典型特点有负荷基数小、覆盖范围集中、负荷稳定度差。在微电网的负荷预测中，其负荷数据相对短缺、负荷基数小、短期负荷序列的波动性和随机性大，微电网的短期负荷序列的规律性和多因数的影响规律较难掌握。

5.4　能量管理元件模型

5.4.1　光伏电池的能量管理模型

对于给定的光伏电池，其输出功率由光伏电池组件所在地的太阳辐射强度、大气温度和自身电流电压特性所决定。因此，对于特定的时间，光伏电池在不同时段的输出功率计算公式为

$$T_{cy} = T_A + S_{ay}\left(\frac{N_{OT} - 20}{0.8}\right)$$

$$I_y = S_{ay}[I_{sc} + K_i(T_C - 25)] \tag{5-1}$$

$$U_y = U_{oc} - K_v \cdot T_{cy}$$

$$P_{sy}(S_{ay}) = N \cdot FF \cdot U_y \cdot I_y$$

$$FF = \frac{U_{MPP} \cdot I_{MPP}}{U_{ac} \cdot I_{sc}} \tag{5-2}$$

式中　T_{cy}——在时段 y 的电池温度；

T_A——环境温度；

T_C——电池温度；

I_y——y 时段的光伏电流；

U_y——y 时段的光伏电压；

K_v——电压温度系数；

K_i——电流温度系数；

N_{OT}——电池的额定工作温度；

FF——填充因子；

I_{sc}——短路电流；

V_{oc}——开路电压；

I_{MPP}——最大功率点的电流；

U_{MPP}——最大功率点的电压；

P_{sy}——在时段 y 的组件输出功率；

S_{ay}——在时段 y 的太阳辐射强度；

N——组件数量。

5.4.2 风电机组的能量管理模型

对于给定的风电机组，其输出功率由风电机组所在地点的风速、风向和风速功率特性所决定。因此，对于特定的时间，风电机组在不同时段的输出功率计算公式为

$$P_{vw}(v_{aw})=\begin{cases}0 & 0\leqslant v_{aw}<v_{ci}\\ P_{rated}\dfrac{v_{aw}-v_{ci}}{v_r-v_{ci}} & v_r\leqslant v_{aw}<v_{co}\\ P_{rated} & v_{ci}\leqslant v_{aw}<v_r\\ 0 & v_{co}\leqslant v_{aw}\end{cases} \tag{5-3}$$

式中 P_{vw}——风电机组在时段 w 的输出功率；

P_{rated}——风电机组的额定输出功率；

v_{ci}——切入风速；

v_{co}——切出风速；

v_r——额定风速；

v_{aw}——时段 w 的实际风速

5.4.3 微型燃气轮机的能量管理模型

对于给定型号的微型燃气轮机热电联产系统，投入一定量的燃料后，其热电产出是一个定值，此时的热电产出比就是该联产系统的额定热电比，即热电产出比为

$$\theta=\frac{Q_h}{Q_e}\times100\% \tag{5-4}$$

式中 Q_h——系统供热量；

Q_e——系统供电量；

θ——无量纲参数，θ 与系统供热功率和系统供电功率比相等。

5.4.4 燃料电池的能量管理模型

燃料电池的燃料（Fuel cell）消耗—功率关系为

$$C_{it}^{FC}(P_{it}^{FC})=C_{FC}P_{it}^{FC} \tag{5-5}$$

式中 P_{it}^{FC}——第 i 个燃料电池在 t 时段的输出功率；

C_{it}^{FC}——第 i 个燃料电池在时段 t 的能源消耗；

C_{FC}——燃烧电池的输出功率消耗率，该参数表征了燃料电池的转换效率。

5.4.5 同步发电单元的能量管理模型

微电网中还可能包含有柴油发电机组等同步发电单元，它们的能耗—功率关系为

$$C_{iy}^{syn}(P_{siy})=a_iP_{siy}^2+b_iP_{siy}+c_i \tag{5-6}$$

式中 a_i、b_i、c_i——发电机组的相关参数；

P_{siy} ——第 i 个同步发电单元在时段 y 的输出功率；

C_{iy}^{syn} ——第 i 个同步发电单元在时段 y 的能源消耗。

柴油发电机应满足的约束条件包含柴油机组出力限值约束、机组爬坡率约束及机组最小启停时间约束等。柴油发电机的出力限值约束为

$$u_{\text{de,m}}^{t} P_{\text{diesel,min}} \leqslant P_{\text{de}}^{t} \leqslant u_{\text{de,m}}^{t} p_{\text{diesel,max}} \tag{5-7}$$

式中　$p_{\text{diesel,max}}$、$P_{\text{diesel,min}}$ ——柴油机组 m 的最大和最小出力限值；

$U_{\text{de,m}}^{t}$ ——柴油机组 m 的开机状态（0，1）。

柴油发电机的出力爬坡率约束为

$$-R_{\text{ui}} \Delta T \leqslant P_{\text{de}}^{t} - P_{\text{de}}^{t-1} \leqslant R_{\text{ui}} \Delta T \tag{5-8}$$

式中　R_{ui} ——柴油机组的爬坡速率；

ΔT ——时间间隔。

5.4.6　储能装置模型

储能设备运行成本 F_{ES} 由放电维护费用 $f_{\text{dis}}(P_{\text{es,1}}^{t})$ 以及设备寿命损耗费用 F_{cycle}^{t} 组成，即

$$F_{\text{ES}}^{t} = \sum_{l \in M_{\text{es}}} (u_{\text{es,disch,1}}^{t} d_{\text{dis}} P_{\text{es},l}^{t} + F_{\text{cycle}}^{t}) \tag{5-9}$$

式中　M_{es} ——储能设备的集合；

$u_{\text{es,disch,l}}^{t}$ ——储能设备 l 在 t 时段内的运行状态，二进制变量，$u_{\text{es,disch,l}}^{t}=1$ 时表示储能设备处于放电状态，$u_{\text{es,disch,l}}^{t}=0$ 表示储能设备处于充电状态；

$P_{\text{es,l}}^{t}$ ——储能设备 l 在 t 时段内充/放电功率的大小，取正值；

d_{dis} ——储能设备 l 在 t 时段内的充放电维护费成本。

为限制储能设备充/放电状态频繁转换对设备寿命的影响，引导储能设备在每个充放电循环中均进行深度充/放电，提高其使用效率，将储能设备的寿命损耗用全生命周期费用 F_{cycle}^{t} 折算，即将储能设备的初始投资费用 f_{invest} 折算到设备运行的每次充/放电循环中。

一般情况下，储能装置的充放电功率约束为

$$-P_{\max}^{\text{B}} \leqslant P_{\text{es}}^{t} \leqslant P_{\max}^{\text{B}} \tag{5-10}$$

式中　$P_{\max}^{\text{B}}$ ——储能设备最大的充放电功率。

储能设备的 SOC 动态模型为

$$SOC_{\text{l}}^{t+1} = SOC_{\text{l}}^{t} + u_{\text{es,ch,l}}^{t} \Delta T P_{\text{l,bat}}^{t} - u_{\text{es,disch,l}}^{t} P_{\text{l,bat}}^{t} \Delta T \tag{5-11}$$

式中　SOC_{l}^{t+1} ——储能设备 l 在 $t+1$ 时段初始时刻的剩余电量；

SOC_{l}^{t} ——储能设备 l 在 t 时段初始时刻的剩余电量；

$P_{\text{l,bat}}^{t}$ ——储能设备 l 中蓄电池 t 时段的功率；

$u_{\text{es,ch,l}}^{t}$ ——储能系统的充电状态。

一般来讲，储能设备的 SOC 应满足其上下限约束，即

$$SOC_{\text{min,l}} \leqslant SOC_{\text{l}}^{t} \leqslant SOC_{\text{max,l}} \tag{5-12}$$

式中 $SOC_{max,l}$、$SOC_{min,l}$——储能设备l剩余电量的上下限，取值范围介于0～100%之间。

5.4.7 负荷模型

微电网中负荷分为重要负荷、可控负荷、可切负荷，其中可控负荷可分为可平移负荷和弹性负荷，则 t 时段内微电网内的总负荷为

$$P_{load}^{t}=P_{vip}^{t}+P_{cut}^{t}+P_{shift}^{t}+P_{con}^{t},t\in T \tag{5-13}$$

式中 P_{vip}^{t}——重要负荷。

设微电网的售电电价为 d_{load}，微电网的售电收益即为其售电量与电价之积，但是当系统切除可中断负荷时，会造成一定的停电损失，微电网运营者需支付可中断负荷用户一定的赔偿；可平移负荷的启停时间需听从微电网的调度安排，其售电电价需在微电网正常售电电价的基础上进行一定的折扣；启动弹性负荷，虽然会带来相应的经济收益，但弹性负荷作为微电网中剩余电量的消纳负荷，其启动的优先级最低，也要听从微电网的调度安排，因此弹性负荷需要附加一个较高的启动成本系数，保证微电网中各个元件按调度策略的优先级运行。综上所述，微电网内负荷收益模型为

$$F_{load}=\Delta T[d_{load}P_{load}^{t}-d_{cut}(P_{cutload}^{t}-P_{cut}^{t})-\mu_{shif}d_{load}P_{shif}^{t}-d_{con}P_{con}^{t}] \tag{5-14}$$

式中 F_{load}——微电网内负荷带来的收益；

P_{load}、P_{cut}^{t}、P_{shif}^{t}、P_{con}^{t}——t 时段微电网的总负荷、可切负荷、可平移负荷和弹性负荷的实际功率；

$P_{cutload}^{t}$——可切负荷的预测值；

d_{cut}——可切负荷的赔偿系数；

μ_{shif}——可平移负荷的电价折扣系数；

d_{con}——弹性负荷的启动成本系数。

5.5 能量优化计划

5.5.1 概述

目前，微电网能量管理主要有集中调度和分散控制两种模式。

集中调度模式由上层中央能量管理和监控组成，两层之间要求双向通信，上层中央能量管理系统还可与地区电网调度系统之间实现信息交互。上层中央能量管理系统基于市场价格信息、微电网内间歇分布式电源的出力预测、微电网负荷预测结果等，按照不同的优化运行目标和约束条件，同时融合需求侧响应和辅助服务功能，实时制定微电网优化运行调度策略，制定的能量优化计划下发到监控，由监控进行控制执行，最终作用到各发用电设备。

当采用分散控制模式时，微电网内能量优化的任务主要由分散的设备层控制器完成，每个设备层控制器的主要功能并不是最大化该设备的使用效率，而是与微电网内其他设备协同工作，以提高整个微电网的效能。相较于分散控制模式，集中调度模式技术

上相对更加成熟，也更加易于实现，因而目前应用得也更加广泛。

微电网的能量优化管理关键是建立微电网运行优化模型，建立优化目标函数。微电网运行优化模型中最常用的目标为经济目标和环境目标，类似于传统电网中发电机组的经济负荷调度和考虑环境约束的发电调度。经济目标主要包括微电网的运行成本最低和微电网的折旧成本最低，运行成本最低考虑分布式电源的能耗成本、运行管理成本以及微电网与主网间的能量交互成本；微电网的折旧基于系统的运行成本，同时考虑各微电源的安装成本折旧因素。环境目标主要使微电网的环境效益最高，即污染物排放治理所需费用最少。

实现微电网运行优化必须满足微电网的运行约束。微电网运行优化模型中的约束条件包括系统功率平衡方程，分布式电源设备本身的发电特性约束以及资源环境条件约束，微电网与配电网之间的交换功率约束、系统旋转储备约束，以及优化模型假设条件中需要考虑的约束（如在不考虑储能充放电成本的情况下，一般增加对储能始末剩余容量的约束，防止调度周期内大量使用储能内部存储电量，获取短期的“经济效益”）。需要指出的是，并网型微电网和独立型微电网的目标函数和约束条件是不同的。同样，采取不同控制结构的微电网其能量管理的设计框架也是不相同的。以运行方式为例，并网型微电网由于有电网的支持，其内部微电源的运行方式更为灵活，经济目标和/或环境目标中除包含微电网设备运行成本外，还应包含配电网向微电网的供电费用和旋转储备费用，考虑电力回购时，还应包含微电网向电网供电的回购收益：约束条件中，功率平衡方程和旋转储备约束中包含配电网的部分。而独立型微电网一般远离配电网，需要微电网内部电源满足负荷和旋转备用的要求，优化目标和约束条件中均不含配电网的部分，因此，独立型微电网优化模型相对简单。

5.5.2 发用电计划类型

1. 日内发用电计划

日内经济优化调度主要针对未来 4h 的运行区间（以 15min 为一点，每 15min 滚动计算一次），以日前机组优化启停计划制定的微电源、可投切负荷的启停状态及有功/无功输出储能（PQ 型储能）的 SOC 曲线为暨定条件，基于可再生能源出力和负荷的超短期功率预测结果，根据日内经济优化调度模型，优化计算微电网内各分布式电源和各类负荷的运行功率。日内经济优化调度模型基于微电网内各元件的运行成本及技术约束模型，以微电网的运行成本及 PQ 型储能的 *SOC* 值与日前计划偏差最小为优化目标，结合微电网的功率平衡和电能质量等约束条件，求解非线性规划问题。

2. 日前发用电计划

由于微电网中含有较大比例的随机性分布式发电，其精确预测难度较大，导致日前发用电计划可能出现较大偏差，在这种情况下，日前发用电计划的主要实现方式是机组优化启停。需要说明的是，在保证发电功率预测精度和负荷预测精度的基础上，日前发用电计划可以采用日内发用电计划的滚动计算方式，实现微电网较长时间尺度的发用电

计划，提高微电网运行经济性。

日前机组优化启停针对未来24h的运行区间（以15min为一点），根据微电网内可再生能源出力和负荷的短期功率预测结果，采用日前机组优化启停模型，优化微电网内各微电源的启停状态、各类负荷的投切计划及PQ型储能系统的SOC运行区间，并将此调度计划提前通知相应机组和对应用户。日前机组优化启停模型基于微电网内各元件的成本及技术约束模型，以微电网的运行收益最大为优化目标，结合微电网的功率平衡、系统安全和电能质量等约束条件，求解混合整数优化规划问题。

调度计划实时调整是指在微电网运行过程中，实时监测微电网中（采用Droop或V/f控制）储能组网单元的SOC，当其SOC值越过规定的上下限时，采用启动备用电源或消纳负荷的方式保证储能组网单元的SOC维持在正常范围内，能够维持微电网内的实时功率平衡，保证微电网的电压和频率质量。

在并网稳定运行的基础上，针对集中控制式微电网，微电网能量管理以各分布式电源的功率输出、微电网与主网间的交互功率为优化变量，建立微电网运行的有功优化调度模型。

5.5.3 优化方式

1. 微电网的运行成本最小

运行成本中考虑分布式电源（Distributed Energx Resource，DER）的能耗成本、发电运行管理成本以及微电网与主网间的能量交互成本，从而有

$$\min F_1(\vec{P}_t)=\sum_{i=1}^{N}[C_f(\vec{P}_{it})+C_{OM}(\vec{P}_{it})]+C_{PEt}(\vec{P}_{gridt})+I_{SEt}(\vec{P}_{gridt}) \tag{5-15}$$

其中

$$C_{OM}(\vec{P}_{it})=K_{OMi}\vec{P}_{it} \tag{5-16}$$

$$C_{PEt}(\vec{P}_{gridt})=C_{pt}\vec{P}_{gridt},\ |\vec{P}_{gridt}|\geqslant 0$$

$$I_{SEt}(\vec{P}_{gridt})=C_{st}\vec{P}_{gridt},\ |\vec{P}_{gridt}|<0 \tag{5-17}$$

式中 i——系统中DER的编号；

t——系统的运行时段；

$\vec{P}_{it}$——DER的有功功率输出；

C_f——DER运行时的能耗成本；

C_{OM}——DER的运行管理成本；

$\vec{P}_{gridt}$——微电网与主网间的交互功率，微电网从主网购电时其值为正，微电网向主网售电时其值为负；

C_{PEt}——微电网从主网购电的支出；

I_{SEt}——微电网向主网售电的收益；

K_{OMi}——DER的运行管理系数；

C_{pt} ——从主网购电电价；

C_{st} ——向主网售电电价。

2. 微电网的折旧成本最小

基于系统的运行成本，考虑各 DER 的安装成本折旧因素，从而有

$$\min F_2(\vec{P}_t)=\sum_{i=1}^{N}\left[C_f(\vec{P}_{it})+C_{OM}(\vec{P}_{it})+\frac{C_{ACCi}}{P_{ri}8760f_{cfi}}\right]+C_{PEt}(\vec{P}_{gridt})+I_{SEt}(\vec{P}_{gridt}) \tag{5-18}$$

其中

$$C_{ACC}=C_{INS}f_{cr} \tag{5-19}$$

$$f_{cr}=\frac{d(1+d)^L}{(1+d)^L-1} \tag{5-20}$$

式中　C_{ACC} ——DER 安装成本年平均费用；

$\vec{P}_t$ ——DER 的额定功率；

f_{cfi} ——容量因子；

C_{INS} ——DER 安装成本；

f_{cr} ——资本回收系数；

d——利率或折旧率；

L——DER 寿命。

3. 微电网的环境效益最高

即污染物排放治理所需费用最少，从而有

$$\min F_3(\vec{P}_t)=\sum_{k=1}^{M}\beta_k\left(\sum_{i=1}^{N}\alpha_{ik}\vec{P}_{it}+\alpha_{gridk}\vec{P}_{gridt}\right) \tag{5-21}$$

式中　k——所排放的污染物（包含 CO_2、SO_2、NO_x 等）类型编号；

α_{ik} ——不同电能生产方式所对应的各种污染物排放系数；

β_k——治理污染物 k 所需消耗的费用。

4. 微电网的综合效益最高

综合考虑微电网的折旧成本和环境效益，从而有

$$\min F_4(\vec{P}_t)=F_2(\vec{P}_t)+F_3(\vec{P}_t) \tag{5-22}$$

5.5.4　约束条件

不计网损和电力电子变换器功率损耗，系统运行时需要满足的约束条件如下：

(1) 功率供需平衡。

$$\sum_{i=1}^{N_d}\vec{P}_{it}=\vec{P}_{Lt}-\sum_{j=1}^{N_{nd}}\vec{P}_{jt} \tag{5-23}$$

$$N_d+N_{nd}=N+1 \tag{5-24}$$

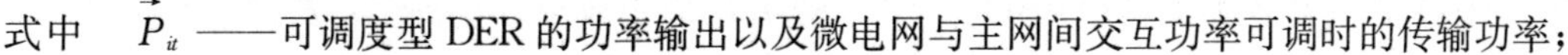

式中 $\vec{P}_{it}$ ——可调度型 DER 的功率输出以及微电网与主网间交互功率可调时的传输功率；

$\vec{P}_{jt}$ ——不可调度型 DER 的功率输出以及微电网与主网间交互功率不可调时的传输功率；

$\vec{P}_{Lt}$ ——负荷需求功率；

N_d ——可调度型 DER 单元数量；

N_{nd} ——不可调度型 DER 单元数量。

(2) DG 单元功率输出限值。

$$P_i^{min} \leqslant P_{it} \leqslant P_i^{max} \tag{5-25}$$

(3) 储能单元必须时刻满足存储容量约束。对于铅酸蓄电池来说，即必须满足荷电状态约束

$$SOC_{min} \leqslant SOC_t \leqslant SOC_{max} \tag{5-26}$$

(4) 微电网与主网间能够允许交互的最大容量约束。这可能是它们之间所达成的供求协议或者联络线的物理传输容量限值。

$$P_{line}^{min} \leqslant P_{linet} \leqslant P_{line}^{max} \tag{5-27}$$

5.5.5 优化算法

微电网优化运行问题是一个复杂的非线性混合整数随机规划问题，具有变量维度高、计算规模大、连续变量离散变量夹杂、约束条件繁多、目标函数非线性等特点。基于优化问题的难度，在有限的调度周期内，理论上求解最优值是非常困难的。

微电网可以根据大电网的电价信息和自身机组运行成本动态选择自身机组出力和从大电网的购电量。显然，这样为优化微电网的运行成本提供了极大的空间。若微电网的负荷需求过大以致超过了与大电网的连接线约束，微电网可以通过增加自身机组出力的方式为系统提供一定的备用，保证系统的稳定运行。由于微电网优化运行具有显著的经济效益，众多优化方法被提出来，如优先次序法、动态规划法、拉格朗日松池法以及遗传算法、粒子群算法等现代的优化算法。传统的数学优化方法如线性规划、非线性规划、整数规划、二次规划等方法不能实现全局最优，只能找到局部最优解。目前采用得较多的是粒子群算法和遗传算法。

粒子群算法（Particle Swarm Optimization，PSO）是一种智能群体优化技术，由 J. Kennedy 和 R. C. Eberhart 于 1995 年提出，其主要思想是通过模拟生物群体的觅食行为来求解实际应用中的复杂问题。PSO 算法的基本思想是：随机初始化一群没有质量和体积的粒子，将每个粒子看成是待求问题的一个解，用适应度函数来衡量粒子的优劣，所有粒子在可行解空间内按一定的速度运动并不断追随当前最优粒子，经过若干代搜索后得到该问题的最优解。由于 PSO 算法概念简单、程序易实现、需要调整的参数少，因此自出现以来就受到了国内外学者的广泛关注，并在很多领域得到了成功应用，如电力系统的负荷经济分配、最优潮流计算、电网扩展规划、检修计划、网络状态估计

等。PSO 算法在各类工程应用中表现出了良好的应用效果，受到了广泛的重视。

随着工程问题的日益复杂，多目标特性问题日益突出，将 PSO 算法及其改进算法应用于解决多目标优化问题成为了一个很有意义的研究方向。与单目标 PSO 算法不同的是，多目标 PSO 算法中不再仅有一个目标函数，而是由多个目标函数构成的目标向量，各个目标之间通过适应度相互制约，对某个目标的优化往往以牺牲其他目标为代价。因此，很难评价多目标解的优劣性，一般给出一组均衡解（非劣解集）作为多目标优化问题的解，称为 Pareto 最优解。

多目标粒子群算法的主要步骤包括负荷分配方案的可行化调整、外部档案维护、全局最优值选取、个体最优值更新以及保证粒子始终在搜索空间内飞行等。通过所设计的外部档案维护策略和粒子全局最优解的选取策略，来改善多目标粒子群算法优化负荷分配的能力。最后可运用模糊决策，使得决策者可以根据对优化目标的偏好以及负荷水平和风力发电、光伏出力情况，从多目标粒子群算法所得到的非劣解集中选取最合适的调度计划方案。

粒子群算法中每个个体称为一个粒子，代表一个潜在解。每个粒子都有各自的速度和位置向量，以及一个由目标函数决定的适应值，所有粒子在搜索空间中以一定速度飞行，通过追随当前搜索到的最优适应值来寻找全局最优。在微电网优化计划计算中，通过微电网的能量管理模型目标函数来计算每个粒子的适应值。为保证计算出来的粒子满足系统约束，需要对系统约束进行数学化处理。目前应用较多的是目标罚函数、约束方程代数化、约束初始粒子等方式。具体在粒子群算法中包括以下步骤：①基于微电网运行约束条件初始化一群粒子的参数、位置和速度；②根据微电网能量管理优化目标函数计算每个粒子的适应值；③对每个粒子，将其适应值与其经历的最好位置作比较，如果较好，则将其作为当前的最好位置；④对每个粒子，将其适应值与全局所经历的最好位置作比较，如果较好，则重新设置索引号；⑤对粒子的速度和位置进行迭代计算；⑥如未达到结束条件（通常为足够好的适应值或达到一个预设最大代数）则返回②。通过多轮迭代可计算出满足微电网运行约束的能量管理优化计划值。

5.5.6　计划下达的方式

发电计划由能量管理系统向监控系统下发，包括每个基本单元设备和组合设备对应的计划曲线，计划曲线分为约束性和参考性计划两类。监控系统在进行具体控制动作后，会将控制曲线上传至能量管理系统。

约束性计划是指具有约束力的计划，即监控系统的控制目标和跟踪对象。如一个并网点下有 8 套分布式光伏系统，每套容量为 0.5MW，要求这个并网点的有功限制为 2MW，这是约束性计划。

参考性计划是指根据约束性计划制订的参考性计划，可为监控系统的控制动作提供参考，但监控系统不必严格遵循。以上为例，并网点的有功限制为 2MW，为约束性计划，通过发电计划可同时为每套发电系统制定 0.25MW 有功限制，这就是参考性计划，监控系统在进行具体控制时，可能会根据设备情况，而不一定严格执行 0.25MW 的每套有功限制。由

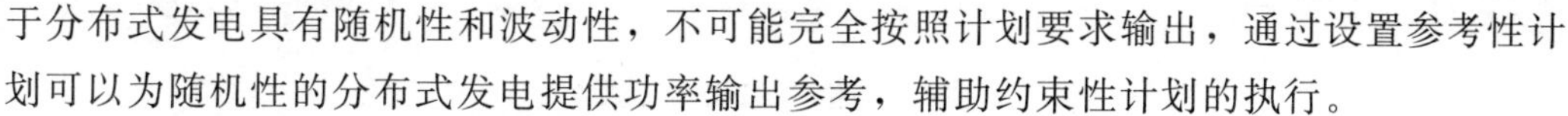

于分布式发电具有随机性和波动性，不可能完全按照计划要求输出，通过设置参考性计划可以为随机性的分布式发电提供功率输出参考，辅助约束性计划的执行。

发电计划的数据流程以光伏发电计划设置为例进行说明。

光伏发电计划设置主要分为三步，即数据导入、发电计划输入（计算）、备用容量计算。

数据导入分为预测数据导入、电源参数读取。预测数据从光伏预测值相关计划值定义表及计划值表中读取，并曲线显示。

发电计划输入分为最大出力、优化计划、人工设置三类。最大出力即根据预测数据最大值进行计划并图形显示，优化计划模式依靠优化功能计算输出，人工设置即根据棒状图设置各时段输出功率。备用容量计算根据预测数据和计划数据计算出各时段光伏发电的备用容量并显示，若设置出现超过预测值的情况，则告警，提醒微电网运行人员留有足够的微电网内的备用容量，保证微电网在各时刻有足够的系统容量维持系统运行。

日发电计划可以满足各类约束条件的基础上实现分布式电源的计划制定，并计算出各类机组出力汇总、各类备用信息、母线/联络线功率、峰谷时段等结果，并将该结果存储进数据库并下发给监控系统。优化计算日发电计划计算流程如图 5-2 所示。发电计划子功能主流程如图 5-3 所示。

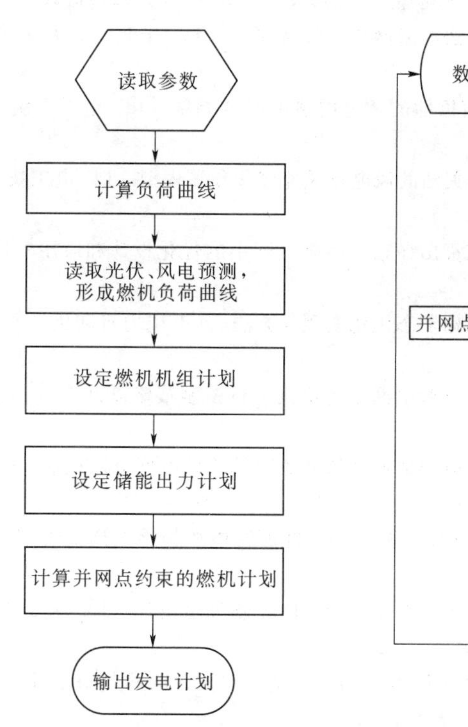

图 5-2　优化计算日发电计划计算流程

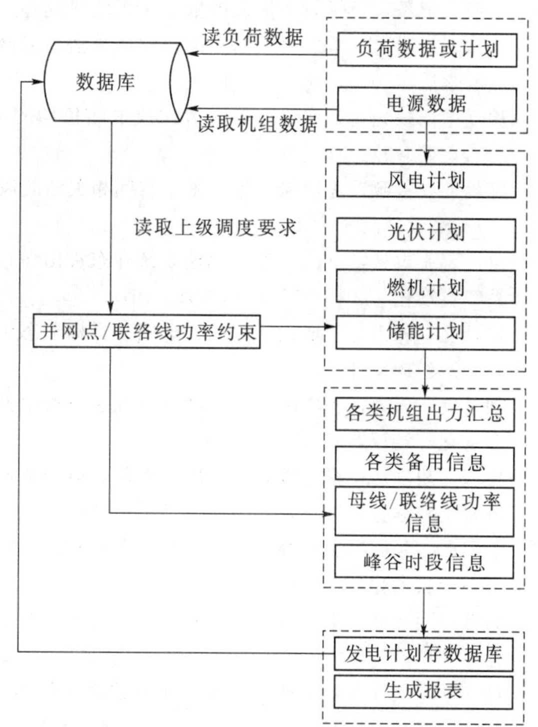

图 5-3　发电计划子功能主流程

参 考 文 献

［1］ 曹相芹，鞠平，蔡昌春．微电网仿真分析与等效化简［J］．电力自动化设备，2011，31（5）：94-98.

［2］ 丁明，张颖媛，茆美琴，等．包含钠硫电池储能的微网系统经济运行优化［J］．中国电机工程学报，2011，31（4）：7-14.

［3］ 石庆均，耿光超，江全元．独立运行模式下的微网实时能量优化调度［J］．中国电机工程学报，2012，32（16）：26-35.

［4］ 陈光堂，邱晓燕，林伟．含钒电池储能的微电网负荷优化分配［J］．电网技术，2012，36（5）：85-91.

［5］ 言大伟，韦钢，陈眩姿，等．考虑可中断负荷的微网能量优化［J］．电力系统及其自动化学报，2012，24（1）：88-93.

［6］ 季美红．基于粒子群算法的微电网多目标经济调度模型研究［D］．合肥：合肥工业大学，2010.

［7］ 詹昕，向铁元，曾爽，等．基于拟态物理学优化算法的微电网功率优化［J］．电力自动化设备，2013，33（4）：44-48.

［8］ 茆美琴，丁明，张榴晨，等．多能源发电微网实验平台及其能量管理信息集成［J］．电力系统自动化，2010，34（1）：106-111.

［9］ 丁明，解添，毕锐．微网实时数据库系统研究［J］．电网技术，2010，34（11）：31-37.

［10］ 艾欣，崔明勇，雷之力．基于混沌蚁群算法的微网环保经济调度［J］．华北电力大学学报：自然科学版，2009，36（5）：1-6.

［11］ 徐立中，杨光亚，许昭，等．考虑风电随机性的微电网热电联合调度［J］．电力系统自动化，2011，35（9）：53-60.

［12］ 陈妮亚，钱政，孟晓风，等．基于空间相关法的风电场风速多步预测模型［J］．电工技术学报，2013，28（5）：15-21.

［13］ 赵波，张雪松，李鹏，等．储能系统在东福山岛独立型微电网中的优化设计和应用［J］．电力系统自动化，2013，37（1）：161-167.

［14］ 洪博文，郭力，王成山，等．微电网多目标动态优化模型与方法［J］．电力自动化设备，2013，33（3）：100-107.

［15］ 刘梦旋，郭力，王成山，等．风光柴储独立微电网系统协调运行控制策略设计［J］．电力系统自动化，2012，36（15）：19-24.

［16］ 鲍薇，胡学浩，李光辉，何国庆．提高负荷功率均分和电能质量的微电网分层控制［J］．中国电机工程学报，2013，33（34）：106-114.

［17］ 李国武，张雁忠，黄巍松，等．基于 IEC 61850 的分布式能源智能监控终端通信模型［J］．电力系统自动化，2013，37（10）：13-17.

［18］ 鲍薇，胡学浩，李光辉，等．基于同步电压源的微电网分层控制策略设计［J］．电力系统自动化，2013，37（23）：20-26.

［19］ 许守平，侯朝勇，王坤洋，等．分层控制在微网中的应用研究［J］．电网与清洁能源，2013，29（6）；39-45.

［20］ 费标青，杨明皓，牛焕娜，等．粒子群算法及其在微电网能量优化调度中的应用［C］．中国高等学校电力系统及其自动化专业第 29 届学术年会，2013.

［21］ 张玲玲．城市微电网短期负荷预测研究［D］．杭州：浙江大学，2015.

第6章　微电网保护技术

继电保护在技术上一般应满足四个基本要求，即选择性、速动性、灵敏性和可靠性。选择性要求保护在故障时仅将故障元件从电力系统中切除，使得停电范围尽量缩小；速动性要求保护能够快速切除故障，避免故障进一步扩大；灵敏性要求保护在区内故障时，无论何处故障点及何种故障类型都能灵敏地正确反应出来；可靠性要求保护在该动作的时候可靠动作，即不发生拒动，在不该动作的时候可靠不动作，即不发生误动。对于中低压配电网，由于供电的单向辐射性，保护基本都为三段式电流保护和反时限电流保护，保护四性的要求即对应着各段保护的配合。微电网由于接入中低压配网，传统的段式配合保护也被套用进来。但是微电网内的双向潮流特性已将段式电流保护的基础打破，且微电网在并网运行和独立运行两种情形下还存在着故障电流大小不同的问题，因此将传统配网保护直接应用在微电网内必将面临问题和挑战。

6.1　分布式电源故障特性

6.1.1　旋转电机型分布式电源短路特性

1. 同步发电机

旋转电机型分布式电源以同步发电机为主。传统同步发电机在暂态时刻存在暂态电抗和次暂态电抗，导致在端口发生三相短路时短路电流呈衰减特性，其电流轮廓接近指数函数；同时由于短路时刻电流大小与该时刻磁链大小有关，而磁链是随时间正弦变化的，所以最大短路电流值与故障时刻有关。由于传统的同步发电机没有限流措施，所以端口三相短路时短路电流较大。

同步发电机的三相短路电压电流波形图如图 6－1 所示，0.5s 时发生三相短路故障，可以看出，短路电流在故障瞬间电流峰值达到了额定电流的 12 倍，5 个周波后直流分量衰减到零，若故障一直存在，短路电流进入稳态值，大约为额定电流的 7 倍。

2. 异步发电机

在旋转电机型分布式电源中，较常见的异步发电机为直接并网的异步风电机组。与同步发电机相比，异步发电机没有单独的励磁绕组，当机端三相短路后机端电压降低至接近于零，发电机由于无外加励磁，定子电流将逐渐衰减，稳态短路电流最终将衰减至零。

（1）机端电压降为 0。当异步发电机出口发生三相短路时，机端电压将降为 0，此

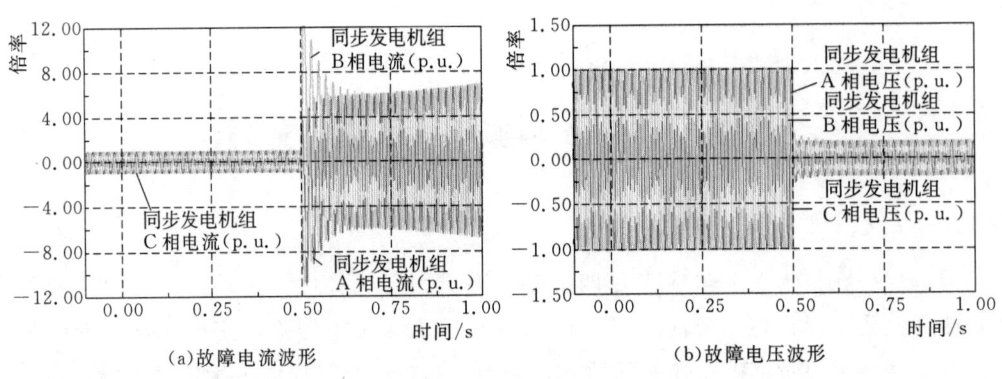

图6-1 同步发电机三相短路电压电流波形图

故障情况下，异步发电机出口三相短路电压电流波形图如图6-2所示，0.5s时发生出口三相短路故障，可以看出，短路电流在故障瞬间瞬时增大，电流峰值可达到额定电流的10倍以上，随后按指数衰减为零。

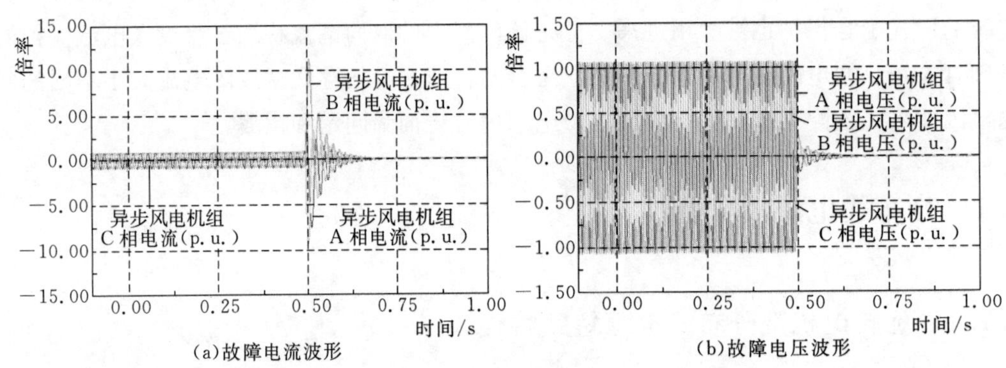

图6-2 异步发电机出口三相短路电压电流波形图

(2) 机端电压降为85%。当故障点离异步发电机出口较远时，机端电压下降不明显，以机端电压降为85%为例，此故障情况下，异步发电机远端三相短路电压电流波形图如图6-3所示，0.5s时发生出口三相短路故障，可以看出，短路电流在故障瞬间瞬时增大，随后按指数衰减为零，由于机端电压值跌落不深，励磁电流重新建立，短路

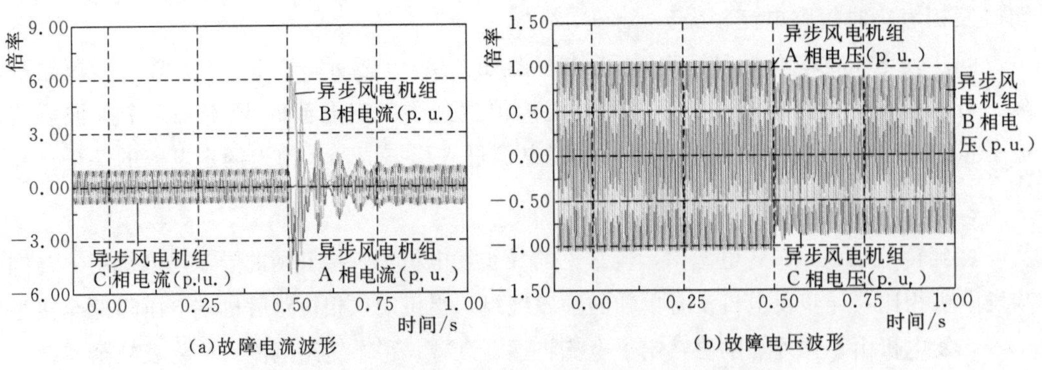

图6-3 异步发电机远端三相短路电压电流波形图

电流振荡恢复至稳定值，大约为故障前电流的 1.3 倍。

6.1.2 逆变型分布式电源短路特性

微电网中存在大量的逆变型分布式电源，其故障特性取决于逆变器的控制特性。逆变器控制模块通常采用电压外环加电流内环的控制策略，逆变器控制框图如图 6-4 所示。其中，U_s为理想正弦波电压，U_i为逆变桥输出电压，i_C为滤波电容电流。

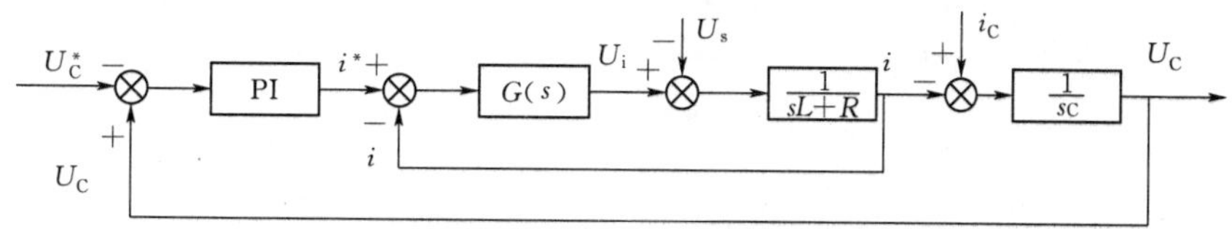

图 6-4 逆变器控制框图

为了保护逆变器内电力电子器件的安全，电力系统发生故障时，短路电流不能超过逆变器的限定值，通常在逆变器控制回路中的电流环加入饱和模块。当发生故障时，内环参考电流将受到限制，通过设置饱和模块的上限，从而使故障电流限制在允许的范围内（国家标准要求逆变器短路电流应不大于额定电流的 1.5 倍，而逆变器厂商通常将短路电流限制在额定电流的 1.1～1.2 倍）。

1. 三相短路故障

设置逆变器工作于重载状态，输出功率接近额定功率，故障点为线路距离逆变器出口 70%处（以下同），0.5s 时发生三相短路故障，仿真时长设为 1s，三相短路故障电压电流波形图、局部放大图如图 6-5、图 6-6 所示，从仿真结果分析可知，在短路瞬间，逆变器输出电流略有畸变，并有短暂的上升，但未超过 1.5 倍额定电流，半个周波后电流便能控制在 1.1 倍额定电流。短路瞬间电流的短暂上升幅值与控制环节参数设置有关。

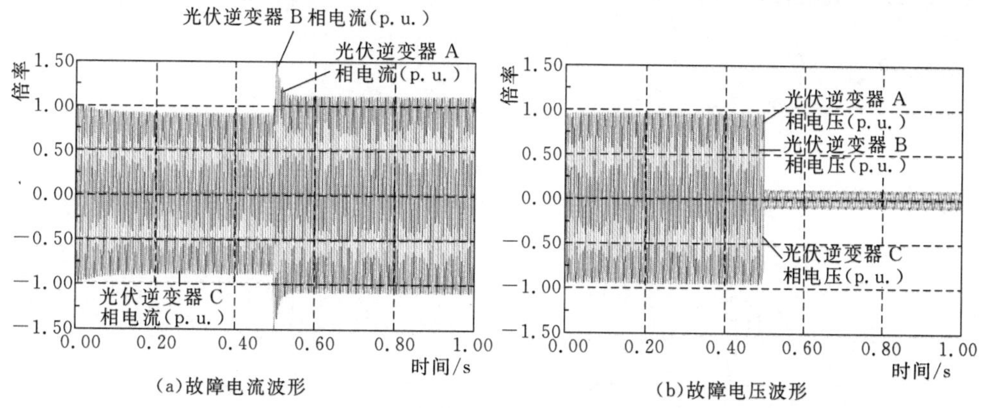

图 6-5 三相短路故障电压电流波形图

2. 两相短路故障

0.5s 时 AB 两相发生短路故障，两相短路故障电压电流波形图、局部放大图如图

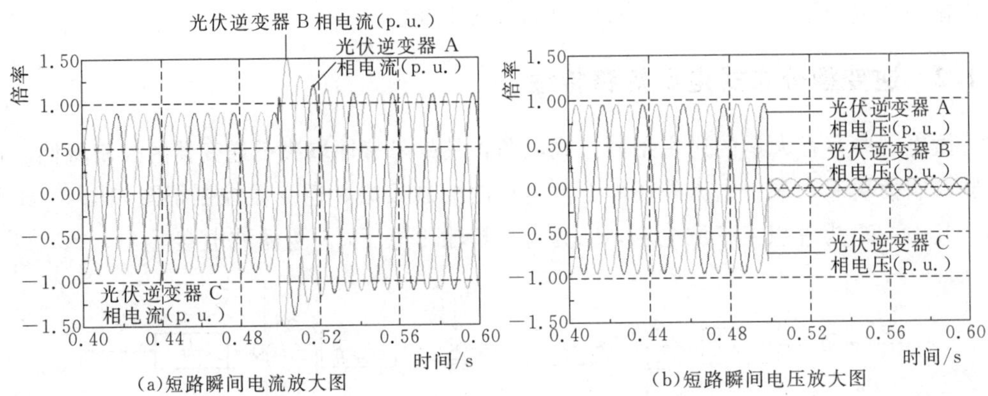

(a)短路瞬间电流放大图　　(b)短路瞬间电压放大图

图6-6　三相短路故障电压电流局部放大图

6-7、图6-8所示，从仿真结果分析可知，系统发生AB两相接地故障时，C相电压没有明显变化，A相、B相电压幅值降低，为C相的1/2，相位一致，与C相相反。在短路瞬间，逆变器输出电流略有畸变，并有短暂的上升，由于电压跌落不深，上升幅度较小，半个周波后A、B相电流被控制在1.1倍额定电流，C相电流没有明显变化。

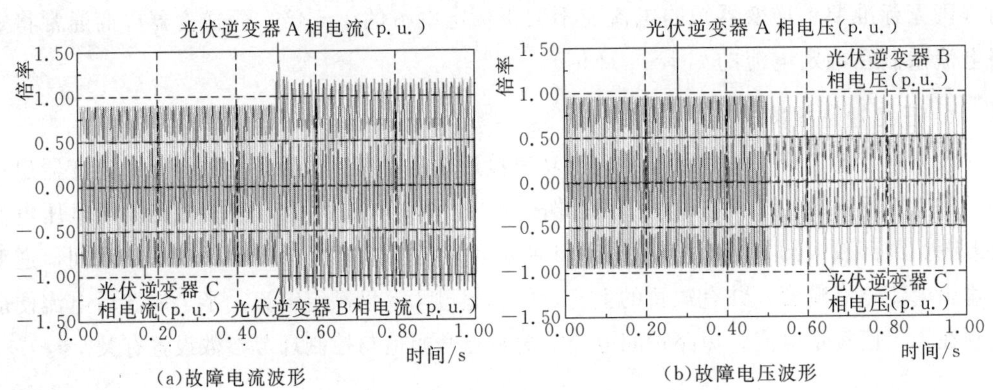

(a)故障电流波形　　(b)故障电压波形

图6-7　两相短路故障电压电流波形图

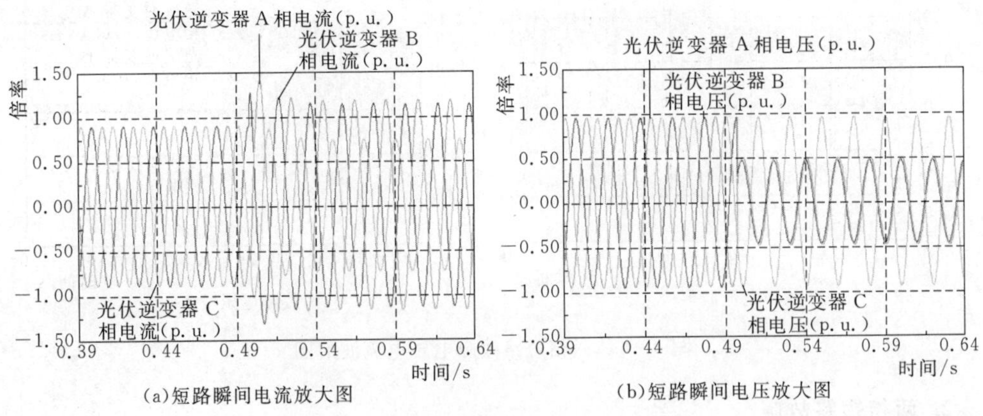

(a)短路瞬间电流放大图　　(b)短路瞬间电压放大图

图6-8　两相短路故障电压电流局部放大图

3. 单相接地故障

0.5s 时 A 相发生接地故障（400V 中性点接地），单相接地故障电压电流波形图、局部放大图如图 6-9、图 6-10 所示，从仿真结果分析可知，系统发生 A 相接地故障时，BC 两相电压略有降低，基本保持不变，A 相电压降低至额定电压的 70%。由于电压跌落不深，在短路瞬间，逆变器输出电流略有畸变，BC 两相电流基本保持不变，A 相电流稳定在 1.1 倍额定电流以内。

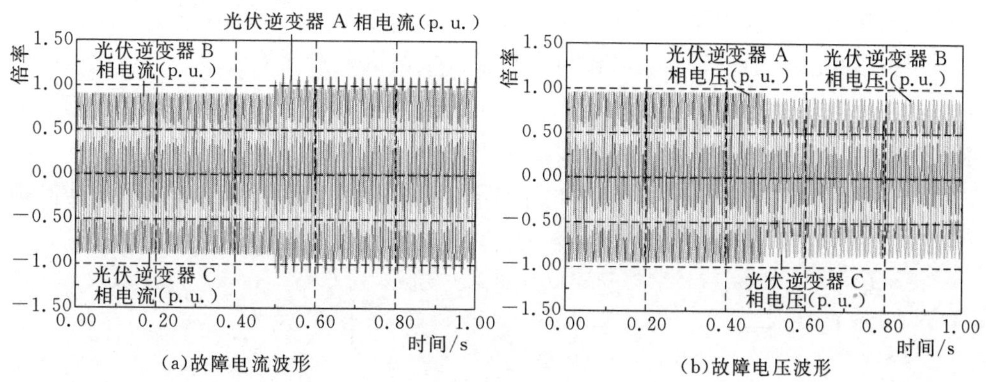

(a)故障电流波形　(b)故障电压波形

图 6-9　单相接地故障电压电流波形图

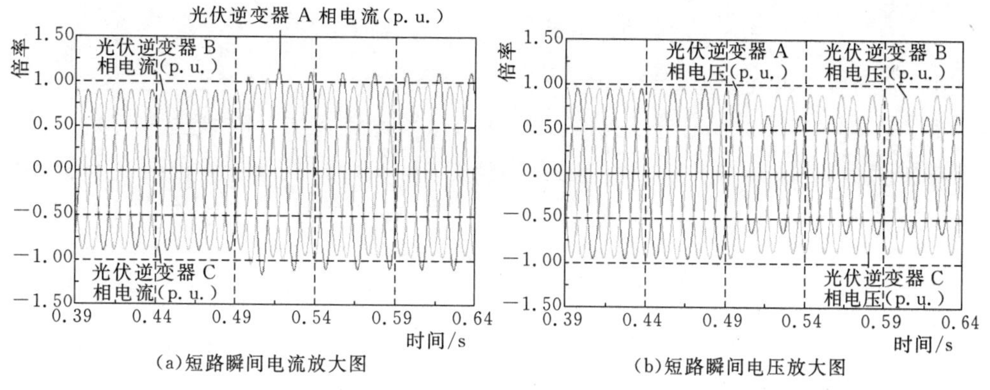

(a)短路瞬间电流放大图　(b)短路瞬间电压放大图

图 6-10　单相接地故障电压电流局部放大图

通过以上仿真分析可以看出，在电力系统发生短路瞬间，逆变器的输出电流略有畸变，随后电流很快便能控制在 1.2 倍额定电流以内。在非对称故障情况下，短路电流三相不对称，随着电压跌落深度的增加，短路电流值增大，由于逆变器的限流控制，电流值均不超过 1.2 倍额定电流。由于各厂家所采用的控制策略参数不同，实际应用中短路电流输出结果略有不同，主要体现在短路瞬间电流的最大幅值以及达到稳态以后的稳态值略有不同。

6.2　微电网对配电网保护的影响

6.2.1　对配电网电流保护的影响

微电网接入配电网，使得传统的配电网结构由简单的环状或辐射状向复杂的网状结构发展，改变了配电网故障电流的大小、方向及持续时间，对配电网原有的继电保护将产生较大的影响。传统的配电网继电保护大部分是简单的三段式电流保护，这种类型的保护利用本地信息，通过时限配合即可实现某一配电区域的保护要求。但是在微电网接入的配电网中，不固定的运行方式使得保护定值整定困难，常规保护配置难以满足保护要求，带来运行、维护难度变大，建设成本增加等一系列问题。

接入微电网（Micro Grid，MG）的配电线路如图6-11所示，P1和P2是保护设备，代表熔断器或断路器，两者均为反时限时间电流特性。

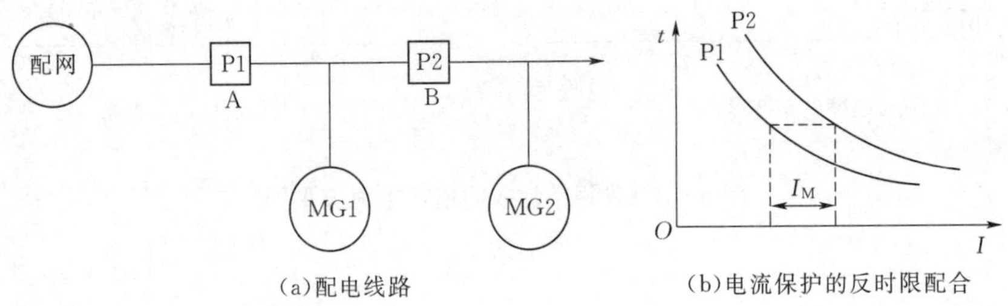

(a)配电线路　　(b)电流保护的反时限配合

图6-11　电流保护配合中的MG接入

MG接入后，出现下述情形：

(1) 只接入MG1。B下游段故障，P2流过故障电流增加，P1流过故障电流减小，P2的保护灵敏度变高，P1和P2的配合不受影响；AB段故障，保护配合不受影响，MG1需离网运行；A上游段故障，P1流过反向故障电流，P1动作，MG1需离网运行。

(2) 只接入MG2。B下游段故障，保护配合不受影响，MG2需离网运行；AB段故障，P1流过正向故障电流，P2流过反向故障电流，MG2需离网运行；A上游段故障，P1与P2流过相同的反向故障电流，MG2需离网运行。

(3) MG1和MG2都接入。B下游段故障，情形与(1)相似，MG2需离网运行；AB段故障，P1流过正向故障电流，P2流过反向故障电流，MG1、MG2需离网运行；A上游段故障，P1比P2流过更多的反向故障电流，此时涉及到一个边界值，若P1与P2的故障电流值相差超过图6-11(b)中的I_M，则P1先动作，P2不再动作，否则P2先动作，接着P1动作，无论何种情形，MG1和MG2都需离网运行。

通过上述分析可知：MG的接入会造成某些保护设备的灵敏度降低，如只接入MG1，B下游段故障时，流过P1的故障电流会减小；保护设备流过反向故障电流时，为防止相邻馈线发生故障，保护设备理应不动作，因此保护设备流过反向故障电流过大

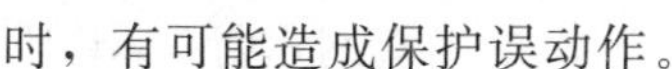

时，有可能造成保护误动作。

6.2.2 对配电网重合闸的影响

传统配电网为提高供电可靠性，一般装设三相一次重合闸装置，微电网的接入对配电网重合闸将带来显著的影响。以图 6-11 所示系统为例，当保护设备 P1 和 P2 是断路器时，对于某些重要馈线，为保证供电可靠性需装设自动重合闸。下面分别考虑重合闸前加速保护和重合闸后加速保护两种情形。

1. 重合闸前加速保护（P1 装设一套重合闸）

（1）只接入 MG1。B 下游段故障，P1 瞬时跳闸，此时 MG1 将继续提供故障电流，P2 将分闸，P1 非同期重合成功；AB 段故障，P1 瞬时跳闸，非同期重合后继续跳闸，MG1 需离网运行；A 上游段故障，P1 流过反向故障电流，瞬时跳闸，非同期重合后继续分闸，MG1 仍需离网运行。

（2）只接入 MG2。B 下游段故障，P1 瞬时跳闸，非同期重合后，P1 和 P2 作配合，由 P2 分闸隔离故障，MG2 需离网运行；AB 段故障，P1 瞬时跳闸，P2 继续流过反向故障电流，P2 跳闸，P1 重合于故障而跳闸，MG2 需离网运行；A 上游段故障，P1 和 P2 流过相同的反向故障电流，P1 瞬时跳闸，非同期重合后，P1 和 P2 作配合，P2 跳闸，MG2 仍需离网运行。

（3）MG1 和 MG2 都接入。B 下游段故障，情形同（1），MG2 保护隔离；AB 段故障，情形同（2），MG1、MG2 需离网运行；A 上游段故障，P1 瞬时跳闸，非同期重合后 P1 和 P2 作配合，由于流过 P1 的故障电流大于 P2 的，此时涉及一个边界值，若 P1 与 P2 的故障电流值相差超过图 6-11（b）中的 I_M，则 P1 先动作，P2 不再动作，否则 P2 先动作，接着 P1 动作，无论何种情形，MG1 和 MG2 都需离网运行。

通过上述分析可知，重合闸前加速保护的线路中，除存在无重合闸时的问题外，重合闸会带来非同期合闸的问题，同时在装设重合闸的保护设备第一次分闸期间，若另外的保护设备由于 MG 的接入仍然流过故障电流，则重合闸装设的效果完全失效。

2. 重合闸后加速保护（P1 和 P2 各装设一套重合闸）

（1）只接入 MG1：B 下游段故障，P1 和 P2 作配合，P2 跳闸，接着 P2 重合不成功加速跳闸；AB 段故障，P1 流过故障电流，P1 跳闸，接着 P1 非同期重合不成功加速跳闸，MG1 需离网运行；A 上游段故障，P1 流过反向故障电流，P1 跳闸，接着 P1 非同期重合不成功加速跳闸，MG1 仍需离网运行。

（2）只接入 MG2：B 下游段故障，P1 和 P2 作配合，P2 跳闸，接着 P2 非同期重合不成功加速跳闸，MG2 需离网运行；AB 段故障，P1 流过正向故障电流，P2 流过反向故障电流，P1 和 P2 均动作，并且重合不成功后加速跳闸，MG2 需离网运行；A 上游段故障，P1 和 P2 流过相同的反向故障电流，P2 跳闸，接着非同期重合不成功后加速分闸，MG2 需离网运行。

(3) MG1 和 MG2 都接入：B 下游段故障，情形同 (1)，MG2 需离网运行；AB 段故障，情形同 (2)，MG1、MG2 需离网运行；A 上游段故障，P1 比 P2 流过更多的反向故障电流，此时同样涉及一个边界值，若 P1 与 P2 的故障电流值相差超过图 6-11 (b) 中的 I_M，则 P1 先动作，P2 不再动作，接着 P1 非同期重合不成功加速跳闸，否则 P2 先动作，接着 P1 动作，接着 P2 非同期重合成功，P1 非同期重合不成功加速跳闸，两种情形，MG1 和 MG2 都需离网运行。

通过上述分析可知，面对 MG 的接入，重合闸后加速保护的线路相较重合闸前加速保护的线路选择性更强，重合闸后加速保护的线路与不装设重合闸的线路相比，保护动作配合没有变化，只是增添了重合闸以应对瞬时性故障。面对 MG 接入，重合闸前加速与后加速保护的线路中，除存在无重合闸时的问题外，还会带来非同期合闸的问题。

6.2.3　接入容量与接入位置对配电网保护的影响

随着微电网容量（微电网内主电源容量）的增大，微电网向配电网提供的反向电流增大，故障时微电网向配电网提供的短路电流将不可忽略。由于微电网的容量以及微电网的接入点都会影响微电网向配电网注入的短路电流，即均对传统的配电网保护产生一定影响。

1. 微电网容量对保护的影响

含多个微电网的配电网系统如图 6-12 所示。

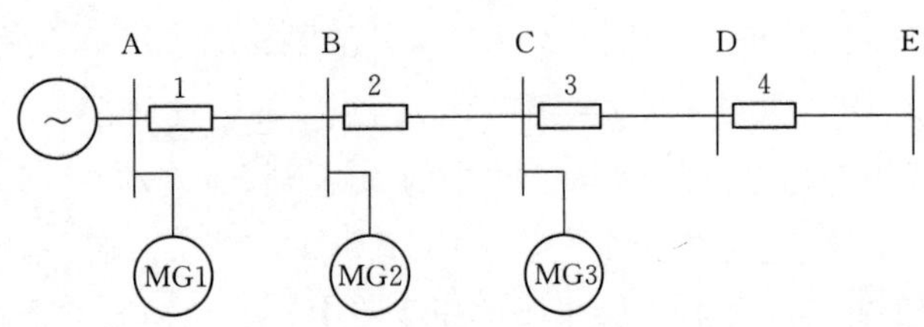

图 6-12　含有微电网的配电网系统

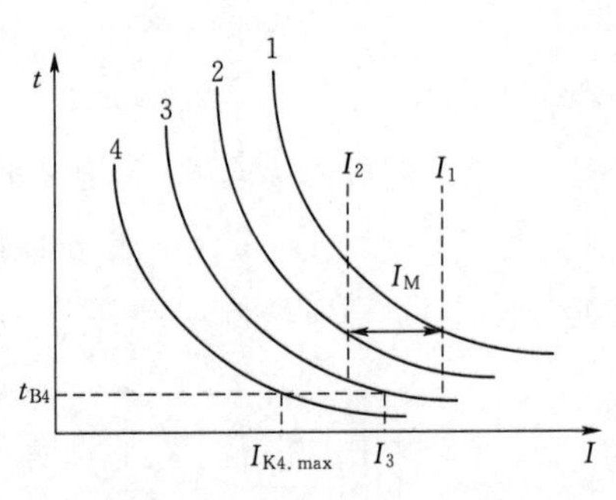

图 6-13　反时限下垂特性

采用图 6-13 所示的反时限过电流保护，每个保护的动作规律按照经典反时限动作特性方程来整定，即

$$t = \frac{0.14k}{\left(\frac{I}{I_{OP}}\right)^{0.02} - 1} \tag{6-1}$$

图 6-13 中 t_{B4} 为保护 4 处继电器动作固有的时间，$I_{K4.max}$ 为固有动作时间所对应的电流，I_{OP} 为保护启动电流。

将式 (6-1) 线性化，采用小信号法，得到 $\Delta t = C\Delta I$，其中

$$C=\frac{0.0029kI_0^{-0.98}}{\left[\left(\frac{I_0}{I_{OP}}\right)^{0.02}-1\right]I_{OP}^{0.02}}$$

从而获得线性方程为

$$t=t+\Delta t=\frac{0.14k}{\left(\frac{I_0}{I_{OP}}\right)^{0.02}-1}+C(I-I_0)=CI+D \tag{6-2}$$

其中

$$D=\frac{0.14k\left[1+0.02\left(\frac{I_0}{I_{OP}}\right)^{0.02}\right]}{\left(\frac{I_0}{I_{OP}}\right)^{0.02}-1}$$

从图 6－13 可知，各个保护的动作参数满足：$k_1>k_2>k_3>k_4$，$I_{OP1}>I_{OP2}>I_{OP3}>I_{OP4}$，从而可以获得 $C_1<C_2<C_3<C_4$。

（1）只接 MG1。在图 6－12 中保护 4 出口故障时流过保护 3、4 的电流相同，即 $I_3=I_4$。为了保证选择性，$t_3-t_4>\varepsilon$，即 $C_3I_3+D_3-(C_4I_4+D_4)>\varepsilon$，得到

$$I_3<\frac{D_3-D_4-\varepsilon}{C_4-C_3}=M \tag{6-3}$$

图 6－12 中 D 处三相短路时的等值电路如图 6－14 所示。从故障点看系统，$Z_*=Z_{S*}//Z_{MG1*}+3Z_{L*}$，假设 $Z_{L*}=Z_{AB*}=Z_{BC*}=Z_{CD*}$，则

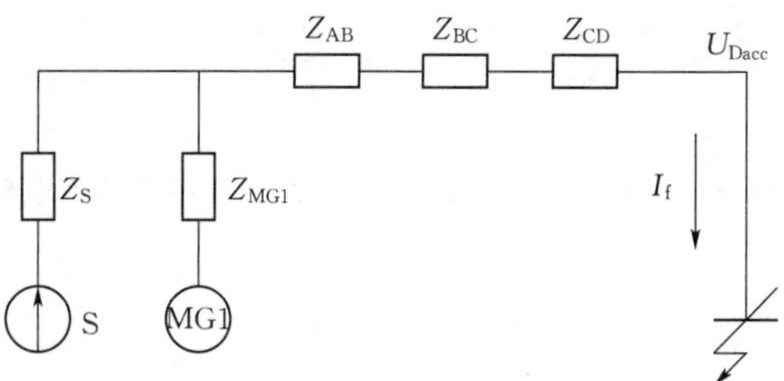

图 6－14 D 处三相短路时等值电路

$$I_{f*}=\frac{U_{Dacc*}}{Z_*}<\frac{M}{I_B} \tag{6-4}$$

$$Z_{S*}//Z_{MG1*}+3Z_{L*}>\frac{U_{Dacc*}}{M}I_B$$

其中 $Z_{S*}=Z_SS_B/S_S$，$Z_{MG1*}=Z_{MG1}S_B/S_{MG1}$，则

$$S_{MG1}<\frac{Z_{MG1}S_BM}{U_{Dacc*}I_B-3Z_{L*}M}-\frac{Z_{MG1}S_S}{Z_S} \tag{6-5}$$

同理可求得 C、B 处故障时的容量 S'_{MG1}、S''_{MG1}，故 MG1 容量满足 $S_{MG1max}<\min(S_{MG1},S'_{MG1},S''_{MG1})$ 时，保护不会误动。

（2）只接 MG2。下游故障时分析如上，$S_{MG2max}<\min(S_{MG2},S'_{MG2})$。

当 MG2 上游故障时，为了保证上游故障时保护 1 不拒动，所以 MG2 提供的反向

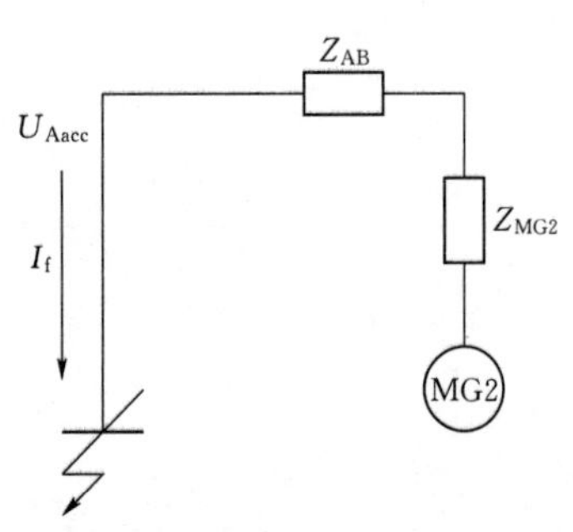

图 6-15　A 上游发生三相短路时等值电路

短路电流应能保证上游发生两相短路时保护动作，即 $I_f > I_{OP1}$。则 MG2 上游发生三相短路时 $I_f > 2I_{OP1}/\sqrt{3}$。

A 上游发生三相短路时的等值电路如图 6-15。从故障点看系统，$Z_* = Z_{L*} + Z_{MG2*}$，则

$$I_{f*} > \frac{U_{Aacc*}}{Z_{L*} + Z_{MG2*}} > \frac{2I_{OP1}}{\sqrt{3}/I_B} \tag{6-6}$$

其中 $Z_{MG2*} = Z_{MG2}S_B/S_{MG2}$，则

$$S_{MG2} > \frac{2I_{OP1}Z_{MG2}S_B}{\sqrt{3}U_{Aacc*}I_B - 2Z_{L*}I_{OP1}} \tag{6-7}$$

故此时 MG2 容量的取值处在一个区间内，区间的下限由上游故障时避免保护拒动决定，上限由下游故障时防止保护误动决定。

(3) 接 MG2、MG3。D 处故障，考虑到保护 3 不误动。三相短路时的等值电路如图 6-16 所示。

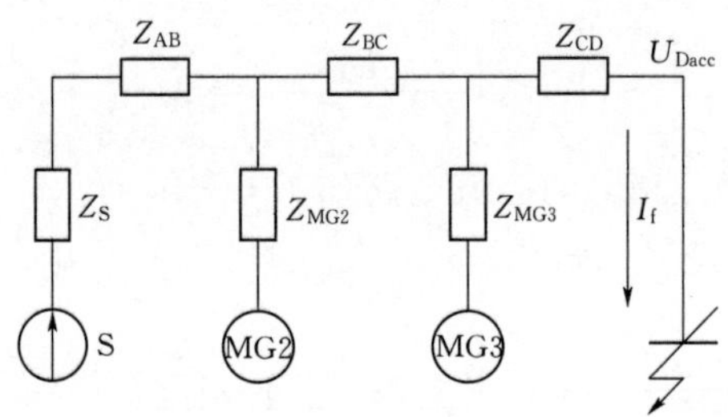

图 6-16　接 MG2、MG3 时 D 处三相短路等值电路

S 为系统电源，令

$$Z_{E*} = (Z_{S*} + Z_{L*})//Z_{MG2*} + Z_{L*}$$

从故障点看系统

$$Z_* = Z_{E*}//Z_{MG3*} + Z_{L*}$$

$$I_{f*} = \frac{U_{Dacc*}}{Z_*} < \frac{M}{I_B} \tag{6-8}$$

可得

$$Z_{E*}//Z_{MG3*} + Z_{L*} > \frac{U_{Dacc*}}{M}I_B$$

其中 $Z_{S*} = Z_S S_B/S_S$，$Z_{MG1*} = Z_{MG1}S_B/S_{MG1}$，$Z_{MG2*} = Z_{MG2}S_B/S_{MG2}$。

$$\left(\frac{Z_S S_B}{S_S} + Z_{L*}\right)//\left(\frac{Z_{MG2}S_B}{S_{MG2}}\right) + Z_{L*}//\left(\frac{Z_{MG3}S_B}{S_{MG2}}\right) + Z_{L*} > \frac{U_{Dacc*}}{M}I_B \tag{6-9}$$

故 MG2，MG3 的容量满足式 (6-9) 的条件时，能避免保护 3 误动。

C 处故障，考虑到保护 2 不误动。三相短路时的等值电路如图 6-17 所示。

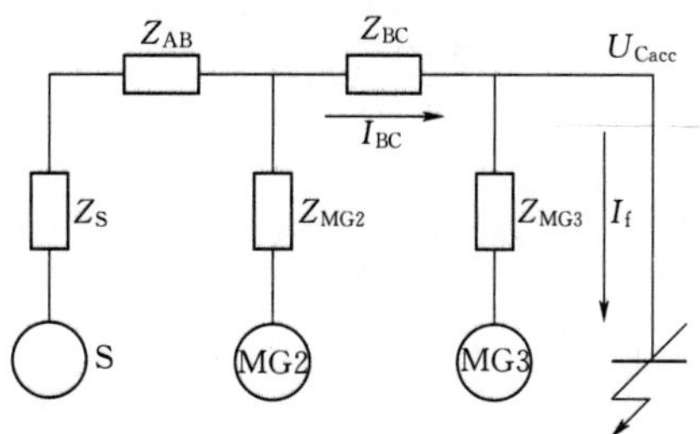

图 6-17　接 MG2、MG3 时 C 处三相短路等值电路

令

$$Z_{E*} = (Z_{S*} + Z_{L*})//Z_{MG2*} + Z_{L*}$$

由图 6-17 可知

$$I_{BC} = \frac{Z_{MG3}}{Z_E + Z_{MG3}} I_f$$

为了保证选择性

$$t_2 - t_3 > \varepsilon$$

即 $C_2 I_2 + D_2 - (C_3 I_3 + D_3) > \varepsilon$，其中 $I_2 = \frac{Z_{MG3}}{Z_E + Z_{MG3}} I_3$。得到

$$I_3 < \frac{D_2 - D_3 - \varepsilon}{C_3 - \frac{Z_{MG3}}{Z_E + Z_{MG3}} C_2} \tag{6-10}$$

从故障点看系统

$$Z_* = Z_{E*}//Z_{MG3*}$$

$$I_{f*} = \frac{U_{Cacc*}}{Z_*} < \frac{D_2 - D_3 - \varepsilon}{C_3 - \frac{Z_{MG3}}{Z_E + Z_{MG3}} C_2} \frac{1}{I_B} \tag{6-11}$$

其中

$$Z_{S*} = Z_S S_B / S_S,\ Z_{MG1*} = Z_{MG1} S_B / S_{MG1*},\ Z_{MG2*} = Z_{MG2} S_B / Z_{MG2}$$

$$\left[\left(\frac{Z_S S_B}{S_S} + Z_{L*}\right)//\left(\frac{Z_{MG2} S_B}{S_{MG2}}\right) + Z_{L*}\right]//\left(\frac{(Z_{MG3} S_B)}{Z_{MG3}}\right) > \frac{C_3 - \frac{Z_{MG3}}{Z_{E+} Z_{MG3}} C_2}{D_2 - D_3 - \varepsilon} U_{Cacc*} I_B \tag{6-12}$$

故 MG2，MG3 的容量满足式（6-12）的条件时，能避免保护 2 误动。

B 处故障时，保护 1 动作，保护 2、3、4 不会误动。

A 上游发生三相短路时，考虑到保护 2 不误动。三相短路等值电路如图 6-18 所示。

由图 6-18 可知

$$I_{BC} = \frac{Z_{MG1}}{Z_L + Z_{MG1} + Z_{MG2}} I_f$$

为了保证选择性

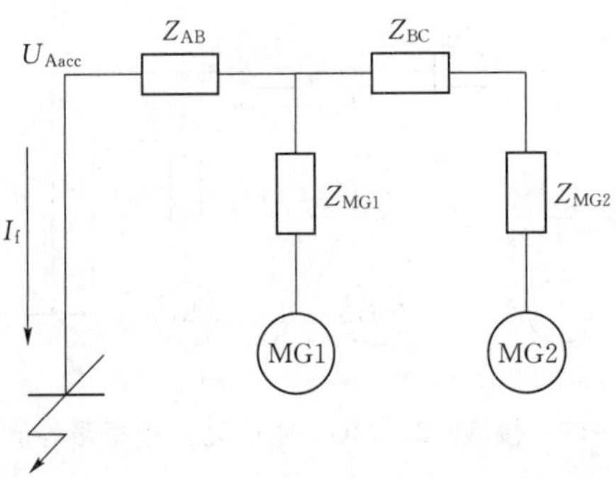

图 6-18 接 MG2、MG3 时 A 上游三相短路等值电路

$$t_2 - t_1 > \varepsilon$$

即 $C_2 I_2 + D_2 - (C_1 I_1 + D_1) > \varepsilon$，其中 $I_2 = \dfrac{Z_{MG1}}{Z_L + Z_{MG1} + Z_{MG2}} I_1$，得到

$$I_3 < \frac{D_2 - D_1 - \varepsilon}{C_1 - \dfrac{Z_{MG1}}{Z_L + Z_{MG1} + Z_{MG2}} C_2} \tag{6-13}$$

从故障点看系统

$$Z_* = (Z_{L*} + Z_{MG2*})//Z_{MG1*} + Z_{L*}$$

$$I_{f*} = \frac{U_{Aacc}}{Z_*} < \frac{D_1 - D_2 - \varepsilon}{C_1 - \dfrac{Z_{MG1}}{Z_L + Z_{MG1} + Z_{MG2}} C_2} \frac{1}{I_B} \tag{6-14}$$

其中

$$Z_{S*} = Z_S S_B / S_S \text{，} Z_{MG1*} = Z_{MG1} S_B / S_{MG1} \text{，} Z_{MG2*} = Z_{MG2} / S_B / S_{MG2}$$

$$\left(\frac{Z_{MG2} S_B}{S_{MG2}} + Z_{L*}\right) // \left(\frac{Z_{MG1} S_B}{S_{MG1}}\right) + Z_{L*} > \frac{C_1 - \dfrac{Z_{MG1}}{Z_L + Z_{MG1} + Z_{MG2}} C_2}{D_2 - D_1 - \varepsilon} U_{Aacc*} I_B \tag{6-15}$$

故 MG2，MG3 的容量满足式（6-15）的条件时，能避免保护 2 误动。

A 上游发生两相短路时，考虑到保护 1 不拒动。此时满足 $I_f > 2I_{OP1}/\sqrt{3}$。

$$I_{f*} = \frac{U_{Aacc*}}{(Z_{L*} + Z_{MG2*})//Z_{MG1*} + Z_{L*}} > \frac{I_{OP1}}{\sqrt{3} I_B} \tag{6-16}$$

其中

$$Z_{S*} = Z_S S_B / S_S \text{，} Z_{MG1*} = Z_{MG1} S_B / Z_{MG1} \text{，} Z_{MG2*} = Z_{MG2} S_B / Z_{MG2*}$$

$$\left(\frac{Z_{MG2} S_B}{S_{MG2}} + Z_{L*}\right) // \left(\frac{Z_{MG1} S_B}{S_{MG1}}\right) + Z_{L*} < \frac{\sqrt{3} U_{Aacc*} I_B}{2 I_{OP1}} \tag{6-17}$$

故 MG2，MG3 的容量满足式（6-17）的条件时，能避免保护 1 拒动。

（4）接 MG1、MG2、MG3。接 MG1，MG2，MG3 时各 MG 容量的计算方法如下：

1）计算单个 MG 接入时的容量要求。

2）下游故障时保护不能误动，即 D 出口故障时 $t_3 - t_4 > \varepsilon$；C 出口故障时 $t_2 - t_3 > \varepsilon$。

3）上游故障时保护不能拒动，不能失去配合性，即 A 上游三相短路或两相短路时 $t_2 - t_1 > \varepsilon$ 且 $t_3 - t_1 > \varepsilon$ 且 $I_1 > I_{OP1}$。

4）把短路电流代入，计算出容量范围。

通过上述分析可得到 MG 容量对保护配合性的影响：

1）随着 MG 容量的增大，对配电网保护的影响也越显著。

2）多 MG 的配电网中，相邻 MG 的容量大小关系也会影响配电网保护。

3）为了避免 MG 妨碍配电网保护动作，每个 MG 都有一个极限容量，该容量值的确定与该 MG 所处的配电网电气环境有关。

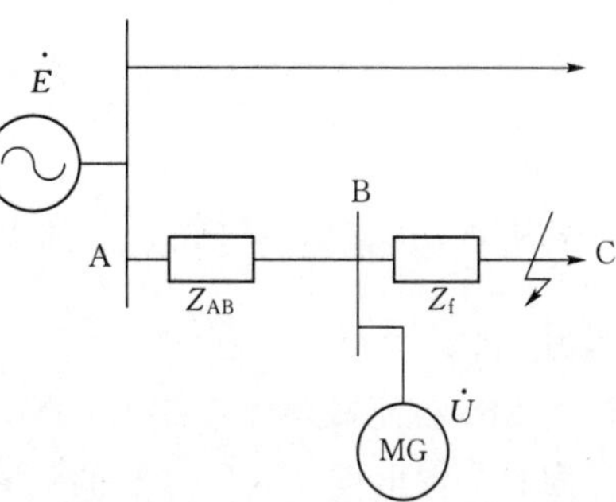

图 6-19 配电网模型简化图

2. 微电网接入位置对保护的影响

为分析方便，将图 6-18 简化为图 6-19。为了比较加入 MG 以后对配电网保护的影响，只需比较电流的变化情况，所以做一系列简化。

因为配电网容量远大于 MG 容量，设配电网为无穷大电源。同时因为短路电流远大于负荷电流，故忽略负荷电流的影响。根据基尔霍夫电流定律

$$\frac{\dot{E}-\dot{U}}{Z_{AB}}+\left(\frac{P+\mathrm{j}Q}{\dot{U}}\right)^{*}=\frac{\dot{U}}{Z_f} \tag{6-18}$$

其中：$Z_{AB}=|Z_{AB}|\angle\beta$，$Z_f=|Z_f|\angle\beta$，$\dot{E}=E\angle 0°$，$\dot{U}=U\angle a$。上述参数均是故障后的电气量。

考虑到 MG 并网以后处于 PQ 控制下，此时功率因数较高，故障前后 Q 变化不大，故认为故障后的 $Q=0$；同时考虑到配电网侧与 MG 的相角差较小，故障后仍在可忽略范围，故认为 $\Delta\alpha=0$ 从而得到：

$$\frac{E-U}{|Z_{AB}|\underline{/\beta}}+\frac{P}{U}=\frac{U}{|Z_f|\underline{/\beta}} \tag{6-19}$$

$$U=\frac{E|Z_f|+\sqrt{(E|Z_f|)^2+4(|Z_{AB}|+|Z_f|)P|Z_f||R_{AB}|}}{2(|Z_{AB}|+|Z_f|)|Z_f|} \tag{6-20}$$

流入故障点的电流为

$$I_{f1}=\frac{\dot{U}}{|Z_f|}=\frac{E|Z_f|+\sqrt{(E|Z_f|)^2+4(|Z_{AB}|+|Z_f|)P|Z_f||R_{AB}|}}{2(|Z_{AB}|+|Z_f|)|Z_f|} \tag{6-21}$$

配电网向故障点注入电流为

$$I_{AB1}=\frac{E-U}{|Z_{AB}|}=\frac{E(|Z_f|+2|Z_{AB}|)-\sqrt{(E|Z_f|)^2+4(|Z_{AB}|+|Z_f|)P|Z_f||R_{AB}|}}{2(|Z_{AB}|+|Z_f|)|Z_{AB}|} \tag{6-22}$$

当MG的功率和故障点的位置恒定时，即P、$|Z_f|+|Z_{AB}|$为常数，考虑MG位置$|Z_{AB}|$对故障电流的影响。令$|Z|=|Z_f|+|Z_{AB}|$。

流入故障点的电流可以简化为

$$I_{f1}=\frac{\dot{U}}{|Z_f|}=\frac{E}{2|Z|}+\frac{1}{2|Z|}\sqrt{E^2+K_4\frac{|Z_{AB}|}{|Z|-|Z_{AB}|}} \tag{6-23}$$

其中$K_4=4|Z|P$为常数，可知流入故障点的电流随着MG远离配电网而增大。

配电网向故障点注入电流可以简化为

$$I_{AB1}=\frac{E-U}{|Z_{AB}|}=\frac{E}{2|Z_{AB}|}-\frac{1}{2|Z|}\sqrt{E^2\left(\frac{|Z_f|}{|Z_{AB}|}\right)^2+K_5\frac{|Z_f|}{|Z_{AB}|}} \tag{6-24}$$

其中K_5为常数，可知I_{AB1}的大小与$\frac{|Z_f|}{|Z_{AB}|}$的一元二次函数有关，故I_{AB1}存在一个最大值。

当MG位于故障点上游时，MG下游的短路电流增大，故可能导致下游保护的误动。同时，配电网注入故障点的故障电流减小，导致MG上游保护的灵敏度降低。

6.3　网络化微电网保护

微电网保护的目标是快速可靠地隔离故障区域，保证最大范围的供电。微电网保护需面对的难题是微电网内双向流动的潮流以及微电网的并网运行和离网运行。微电网的双向潮流特性使得微电网保护的选择性较难做到。微电网的并网运行和离网运行则面临着短路故障电流差异较大的问题。

目前国内外很多微电网示范工程的保护采用的是传统中低压配电网常用的过电流保护，配置简单，价格低廉。为应对微电网内不同分布式电源的类型和间歇性所带来的短路电流方向和大小的不断变化，在实际应用中，往往在过电流保护的基础上加装方向元件和电压闭锁元件。这些保护配置能够适用于绝大多数并网运行微电网内部故障的情况，但是对于并网运行微电网外部故障和离网运行微电网内部故障的情况，传统的保护对相当一部分故障不能保证动作的灵敏性和选择性，外部电网或微电网内负荷支路的轻微故障导致微电网主电源停运的情况屡见不鲜。传统的简单保护适应性有限，为了从根本上找到可以解决微电网保护问题的方法，网络化保护被引入，网络化微电网保护以通信为基础，构建微电网级的通信网络，利用微电网多处的电流电压信息进行综合分析判断，从而实现对微电网的保护。目前网络化微电网保护的技术原理以差动保护居多。网络化微电网保护需注意的技术要点是：快速有效的保护算法；快速可靠的通信网；多点电流电压信息的同步。关于网络化保护本书以理论介绍为主，网络化保护的实际应用效果尚有待验证。

6.3.1 微电网的保护要求

微电网的保护配置需要适应微电网的不同运行方式，在并网运行时需应对微电网对配电网保护的影响，在离网运行时需满足弱短路电流工况下对保护的要求，这使得微电网的保护变得十分复杂，传统的保护原理和故障检测方法受到极大的限制。

微电网中包含多个分布式电源，在微电网概念形成之前，分布式电源要求具备防孤岛保护功能，不允许离网运行，当配电网出现故障时分布式电源退出运行，直到获得电网允许后才能重新并网运行；为减小对配电网原有保护的影响，对分布式电源的容量和接入位置都有一定的限制。

微电网接入配电网后，对微电网保护提出了更高的要求，具体如下：

(1) 微电网并网运行时，当微电网发生内部故障，微电网保护应快速、可靠切除故障，除微电网母线故障外的其他故障应不影响微电网继续稳定的运行；微电网内部故障应不影响配电网的正常运行。

(2) 微电网并网运行时，当配电网发生故障或人工操作导致微电网失压，微电网保护需快速断开并网点开关，启动微电网运行模式切换流程，微电网平滑切换到离网运行方式，尽可能地降低微电网对配电网原有保护的影响，同时确保微电网内重要负荷的持续可靠供电；当配电网故障恢复或电源恢复后，微电网保护能够第一时间感知并启动离网转并网运行模式切换流程，微电网恢复并网运行。

(3) 微电网离网运行时，当微电网发生内部故障，微电网保护能够快速进行故障识别和定位，准确可靠地切除故障，保障微电网持续稳定的离网运行。

(4) 在不改变配电网原有接地方式的情况下，微电网保护需考虑微电网内部安全接地问题，对微电网内的单相接地故障需着重考虑。

6.3.2 基于边方向变化量的网络化微电网保护

从微电网内潮流的双向性可自然联想到将方向元件应用到微电网的保护中。微电网并网运行和离网运行时差异较大的故障电流，体现的是绝对值大小，如果能找到相对值来反映故障量，则可将微电网并网运行和离网运行时的保护统一起来。边方向变化量保护即是利用方向元件和故障量相对值的一种保护，其可以反映故障前后边电流在方向和幅值上的变化。边方向变化量保护将微电网看成一个整体，利用微电网中各条边的电压电流值和开关状态值进行综合分析判断，因此边方向变化量保护也属于网络化保护。边方向变化量保护能够不依赖于微电网运行状态，快速准确地识别、定位微电网内外部故障，与传统的配电网保护相结合，能够实现微电网由点到面的全面系统保护，除了满足保护传统的四性要求外，还能满足微电网分布自治、灵活互动的要求。

6.3.2.1　微电网的图模型

电网络是有拓扑结构的网络，可以用图来抽象描述其网络结构，作为一些理论分析的基础。在电力系统广域保护和配电网分析等领域，有一些理论分析和算法即是以图论为基础。微电网也是电网络，也可以用图来抽象描述其结构，本节的微电网保护算法即是以微电网的图模型为基础。

1. 微电网的简化图

微电网的分割区域如图 6-20 所示，其中断路器将微电网分割成若干个相互联系的不同区域，虚线区域 $Z_1 \sim Z_{10}$，将之定义为分割区域（Partition Area，PA）。分割区域的划分原则是：若干个可控制断开与闭合的保护一次设备（如断路器）围成的一片区域就可以被划分为一个分割区域；分割区域内部一般不再含有可控制开闭的保护一次设备，可控制开闭的保护一次设备的装设视微电网的运行需要而决定；配电网作为由并网断路器围成的一片区域而成为一个分割区域。一个分割区域与多个其他区域有断路器联系（≥2）的称为多边区域，只和一个其他区域有断路器联系的称为单边区域。

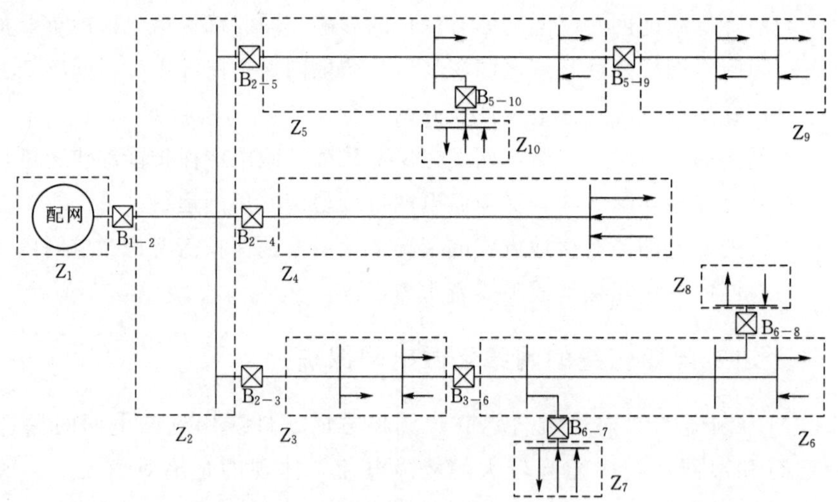

图 6-20　微电网的分割区域

⊠—断路器；⬚—微电网区域

将微电网看成一种图，分割区域看成是图的节点，断路器看成是图的边，由此将图 6-20 简化，形成的微电网简化图如图 6-21 所示，它是一个十阶图，节点集为 $V=\{Z_1, Z_2, Z_3, Z_4, Z_5, Z_6, Z_7, Z_8, Z_9, Z_{10}\}$，边集为 $E=\{B_{1-2}, B_{2-3}, B_{2-4}, B_{2-5}, B_{3-6}, B_{6-7}, B_{6-8}, B_{5-9}, B_{5-10}\}$，该图是一个简单图。

考虑微电网接入中低压配电网，若微电网中没有分布式电源，则微电网成为配网的

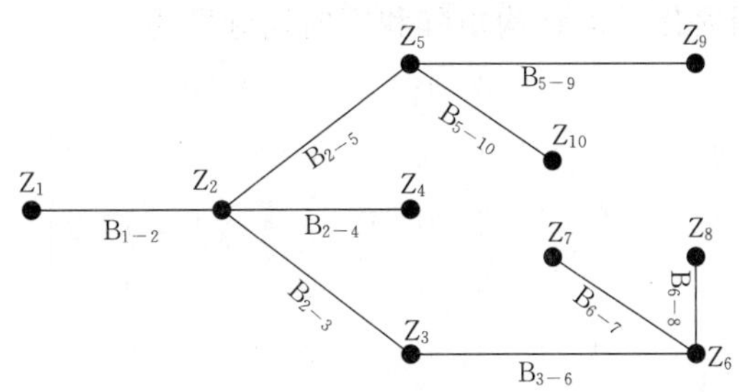

图 6-21 微电网的简化图

一部分，因此微电网的拓扑仍应保持传统配电网辐射性特征，即微电网就像从配电网中割下的一部分，只是其中接入了分布式电源。由此可推知所有的微电网简化图都是简单图，因为微电网两个分割区域之间联系的断路器只会有一个，所以微电网简化图中不会出现多重边，分割区域自身显然不会有断路器的联系，所以简化图中不会出现环。否则，若微电网任意组网，可能会出现多重边和自环的情形，此种网架结构会使微电网的分析复杂化，而对微电网可靠运行的促进作用很小。

对于微电网中出现环网的情形，同样采用传统配电网中闭环网开环运行的模式，发生故障后再行考虑开环点闭合。对于开环点的断路器，微电网简化图中仍表示为一条边，也即微电网简化图中的边并不表明断路器的断开和闭合。因此若微电网中存在环网，则其简化图中会出现圈，所以该简化图不是树，而没有环网的微电网，其简化图是连通图且不会出现圈，所以该简化图是树。

2. 微电网的图描述

(1) 无向图描述。考虑一含有 n 个节点和 k 条边的微电网简化图 G，其节点集为 $V(G)=\{v_1,v_2,\cdots,v_n\}$，边集为 $E(G)=\{e_1,e_2,\cdots,e_k\}$。将简化图 G 中由断路器形成的边看成是无向边，采用邻接矩阵的形式来描述简化图，所得 n 行 n 列的矩阵称为微电网结构矩阵 $\boldsymbol{A}(G)$，矩阵 $\boldsymbol{A}$ 的元素定义为

$$a_{ij}=\begin{cases}1,\ (v_i,v_j)\in E,\ i\neq j\\0,\ \text{其他}\end{cases}\quad(i,j=1,2,\cdots,n)\tag{6-25}$$

微电网结构矩阵 $\boldsymbol{A}$ 描述了微电网的分割区域间的连接关系，也即分割区域间的断路器连接关系。由式 (6-25) 可知 $a_{ij}=a_{ji}$，所以 $\boldsymbol{A}^{\mathrm{T}}=\boldsymbol{A}$，且 $a_{ii}=0$，即 $\boldsymbol{A}$ 为对角线元素为 0 的对称矩阵。

根据微电网结构矩阵 $\boldsymbol{A}$，定义微电网节点的度向量 $\boldsymbol{X}$ 为

$$\boldsymbol{X}=[x_1\quad x_2\quad\cdots\quad x_n]=[d(v_1)\quad d(v_2)\quad\cdots\quad d(v_n)]\tag{6-26}$$

因为微电网简化图是简单图，所以

$$\boldsymbol{X}=[(\boldsymbol{A}^2)_{11}\quad(\boldsymbol{A}^2)_{22}\quad\cdots\quad(\boldsymbol{A}^2)_{nn}]=\left[\sum_{j=1}^{n}a_{1j}\quad\sum_{j=1}^{n}a_{2j}\quad\cdots\quad\sum_{j=1}^{n}a_{nj}\right]\tag{6-27}$$

即 $\boldsymbol{X}$ 的元素分别等于 $\boldsymbol{A}$ 的每行元素之和。

图 6－21 中微电网简化图的结构矩阵和度向量分别为

$$A=\begin{bmatrix}0&1&0&0&0&0&0&0&0&0\\1&0&1&1&1&0&0&0&0&0\\0&1&0&0&0&1&0&0&0&0\\0&1&0&0&0&0&0&0&0&0\\0&1&0&0&0&0&0&0&1&1\\0&0&1&0&0&0&1&1&0&0\\0&0&0&0&0&1&0&0&0&0\\0&0&0&0&0&1&0&0&0&0\\0&0&0&0&1&0&0&0&0&0\\0&0&0&0&1&0&0&0&0&0\end{bmatrix} \tag{6-28}$$

$$X=\begin{bmatrix}1&4&2&1&3&3&1&1&1&1\end{bmatrix} \tag{6-29}$$

（2）有向图描述。设定流过断路器的电流有参考方向，如图 6－21 中的 B_{1-2} 表示电流的参考方向为从分割区域 Z_1 流向分割区域 Z_2，此时微电网简化图将成为有向图。微电网有向简化图中由断路器形成的边是有向边，其方向为指定的电流参考方向（两个方向可任意指定）。考虑一含有 n 个节点和 k 条边的微电网有向简化图 D，采用关联矩阵的形式来描述 D，所得 n 行 k 列的矩阵称为微电网弧结构矩阵 $\boldsymbol{M}(D)$，矩阵 $\boldsymbol{M}$ 的元素定义为

$$m_{ij}=\begin{cases}1，e_j \text{ 以 } v_i \text{ 为起点}\\-1，e_j \text{ 以 } v_i \text{ 为终点}\\0，\text{其他}\end{cases},\ i=1,2,\cdots,n\ ,\ j=1,2,\cdots,k \tag{6-30}$$

微电网弧结构矩阵描述了联系微电网分割区域断路器上流过电流的参考方向。

将图 6－21 中的边 B_{1-2}、B_{2-3}、B_{2-4}、B_{2-5}、B_{3-6}、B_{6-7}、B_{6-8}、B_{5-9}、B_{5-10} 分别命名为 e_1、e_2、e_3、e_4、e_5、e_6、e_7、e_8、e_9，并用箭头指示出边的方向，微电网的有向简化图如图 6－22 所示。

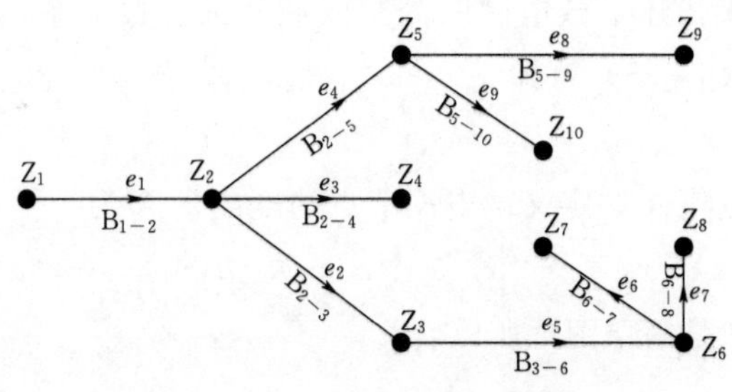

图 6－22　微电网的有向简化图

图 6－22 所示微电网的弧结构矩阵为

$$\boldsymbol{M}=\begin{bmatrix}1&0&0&0&0&0&0&0&0\\-1&1&1&1&0&0&0&0&0\\0&-1&0&0&1&0&0&0&0\\0&0&-1&0&0&0&0&0&0\\0&0&0&-1&0&0&0&1&1\\0&0&0&0&-1&1&1&0&0\\0&0&0&0&0&-1&0&0&0\\0&0&0&0&0&0&-1&0&0\\0&0&0&0&0&0&0&-1&0\\0&0&0&0&0&0&0&0&-1\end{bmatrix} \tag{6-31}$$

(3) 边状态向量。微电网中的断路器有断开和闭合两种状态，微电网的结构矩阵和弧结构矩阵都未能表示出来。考虑一含有 n 个节点和 k 条边的微电网简化图 G，定义一 k 列向量来描述 G 中边的状态，称之为边状态向量 $\boldsymbol{B}_{\mathrm{S}}(G)$，其元素定义如下

$$b_{\mathrm{S}i}=\begin{cases}0，边闭合\\-1，边断开\end{cases}\quad i=1,2,\cdots,k \tag{6-32}$$

图 6-22 所示微电网的边状态向量为

$$\boldsymbol{B}_{\mathrm{S}}=[0\quad 0\quad 0\quad 0\quad 0\quad 0\quad 0\quad 0\quad 0] \tag{6-33}$$

6.3.2.2 微电网分割区域

1. 微电网分割区域的分类

微电网的分割区域是一个综合区域（节点），其内部有五种可能性。

(1) 负荷和 DG 都没有，如图 6-20 中的 Z_2，称此类区域为配送区域（配送节点）。

(2) 负荷和 DG 都有，如图 6-20 中的 $Z_3 \sim Z_{10}$，称此类区域为混合区域（混合节点）。

(3) 只有负荷，称此类区域为负荷区域（负荷节点）。

(4) 只有 DG，称此类区域为 DG 区域（DG 节点）。

(5) 对应着配网的分割区域，称之为配网区域（配网节点），如图 6-20 中的 Z_1。

正常运行时分割区域外特性表现为功率输出、功率输入或功率为零。表现为功率输出的分割区域是配网区域、混合区域或 DG 区域，其内部必然有电源；表现为功率输入的分割区域是配网区域、负荷区域或混合区域，其内部必然有负荷；表现为功率为零的分割区域是配送区域。

2. 分割区域综合电流

考虑一含有 n 个节点和 k 条边的微电网有向简化图 D，采用向量来描述图 D 中边的相电压和相电流同时刻的采样值（a 相、b 相、c 相类似，故省略具体相下标，下文同此），所得 k 列向量分别称为边电压信息向量 $\boldsymbol{B}_{\mathrm{V}}$ 和边电流信息向量 $\boldsymbol{B}_{I}$，即

$$\boldsymbol{B}_{\mathrm{V}}=[b_{\mathrm{V}\cdot 1}\quad b_{\mathrm{V}\cdot 2}\quad \cdots\quad b_{\mathrm{V}\cdot \mathrm{i}}\quad \cdots\quad b_{\mathrm{V}\cdot \mathrm{k}}] \tag{6-34}$$

$$\boldsymbol{B}_{\mathrm{I}} = [b_{\mathrm{I}\cdot 1} \quad b_{\mathrm{I}\cdot 2} \quad \cdots \quad b_{\mathrm{I}\cdot i} \quad \cdots \quad b_{\mathrm{I}\cdot k}] \tag{6-35}$$

式中　$b_{\mathrm{V}\cdot i}$、$b_{\mathrm{I}\cdot i}$——边 i 的相电压和相电流瞬时值。

对分割区域 m，定义其相综合电流瞬时值 $i_{\mathrm{S}\cdot\mathrm{m}}$ 为

$$i_{\mathrm{S}\cdot\mathrm{m}} = \sum^{d(v_{\mathrm{m}})} b_{\mathrm{I}\cdot j} \tag{6-36}$$

式中　$d(v_{\mathrm{m}})$——分割区域 m 作为图 D 中节点 v_{m} 的度。

定义图 D 的 n 列相综合电流瞬时值向量 $\boldsymbol{I}_{\mathrm{S}}$ 为

$$\boldsymbol{I}_{\mathrm{S}} = [i_{\mathrm{S}\cdot 1} \quad i_{\mathrm{S}\cdot 2} \quad \cdots \quad i_{\mathrm{S}\cdot n}] \tag{6-37}$$

分割区域综合电流瞬时值的计算需考虑到边电流的参考方向。微电网有向简化图中每条边都有方向，其方向是任意指定，此处边电流的参考方向需与有向边的方向相关联。有向边与边电流参考方向的关联如图 6-23 所示，即电流互感器的同名端都位于有向边的终点一侧，不能出现有的位于终点一侧，有的位于起点一侧。

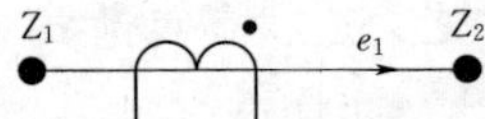

图 6-23　有向边与边电流参考方向的关联

边电流参考方向约定的情形下，式（6-37）可由式（6-31）和式（6-35）求得，即

$$\boldsymbol{I}_{\mathrm{S}}^{\mathrm{T}} = \boldsymbol{M} \cdot \boldsymbol{B}_{\mathrm{I}}^{\mathrm{T}} \tag{6-38}$$

6.3.2.3　保护原理

1. 广义故障附加网络

负荷电流的存在模糊了故障信息。电力系统中应用叠加原理将故障状态分解为故障前状态和故障附加状态，则故障附加状态中的量成为故障分量，不再包含负荷信息。故障分量有两类：一是稳定的故障分量，如负序和零序分量；二是短暂的故障分量，如突变量。负序分量在对称故障时不会出现，零序分量只在接地故障时可能出现，突变量在各种故障情形下都会出现，但属于暂态量，不会持续存在。

突变量包含工频分量和暂态分量。暂态分量难以和干扰信号区分，因此突变量保护一般都是基于突变量中的工频分量（工频变化量）。以下凡未加说明的突变量均指工频变化量。突变量等于故障量减去故障前的量，因此需事先储存故障前的量。以电流为例，设周期为 T，每周期采样次数为 N，突变量 $\Delta i(t)$ 在 k 点的采样值为

$$\Delta i(t)_k = i(t)_k - i(t-nT)_k \tag{6-39}$$

式中　k——每个周期中的采样点，值为 $1\sim N$；

　　n——任意正整数。

$n=1$ 时，表示从当前采样值 $i(t)_k$ 减去 1 个周期前的采样值 $i(t-T)_k$，则存储一个周期的采样数据即可。$n=2$ 时，表示减去 2 个周期前的采样值，则需存储两个周期的

采样数据。存储数据基本不会超过 3 个周期，因为故障时系统的功率平衡被破坏，系统中各个电源电动势之间的相角差要发生变化，原来存储的故障前数据将不能再反映此时的负荷信息。

从故障量中剔除负荷信息得到故障分量是所有基于突变量算法的目的。突变量必然是短暂存在的，因为时间一长，准确的负荷信息就无法得到。在基于突变量的故障附加网络中，故障分量仅由施加于故障点的一个电动势产生，系统中的其他电源在故障附加网络中等效为短路。当时间变长，系统中的其他电源的电动势变化加大，在故障附加网络中不能再等效为短路。电力系统故障分解示意图如图 6-24 所示。

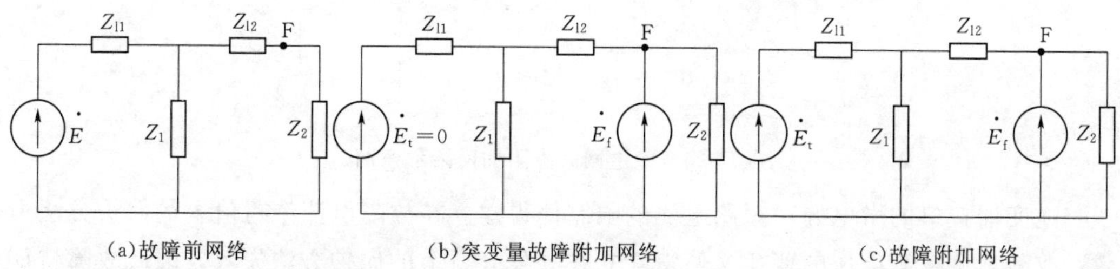

图 6-24 电力系统故障分解示意图

传统故障附加网络的两大特征是：①故障前网络叠加故障附加网络等于故障后网络；②故障附加网络中只存在故障分量。图 6-24 将传统故障附加网络的概念进行了延伸，故障附加网络有两个阶段：①故障后的较短时间内系统电源变化较小，可忽略不计，在附加网络中近似等效为短路，本文称此阶段的网络为突变量故障附加网络；②故障后的时间变长，系统电源的变化不可忽略不计，在附加网络中也需等效为一附加电动势。概念延伸后的故障附加网络的特征是：①故障前网络叠加故障附加网络仍为故障后网络；②由于有电源附加电动势的存在，故障附加网络中不仅有故障分量，也有负荷分量，负荷分量在故障后的短时间内为零。

上述讨论的故障附加网络是基于突变量。对于负序和零序分量，情形相似。若故障后电源电动势一直保持对称，则负序和零序的故障附加网络是不变的。若故障后电源电动势的序分量组成发生变化，则负序和零序的故障附加网络也需进行概念延伸。

为表示区别，本文称概念延伸后的故障附加网络为广义故障附加网络，而传统的故障附加网络则称为狭义故障附加网络。广义故障附加网络包含狭义故障附加网络。无论是广义还是狭义，故障附加网络叠加故障前网络都等于故障后网络。

2. 边方向变化量保护原理

电力系统中基于故障分量的保护应用很多。基于负序和零序分量的保护，其应用前提是电力系统中的电源只会提供正序分量。基于突变量的保护，其应用背景则是故障后的较短时间内电力系统中的电源电压幅值和相位基本维持不变。

微电网内逆变器接口的微电源较多，由于逆变器中开关元件的过流能力很差，为保护开关元件逆变器的控制和保护会在发生短路的瞬间对开关元件进行控制，抑制其短路电流，时间仅几十微秒，也即故障后的瞬间微电源电动势会产生变化。因此微电网故障附加网络中将不仅仅只有故障点一个电动势，只要在短路瞬间迅速限流的微电源在故障附加网络中都代表一个电动势。微电网故障附加网络的示意图如图6-25所示，F点发生了过渡电阻为R的故障，图中除了故障点的电动势，在其他分割区域也都将存在电动势。因此微电网中基于故障分量的保护原理将会面临问题。

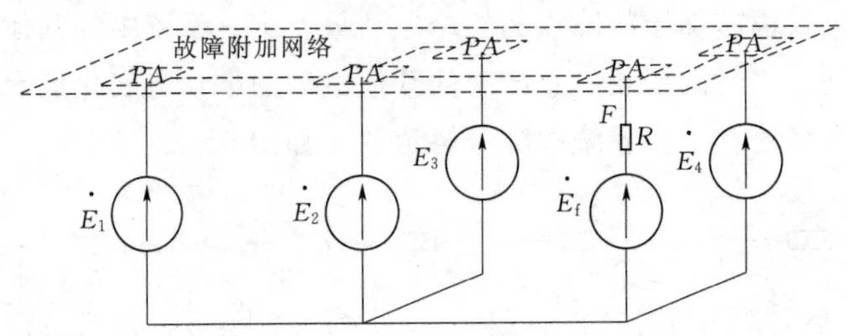

图6-25　微电网故障附加网络示意图

逆变器接口的微电源对短路电流的限制使得建立在故障电流绝对值上的保护方法失效，故障后微电源电压的变化又使得建立在故障分量上的保护方法失效，因此故障特征信息可考虑从稳态电流的变化量上获取。

比较分割区域综合电流在故障前后的变化，各区域的故障特征如下：

(1) 配送区域。故障前综合电流幅值为零。故障后：若是区域内故障，则综合电流方向为流入区域且幅值增大；若是区域外故障，则综合电流幅值仍为零。

(2) 微电源区域。故障前综合电流方向为流出区域。故障后，若是区域内故障，则综合电流为流入区域、流出区域或幅值为零，如方向为流出区域，则幅值减小，如方向为流入区域，则幅值可能增大或减小。若是区域外故障，则综合电流方向为流出区域且幅值增大。

(3) 混合区域。故障前综合电流方向为流入区域。故障后，若是区域内故障，则综合电流方向为流入区域且幅值增大，若是区域外故障，如综合电流方向为流入区域，则综合电流幅值减小，如综合电流方向为流出区域，则综合电流幅值可能增大或减小。故障前综合电流方向为流出区域，故障后，若是区域内故障，则综合电流为流入区域、流出区域或值为零，如方向为流出区域，则幅值减小，如方向为流入区域，则幅值可能增大或减小，若是区域外故障，则综合电流方向为流出区域且幅值增大。

(4) 负荷区域。故障前综合电流方向为流入区域。故障后，若是区域内故障，则综合电流方向为流入区域且幅值增大，若是区域外故障，则综合电流方向为流入区域且幅值减小或综合电流值为零。

(5) 配网区域。故障前综合电流方向为流入区域。故障后：若是区域内故障，则综合电流方向为流入区域且幅值增大；若是区域外故障，则综合电流方向为流出区域且幅值增大。故障前综合电流方向为流出区域，故障后：若是区域内故障，则综合电流方向为流入区域，其幅值可能增大或减小；若是区域外故障，则综合电流方向为流出区域且幅值增大。

综合上述分析，故障前后分割区域综合电流的变化见表 6-1。

表 6-1　　故障前后分割区域综合电流的变化

分割区域	综合电流		
	故障前	故障后	
		区内故障	区外故障
配送区域	0	入，↑	0
负荷区域	入	入，↑	入，↓/0
微电源区域	出	入，?/出，↓/0	出，↑
混合区域	入	入，↑	入，↓/出，?
	出	入，?/出，↓/0	出，↑
配网区域	入	入，↑	出，↑
	出	入，?	出，↑

注：“↑”表示综合电流幅值增大；“↓”表示综合电流幅值减小“?”表示综合电流幅值增大或减小。

表 6-1 已清晰地反映出分割区的故障特征。

1）区域内故障：①若故障前综合电流为流入区域或幅值为零，故障后综合电流为流入区域且幅值增大；②若故障前综合电流为流出区域，故障后综合电流可能为流入区域、流出区域且幅值减小或幅值为零。

2）区域外故障：①若故障前综合电流为流入区域，故障后综合电流可能为流入区域且幅值减小、流出区域或幅值为零；②若故障前综合电流为流出区域，故障后综合电流为流出区域且幅值增大，若故障前综合电流幅值为零，故障后综合电流幅值仍为零。

故障前后综合电流的幅值容易获取，但综合电流的方向却不易得到。如果能够将对综合电流方向的判断转移到对边电流方向的判断，则过程将简单许多。根据前述微电网的图模型理论可知微电网的简化图是简单图，且采取闭环网开环运行的方式，如果将开环点隐去，则微电网简化图变成树。因此对于微电网简化图中的任意一条边，微电网简化图都可以看作是由两部分组成，以任意边为对象的微电网分割如图 6-26 所示。以图 6-26中的边 B_{2-3} 为例，微电网简化图被划分为 Z_a 和 Z_b 两部分。

假设故障前边 B_{2-3} 的电流方向如图 6-26 中的参考方向所示从区域 Z_a 流向区域 Z_b 。区域 Z_a 内发生故障时，边 B_{2-3} 的电流可能会：从 Z_b 流向 Z_a ；电流仍保持原方向，电流幅值必然减小；电流幅值为零。这三种情形都可以理解为：故障后相对故障前，就像有附加电流流入了故障区域，抵消了故障前的边电流。区域 Z_b 内发生故障时，边 B_{2-3} 的电流必然保持原方向且幅值增大。这也可以理解为故障后有附加电流流入了故障区域，增强了故障前的边电流。

根据图 6-26 所示有向边与边电流方向的关联方法，边 B_{2-3} 的电流若从 Z_2 流向 Z_3 ，则电流方向为负，反之为正（正表示正方向，负表示反方向）。由上述分析可得：

（1）故障前边电流方向为负：故障后，边电流方向为负且幅值减小、边电流方向为正以及边电流幅值为零表示有向边的起点区域发生故障，边电流方向为负且幅值增大表示有向边的终点区域发生故障。

(2) 故障前边电流方向为正：故障后，边电流方向为正且幅值减小、边电流方向为负以及边电流幅值为零表示有向边的终点区域发生故障，边电流方向为正且幅值增大表示有向边的起点区域发生故障。

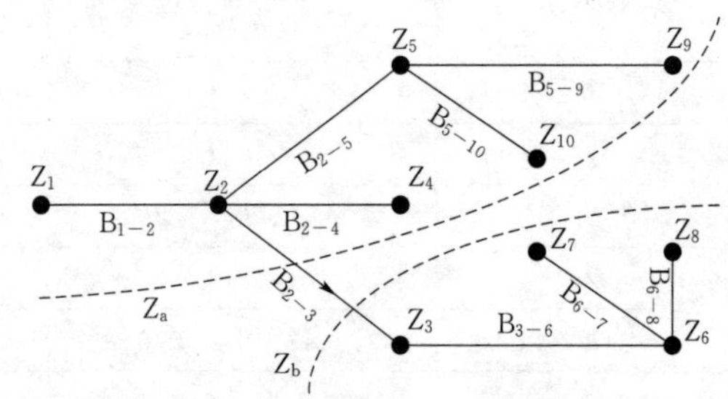

图 6-26 以任意边为对象的微电网分割

3. 边方向变化量保护算法

考虑一含有 n 个节点和 k 条边的微电网有向简化图 D，定义图 D 的边故障信息向量 $\boldsymbol{B}_{\mathrm{F}}$ 为

$$\boldsymbol{B}_{\mathrm{F}}=[b_{\mathrm{F}\cdot 1}\quad b_{\mathrm{F}\cdot 2}\quad \cdots\quad b_{\mathrm{F}\cdot i}\quad \cdots\quad b_{\mathrm{F}\cdot k}] \tag{6-40}$$

$\boldsymbol{B}_{\mathrm{F}}$ 的元素 $b_{\mathrm{F}\cdot i}$ 称为边 i 的故障信息值，定义如下

$$b_{\mathrm{F}\cdot i}=\begin{cases}1\text{，起点区域故障}\\-1\text{，终点区域故障}\\0\text{，边为断开状态}\end{cases} \tag{6-41}$$

定义图 D 的故障度向量 $\boldsymbol{X}_{\mathrm{F}}$ 为

$$\boldsymbol{X}_{\mathrm{F}}=[x_{\mathrm{F}\cdot 1}\quad x_{\mathrm{F}\cdot 2}\quad \cdots\quad x_{\mathrm{F}\cdot i}\quad \cdots\quad x_{\mathrm{F}\cdot n}]=(\boldsymbol{M}\boldsymbol{B}_{\mathrm{F}}^{\mathrm{T}})^{\mathrm{T}}=\boldsymbol{B}_{\mathrm{F}}\boldsymbol{M}^{\mathrm{T}} \tag{6-42}$$

式中 $x_{\mathrm{F}\cdot i}$ ——节点 i 的故障度。

显然，故障度可以直接反映出一个分割区域内是否发生了故障。如果图中所有的边都为闭合状态，则节点的故障度等于节点的度，表明该节点是故障节点，否则为非故障节点。考虑边状态可能为断开，分割区域内故障的判据为

$$x_{\mathrm{F}\cdot i}=x_i+(|\boldsymbol{M}|\cdot\boldsymbol{B}_{\mathrm{S}}^{\mathrm{T}})_i\quad x_i\neq-(|\boldsymbol{M}|\cdot\boldsymbol{B}_{\mathrm{S}}^{\mathrm{T}})_i \tag{6-43}$$

式中 $|\boldsymbol{M}|$ ——对弧结构矩阵 $\boldsymbol{M}$ 中的每个元素取绝对值。

当微电网因故障隔离而变为若干独立运行的区域时，此时微电网的保护应能适应这种变化，同时做到对这几个独立区域的保护。若一个独立区域内故障，那么其他几个非故障独立区域的边电流可认为没有变化，此时式 (6-41) 需修正如下

$$b_{\mathrm{F}\cdot i}=\begin{cases}1\text{，故障}\\-1\text{，终点区域故障}\\0\text{，边电流没有变化或边为断开状态}\end{cases} \tag{6-44}$$

定义节点 i 的故障标志 F_i 为

$$F_i = 0 + \prod_{j=1}^{k} (m_{ij} b_{F \cdot j}) \quad m_{ij} b_{F \cdot j} \neq 0 \tag{6-45}$$

则节点 i 内有无发生故障的判据为

$$F_i = \begin{cases} 1, \text{故障} \\ -1, \text{非故障} \\ 0, \text{非故障} \end{cases} \tag{6-46}$$

4. 边方向变化量的内涵

边方向变化量反映的是故障前后边电流在方向和幅值上的变化，而保护的要点就是获取这种变化。边电流的变化是由故障引起的，因此变化的边电流中隐藏着故障信息。若能将故障分量分离出来，则边电流的变化中隐含的故障规律即可获得。

应用叠加原理将故障后网络等效为故障前网络和故障附加网络的叠加，后者只含有故障分量。微电网故障附加网络是广义故障附加网络，多个电动势的存在使得网络中不仅有故障分量，也有负荷分量，不能完全分离出故障分量。假设微电网故障附加网络也会经历突变量故障附加网络这一阶段，下面探讨能否更为简单地获取边故障信息值。

突变量故障附加网络中只存在故障点一个电动势，因此边电流的故障分量即是边方向变化量。根据边电压和边电流的突变量相位差可计算出边电流故障分量的流向，因而也就可以判别出边的起点和终点区域中哪个为故障区域，即得到边故障信息值。该过程与判据式（6-44）相比要简单许多。

微电网故障附加网络中能否也根据边电压和边电流的变化量之间的相位差来计算边电流故障分量的流向？显然这是不行的，因为此时的边电压和边电流变化量中包含负荷分量，两者的相位差不能反映边电流故障分量的流向。

彻底分离出边电压和边电流的故障分量已不可行，但若能获取到故障对边电流的等效附加影响，也能够得知故障规律。判据式（6-44）正是从此点出发，定性分析了微电网中故障对边电流的影响。因此边方向变化量的本质就是故障对边电流的等效附加量，是边电流故障分量的定性描述。

（1）启动元件。线路保护中采用的启动元件多为对电流绝对值、电流突变量值等的越限判断，由于运行方式多变，微电网保护启动元件若仍采用电流越限判断将不再合适。选取阻抗启动元件对边方向变化量保护来说是一个更好的选择。

微电网正常运行时各条边对应的电压与电流幅值都在正常范围内波动，所计算出的阻抗也都处于正常范围内。当微电网内发生故障时，任意一条边的阻抗越限，保护立即启动。

（2）方向元件。边方向变化量保护在求取边故障信息值时需两次判别边电流的方向。由于无法提取故障分量，已不能采用基于故障分量的方向元件，因此功率方向元件成为唯一选择。

功率方向元件是通过比较电压和电流的相角差来确定功率流向（即电流方向）。以相电压和相电流的相位差为例，若相角差为锐角，表示电流为正方向流动，若相角差为钝角，表示电流为反方向流动。由于锐角的余弦是正值，钝角的余弦是负值，因此电流的流向与有功功率的流向相同。

边电流故障前的流向根据边电压和边电流的相位差容易求得。故障后的边电流流向也是同样求法，但存在着“死区”问题。以A相为例，边电流的方向通过比较A相的相电压和相电流的相位差而获得。当分割区域内邻近边位置处发生三相短路、AB或CA两相短路以及A相接地短路时，该条边的A相边电压值很小，会影响对边电流方向的判断，此即功率方向元件的“电压死区”问题。电力系统中解决“电压死区”的方法是采用非故障的相间电压为参考量以及采用电压记忆功能。微电网内故障后，电压的相位可能会发生变化，采用非故障的相间电压为参考量可以解决不对称短路的“死区”问题，而对称短路的“死区”问题已不能采用电压记忆功能来解决，因为电压记忆功能的前提是故障后电压的相位基本维持不变。

6.3.3 基于和电流方向的微电网单相接地故障保护

对于微电网，为了安全性，单相接地故障需立即隔离，边方向变化量保护针对的是过渡电阻小的短路故障，当面对单相高阻接地时，阻抗启动元件将不能启动。因此，微电网中的单相高阻接地故障的保护需另行考虑。

微电网的供电多采用三相四线制，相线对中性线以及相线对大地会发生单相接地故障，低压微电网中的单相接地故障如图6-27所示。相线对中性线的短路故障过渡电阻较小，保护由边方向变化量保护完成。相线对大地的接地故障过渡电阻可能会较大，边方向变化量保护将不能应对。单相高阻接地故障的特点是接地故障电流很小，因此零序电流值很小。考虑微电网正常运行中的三相不平衡也会带来较小的零序电流，因此故障和正常运行时的零序电流无法区分，普通的零序电流保护将无法应对。

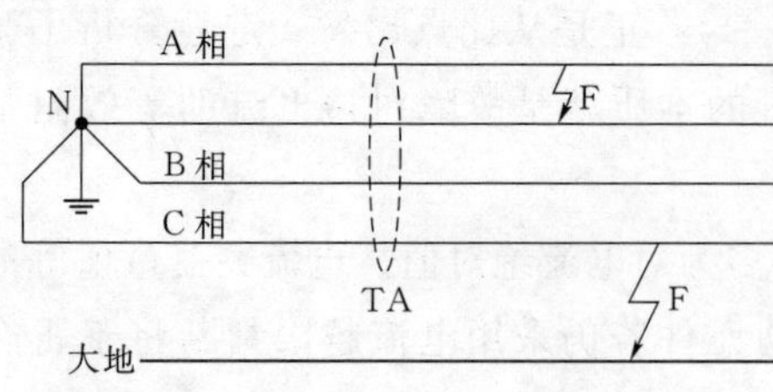

图6-27 低压微电网中的单相接地故障

三相四线制的配电方式在正常运行时中性线中会流过少量零序电流，但A相、B相、C相和中性线的电流和为零。当相线发生高阻接地故障时，一部分零序电流将注入大地中，此时相线和中性线的电流和将不为零。根据此特征可辨别出微电网中是否发生相线对大地的接地故障，包括单相接地和两相短路接地。因此微电网中的每条边需配置一个四线电流互感器，该电流互感器测量的是三条相线和一条中性线的和电流。当发生相线对大地的接地故障时，四线电流互感器的输出将不为零。

对微电网有向简化图D，记边 j 的和电流为 $b_{\mathrm{SI}\cdot j}$，与分割区域的综合电流定义相似，定义分割区域m的和电流 $i_{\mathrm{SS}\cdot\mathrm{m}}$ 为

$$i_{\mathrm{SS}\cdot\mathrm{m}} = \sum^{d(v_{\mathrm{m}})} b_{\mathrm{SI}\cdot j} \tag{6-47}$$

通过四线电流互感器已可以检测出有无发生接地故障，但故障区域的位置还不能确定。由于四线电流互感器输出的和电流是完全的故障分量，因此在故障附加网络中就只存在故障点一个电流源，故障区域的和电流幅值将是所有分割区域和电流幅值中最大的。

由上述分析可得：边的和电流不为零表明低压微电网内发生相线对大地的接地故障，此时故障分割区域的和电流幅值最大。

边的和电流方向可通过比较边的零序电压突变量和边的和电流相位差获得。考虑保护装置需计算所有分割区域的和电流幅值，且对采样同步精度要求很高，若和电流的方向已知，则保护过程可变得和边方向变化量保护相似。

对照图 6-26，故障前边 B_{2-3} 的和电流为零。区域 Z_a 内发生接地故障时，边 B_{2-3} 的和电流可能会从 Z_b 流向 Z_a，仍为零。区域 Z_b 内发生故障时，边 B_{2-3} 的电流可能会从 Z_a 流向 Z_b，仍为零。边 B_{2-3} 的和电流若从 Z_2 流向 Z_3，则和电流方向为负，反之为正。因此可以得到边的和电流方向为正，表示有向边的起点区域发生故障；边的和电流方向为负，表示有向边的终点区域发生故障；

上述方法称为和电流方向保护。

1. 和电流方向保护算法

考虑一含有 n 个节点和 k 条边的微电网有向简化图 D，定义图 D 的和电流信息向量 $\boldsymbol{B}_E$ 为

$$\boldsymbol{B}_E = [b_{E\cdot 1} \quad b_{E\cdot 2} \quad \cdots \quad b_{E\cdot i} \quad \cdots \quad b_{E\cdot k}] \tag{6-48}$$

$\boldsymbol{B}_E$ 的元素 $b_{E\cdot i}$ 称为边 i 的和电流信息值，定义为

$$b_{E\cdot i} = \begin{cases} 1, \text{和电流方向为正} \\ -1, \text{和电流方向为负} \\ 0, \text{和电流值为零} \end{cases} \tag{6-49}$$

定义节点 i 的接地故障标志 $F_{E\cdot i}$ 为

$$F_{E\cdot i} = 0 + \prod_{j=1}^{k} (m_{ij} b_E m_{jij}) b_{E\cdot i} \neq 0 \tag{6-50}$$

节点 i 内有无发生接地故障的判据为

$$F_{E\cdot i} = \begin{cases} 1, \text{故障} \\ -1, \text{非故障} \\ 0, \text{非故障} \end{cases} \tag{6-51}$$

式（6-51）的物理含义是：若一个分割区域内发生了接地故障，则其所有检测到和电流的关联边必然都表现为和电流流入区域，否则要么其中一条边的和电流为流出区域，要么都检测不到和电流。唯一的一个特例是微电网发生完全汇聚而接地故障发生在汇聚区域。

2. 启动元件和方向元件

和电流方向保护的启动特征很明显，理论上和电流幅值不为零即可启动，但考虑可

靠性，仍需设定一个门槛值以避开测量误差和干扰带来的不平衡电流。

和电流方向保护的方向元件采用零序变化量方向元件即可。

6.4　微电网的安全接地

6.4.1　交流微电网接地形式的选择

交流微电网接地形式的选择需要考虑：①低压配电网中的常用形式；②微电网用户的需求。不同的接地形式有不同的特点，用户需要根据自身的需求进行选择。

下面依次对这几种接地形式在微电网中的应用进行分析。

1. TN系统

TN系统为接零保护系统。电气设备的金属外壳与工作零线相接。在采用TN系统的地区，微电网宜采用TN接地形式，其要点总结如下：

(1) 微电网不宜采用TN-C系统。

我国以前效仿苏联广泛采用TN-C系统（采用PEN线，俗称“三相四线”），目前一些老建筑物中仍保留这一接地系统，多年运行经验证明这种接地系统存在不少不安全因素，主要如下：

1) TN-C系统的PEN线（保护接地线与中性线合用一根导体）中断的后果十分严重，三相回路中将因失去接地而易招致人身电击事故，也可因三相电压不平衡而烧坏单相用电设备。

2) 单相回路中则可使用电设备外露可导电部分带220V的接触电压，电击致死的危险尤其大；不能使用RCD（漏电保护装置），少了一道重要的安全屏障。

3) IEC 60364标准规定PEN不允许断开，不能使用四极开关，因此，检修时无法隔离PEN线，在某些场合下检修人员可能遭受由PEN传导过来的危险电压。

除条件适合并有电气专业人员管理的场所外，我国电气设计中已很少采用这种接地系统。因此，低压微电网不宜采用TN-C的接地形式。

(2) 当变电所位于建筑物之内时，建议微电网采用TN-S系统，并实施等电位联结。TN-S系统把中性线N和保护接地线PE严格分开，俗称“三相五线”。对电子信息设备的干扰小，比较安全，当微电网变电所和微电源位于建筑物内部时，宜使用TN-S系统。如果采用TN-C-S系统，部分PEN线电流将流经不期望的途径返回电源，称作杂散电流。该电流可能构成一个大的包围环，对其中的电子信息设备产生不利影响；也可能导致地下金属部分被腐蚀等不良后果；采用TN-S系统并保持中性线N的良好绝缘，即可避免上述问题。IEEE相关标准也有类似的防杂散电流的措施。

如果微电网的一部分位于其他建筑物之内，可建议在建筑物的外部将N线和PE线仍然分离，即在建筑外仍为TN-S系统；如有部分用电设备位于不便做等电位联结的建筑物之外，其外露可导电部分接到独立的接地极上，即采用局部TT系统。

(3) 当变电所位于建筑物之外时，建议微电网采用TN-C-S系统（前一部分是TN-C方式供电，而后一部分采用TN-S方式），并实施等电位联结。TN-C-S系统在进入建筑处，其PEN线分为PE线和N线，此后不再合并。建筑物实施等电位联结后，无论对于TN-C-S系统，还是对于TN-S系统，当电气设备发生接地故障时，人体接触电压都等于故障电流在故障设备外露可导电部分至总配电箱母排线阻抗上产生的电压降，因为在有等电位联结的情况下，人体的参考电位已是等电位联结系统而非大地，TN-C-S系统入户前PEN线上的压降不会影响人体的接触电压。此外，目前电子信息设备大量应用，其逻辑电压通常只有几伏，如果N线和PE线间的电压差过大，它将受到干扰。在TN-S系统中，此电压差从变压器起就开始产生；而在TN-C-S系统中，此电压差在建筑物电源进线处才开始产生。显然在相同条件下，后者的共模电压小于前者，这对电子信息设备是有益的。因此当配电所位于建筑物之外时，微电网宜采用TN-C-S系统。

如有部分用电设备位于不便做等电位联结的建筑物之外，其外露可导电部分可接到独立的接地极上，即采用局部TT系统。

2. TT系统

在采用TT系统（保护接地系统，电气设备的金属外壳直接接地）的地区，微电网宜采用TT接地形式，TT系统尤其适用于无等电位联接的户外场所，例如户外照明、户外演出场地、户外集贸市场等场所的电气装置；《农村低压电力技术规程》（DL/T 499—2001）规定农村低压电力网宜采用TT系统。

微电网需带单相负荷，微电源需配出中性线，但这存在谐波环流等一系列问题；此外，TT系统的中性线除在电源点接地外，其他地方不允许再接地，否则会引起电源出线处的RCD误动。如果微电源配出中性线并接地，就存在多个接地点，无法使用RCD总保护。

3. IT系统

IT系统（不接地系统，无中性线引出）供电可靠性较高，但也存在一些问题，如IT系统不宜配出N线，因为一旦配出N线，当N线由于绝缘损坏而接地时，绝缘监视器不易发现，导致故障潜伏，IT将变成TN系统或TT系统，失去了IT系统供电可靠性高的优点，所以它只能提供380V线电压，要获得220V电压必须使用变压器，增加成本。IT系统通常用于对供电可靠性要求高和某些电气危险大的特殊场合，如医院手术室、矿井等。这些场合的微电网中微电源都不配出中性线，中性点也不接地，微电源外露可导电部分接地。

6.4.2　直流微电网接地形式

根据最新修订的2005版IEC 60364-1标准，直流系统也可以分为TN（包括TN-S、TN-C，TN-C-S）系统，TT系统以及IT系统。直流系统的正负极可以有一极

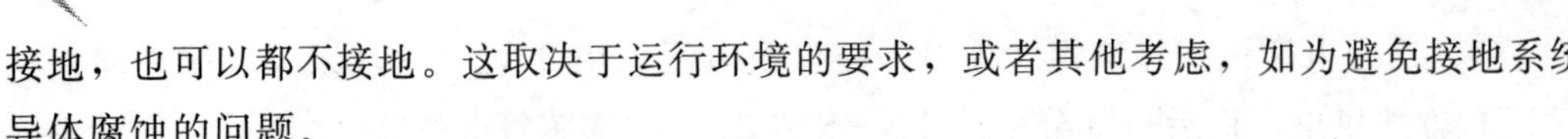

接地，也可以都不接地。这取决于运行环境的要求，或者其他考虑，如为避免接地系统导体腐蚀的问题。

1. TN－S 系统

直流 TN－S系统如图 6－28 所示，在整个系统中接地的导线（类型 a)、中点导线（类型 b）及保护线 PE 是分开的，设备外露可导电部分接到保护线 PE 上。

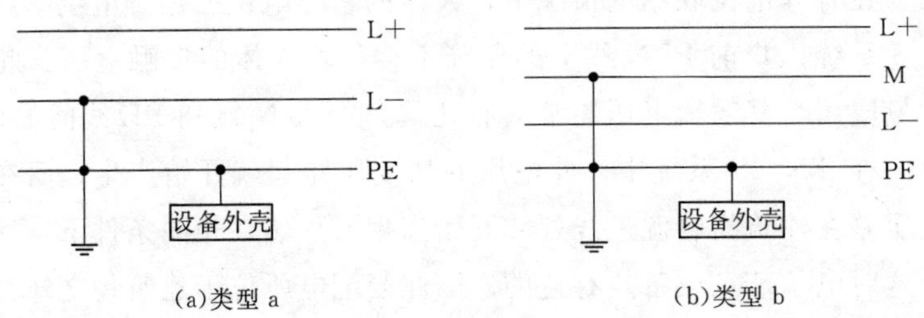

图 6－28　直流 TN－S系统

2. TN－C 系统

直流 TN－C 系统如图 6－29 所示，在整个系统中，类型 a 接地的导线和保护线是合一的，称为 PEL 线；类型 b 接地的中点导线和保护线是合一的，称为 PEM 线；设备外露可导电部分接至 PEL 或 PEM 线上。

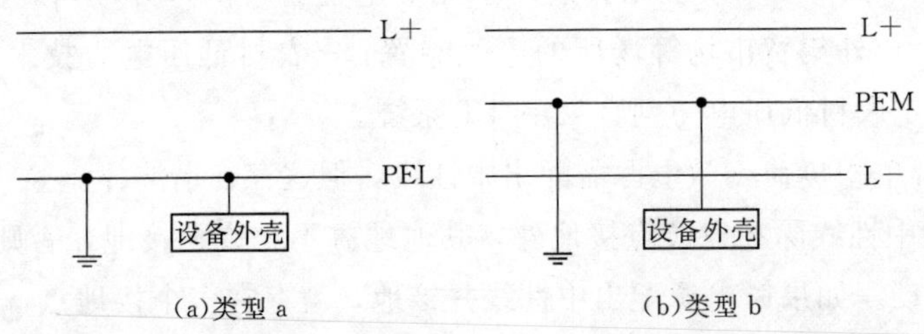

图 6－29　直流 TN－C 系统

3. TN－C－S 系统

直流 TN－C－S 系统如图 6－30 所示，接地的导线（类型 a）和中点导线（类型 b）及保护线有一部分是合一的，在某点分开后就不再合并；对于类型 a，设备外露可导电部分接至 PEL 或 PE 线上，对于类型 b，设备外露可导电部分接至 PEM 或 PE 线上。

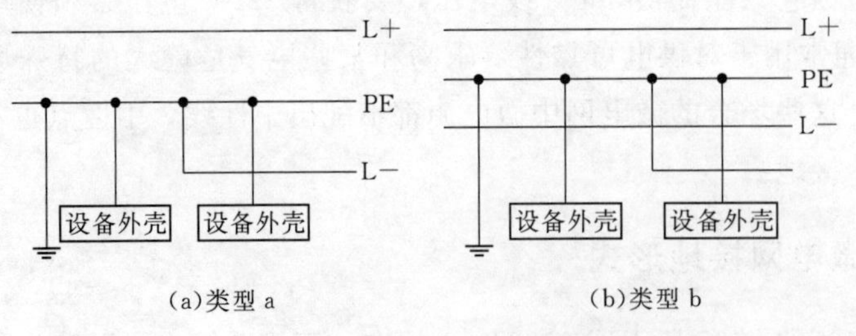

图 6－30　直流 TN－C－S系统

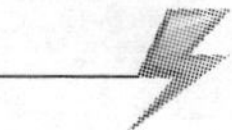

4. TT系统

直流T-T系统如图6-31所示，对于类型a，其中一极引出的导线接地，设备外露可导电部分接至单独的接地极上；对于类型b，中点引出线接地，设备外露可导电部分亦接至单独的接地极上。

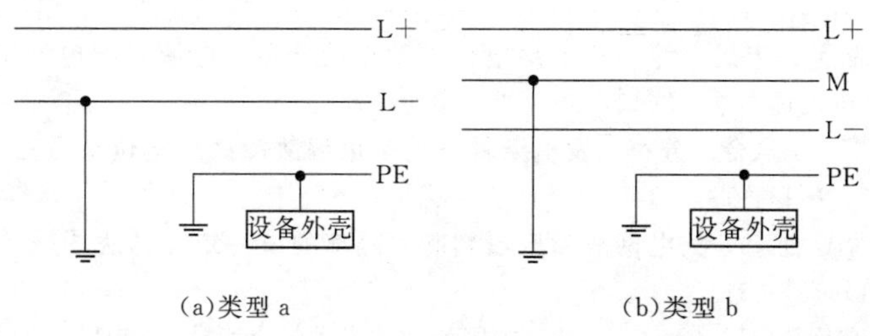

图6-31 直流T-T系统

5. IT系统

直流IT系统如图6-32所示，直流电源的正负极都悬空，或者其中的一极通过高阻抗接地，设备外露可导电部分接至单独接地极上。

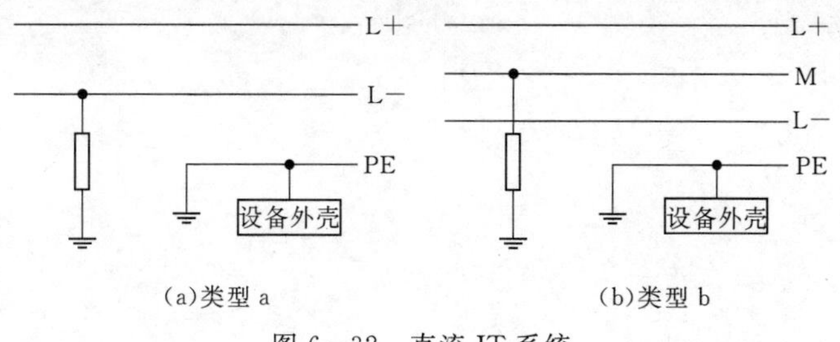

图6-32 直流IT系统

参 考 文 献

[1] [美] 马斯特斯. 高效可再生分布式发电系统 [M]. 王宾，董新洲，等，译. 北京：机械工业出版社，2010.

[2] 詹红霞. 电力系统继电保护原理及新技术应用 [M]. 北京：人民邮电出版社，2011.

[3] Wang Zhiqun，Zhu Shouzhen，Zhou Shuangxi. Impacts of distributed generation on distribution system voltage profile [J]. Automation of Electric Power Systems，2004，28 (16)：73-75.

[4] Chen Jie，Song Jijiang. Effects of Grid-Connected Photovoltaic System on Distribution Network Protection and Its Countermeasures [J]. Smart Grid，2011，3 (1)：102-105.

[5] 陈杰，宋吉江. 光伏发电并网对配电网保护的影响及对策 [J]. 智能电网，2011，3 (1)：132-135.

[6] Jeong JB，Kim HJ. Active anti—islanding method for PV system using reactive power control [J]. Electronics Letters，2006，42 (17)：26-29.

[7] Vinod J，Zhihong Y，Amol K. Investigation of anti-islanding protection of power convener based distributed generators using frequency domain analysis [J]. IEEE Trans on Power Electronics，2004，19 (5)：77-80.

[8] Karimi H, Yazdani A, Iravani R. Negative - sequence current injection for fast islanding detection of a distributed resource unit [J]. IEEE Trans on Power Electronics, 2008, 23 (1): 52 - 55.

[9] 赵上林，吴在军，胡敏强，等．关于分布式发电保护与微电网保护的思考 [J]．电力系统自动化，2010，34 (1)：73 - 77.

[10] 黄伟，雷金勇，夏翔，等．分布式电源对配电网相间短路保护的影响 [J]．电力系统自动化，2008，32 (1)：93 - 97.

[11] 王江海，邰能灵，宋凯，等．考虑继电保护动作的分布式电源在配电网中的准入容量研究 [J]．中国电机工程学报，2010，30 (22)：37 - 43.

[12] 林霞，陆于平，王联合．分布式发电条件下的多电源故障区域定位新方法 [J]．电工技术学报，2008，23 (11)：139 - 145.

[13] 刘健，倪建立，杜宇．配电网故障区段判断和隔离的统一矩阵算法 [J]．电力系统自动化，1999，23 (1)：31 - 34.

[14] 徐俊明．图论及其应用 [M]．合肥：中国科学技术大学出版社，2004.

第7章 微电网信息建模与通信技术

早期电力自动化系统中，为适应以串口为主导的相对低速的通信系统，信息基本以数据点表形式来表示。这种用点表来组织的数据缺乏自我描述功能，数据之间也没有逻辑关系，需要通信接收方将接收到的数据组织为应用信息。在设备种类多的自动化控制系统中，不同控制单元之间的数据存在各种翻译问题，信息交互相对困难，且对于整个控制系统的未来设备升级改造或扩展都不方便。高速以太网的出现，为大容量实时数据采用模型信息进行传输提供了条件，在规模较大的微电网中，涉及运行控制的设备（含系统）包括分布式发电装置、储能装置、测控保护装置、计算机监控系统等，各种设备的数量和种类众多，采用统一建模的信息通信技术，保证了不同设备之间的互操作性，同时为未来系统升级改造时能够很容易地实现不同厂家设备互换打下基础。

国际电工委员会制定的 IEC 61850 及 IEC 61970 标准分别是面向电力系统自动化领域的公共通信标准和针对能量管理系统应用程序接口的标准，这两种标准均采用面向对象思想对数据进行了统一的信息建模，并基于以太网通信技术进行传输。除以太网通信技术外，其他如现场总线、载波、无线等通信技术在不同的应用场合有各自的特点，在现有的微电网通信网络中根据情况均有所应用。

7.1 信息建模原理

7.1.1 概述

现代信息建模和通信的目的是传送信息，即把信息源产生的信息（语言、文字、数据、图像等）快速、准确地传到收信者。目前国内外对微电网的信息采集和通信尚缺乏统一的标准，在国内已建成的微电网示范工程中，绝大多数系统信息通信架构的设计仍难以满足微电网对实时性和开放性的要求。常用的一些以数据点表为特征的通信协议标准中，如 Modicon 公司（现属于施耐德电气公司）1979 年发布用于工业现场总线的 Modbus 协议，中国电力部 1992 年发布的循环式远动规约即部颁 CDT 协议以及 IEC 60870-5-101、IEC 60870-5-102、IEC 60870-5-103、IEC 60870-5-104 系列等通信标准，数据是通信双方预先按照固定的排列顺序传输信息，信息模型不具有或具有很弱的自我描述功能，并且信息之间没有逻辑关系，接收方需要自己定义接收到的数据含义，并进行数据值的量程转换等处理，数据品质位也缺乏统一，同时功能相同的不同厂家设备所上送的信息差异很大。

采用面向对象思想设计的通信接口标准［Object Linking and Embedding（OLE）for Process Control，OPC］，它的出现为基于 Windows 的应用程序和现场过程控制应用建立了桥梁。以前为了存取现场设备的数据信息，每一个应用软件开发商都需要编写专用的接口函数，由于现场设备种类繁多，且产品不断升级，往往给用户和软件开发商带来了巨大的工作负担。通常这样也不能满足工作的实际需要，系统集成商和开发商亟需一种具有高效性、可靠性、开放性、可互操作性的即插即用的设备驱动程序。在这种情况下，OPC 标准应运而生。OPC 标准以微软公司的 OLE 技术为基础，因此主要应用于基于 Windows 系统的控制软件，多用于各厂家的设备管理子系统之间的通信，在微电网中应用不多。

IEC 61850 和 IEC 61970 标准是 IEC 组织专门针对电力应用所制定的建模标准，不仅是采用了面向对象的设计思想，而且实现了对象功能的信息模型统一。在现有的标准体系中有三个标准体系适合微电网信息建模：适用于微电网内部的 IEC 61850 标准和 IEC 61400－25 标准，适用于微电网和大电网之间通信的 IEC 61970 标准。IEC 61400－25 标准采用 IEC 61850 标准的信息建模方法，主要对风电机组进行了信息建模。信息建模的目的主要是支持不同制造厂生产的智能电子设备具有互操作性（互操作性是指能够工作在同一个网络上或者通信通路上共享信息和命令的能力）。

7.1.1.1　IEC 61850 标准

从 1994 年开始，IEC TC57“变电站控制和继电保护接口”工作组提出制定变电站自动化系统通信标准，到 2005 年 10 个部分全部发布后形成了 IEC 61850 标准第一版，当时主要用于变电站通信，通过应用标准的信息模型在欧洲和我国进行了多次的互操作试验，能够达到预期目标。由于 IEC 61850 标准第一版的成功，IEC 迅速推进，将 IEC 61850 标准面向对象的信息建模思想推广到电力系统其他领域，从 2009 年陆续发布了 IEC 61850－7－410 和 IEC 61850－7－420 等标准。

IEC 61850 标准对应我国的电力行业标准是 DL/T 860，目前我国的大多数变电站均已采用 IEC 61850 标准。微电网的设备基本涵盖变电站的所有设备，因此 IEC 61850 标准也非常适用于微电网的信息通信。

IEC 61850 用于在变电站自动化相关设备及系统之间建立一致的通信服务和信息传输语义，达到互操作性，其信息模型属于传输信息模型。

1. 模型语义

IEC 61850 的模型是对功能和设备基于通信表示的一种抽象表述，其语义以功能分解为参考，代表了信息的传输语义。

2. 互操作性条件

IEC 61850 互操作性以变电站自动化相关设备之间的通信为条件，只是要求信息传输过程中具有确定的一致的语义，与应用功能无关。

3. 以通信服务为前提

IEC 61850 通信服务由抽象模型类中的面向对象方法构成，为了保证通信服务的一

致性，IEC 61850 采用了面向对象方法中的封装技术，要求一切信息模型均由抽象模型类派生而来。

4. 建模过程

IEC 61850 的信息建模过程是以通信服务为前提的信息封装过程，不存在复杂的模型分析和构造，使用基于 XML 的 SCL 语言进行描述，包括信息与通信服务的对应、信息的裁减和扩充。

5. 配套技术

通信服务往往受到网络底层协议的制约，限制了通信服务对技术发展的适应性，因此在 IEC 61850 中以 SCSM（特定通信服务映射）实现 ACSI（抽象通信服务）向底层协议栈的映射，既保证了通信服务的一致性和唯一性，也适应了通信协议栈的不同和变化。

IEC 61850 的信息建模以通信服务为中心，虽然信息语义参考了功能的分解，但目的是寻求可以取得一致的语义约定，信息模型所体现的是通信角度的信息表示，并非信息之间的物理逻辑，它是一种传输信息的模型。

7.1.1.2 IEC 61970 标准

IEC 61970 是由 IEC TC57 WG13 负责制定的用于定义 EMS 应用程序接口（Application Programming Interface，API）的系列标准，又称为 EMSAPI 标准，对应我国的电力行业标准 DL/T 890。IEC 61970 适用于微电网的能量管理系统和其他电力网的能量管理系统进行信息交互。

IEC 61970 用于提供统一的应用程序接口和信息应用语义，以促进不同厂商独立开发的各种应用程序的集成，支持互操作性和即插即用，其信息模型 CIM 属于应用信息模型：

1. 模型语义

IEC 61970 中的 CIM 是一个抽象模型，它表示了 EMS 信息模型中典型包含的电力企业的所有主要对象的表述，明确表示 CIM 用于 EMS 环境，CIM 的信息语义用于 EMS 程序。

2. 互操作性条件

IEC 61970 互操作性以 API 为条件，构建 API 的组件接口规范（Component Interface Specification，CIS)，以典型应用程序进行分组，与 EMS 应用直接相关。

3. 以反映模型关系为前提

IEC 61970 的 CIM 以能够反映信息模型的关系，例如关联、聚合、合成聚合、共享聚合等为前提，在信息建模中采用面向对象的分析和构造技术，与面向对象的类服务并没有直接的联系。

4. 建模方法

IEC 61970 建模过程事实上是对 EMS 应用环境的面向对象的分析过程和模型关系

的构造过程，较为复杂，因此采用了功能强大的建模语言 UML，重点在于模型的构造。

5. 配套技术

应用程序接口往往受到操作系统、网络环境的限制，所以 IEC 61970 采用 CIS，将 API 建立在 CORBA、DCOM 等组件平台的基础上，使 API 不依赖于特定的操作系统和网络环境。

IEC 61970 的 CIM 是针对 EMS 应用的，以建立信息对象之间的关系为中心，建模过程为对 EMS 应用环境的面向对象分析和构造，信息模型是一种应用信息模型，它代表了信息之间的物理逻辑。

7.1.2　面向对象的建模原理

面向对象的信息建模是目前信息通信技术发展的趋势，面向对象方法学认为：客观世界是由各种“对象”所组成的，每一个对象都有自己的运动规律和内部状态，每一个对象都属于某个对象“类”，复杂的对象可以是由相对比较简单的各种对象以某种方式组成的。通过类比发现对象间的相似性，即对象间的共同属性，这就是构成对象类的根据。对于已分成类的各个对象，可以通过定义一组“方法”来说明该对象的功能。面向对象技术是基于对象概念的，现实世界是由各式各样独立的、异步的、并发的实体对象组成，每个对象都有各自的内部状态和运动规律，不同对象之间或某类对象之间的相互联系和作用，就构成了各种不同的系统。

对象的属性是指描述对象的数据，可以是系统或用户定义的数据类型，也可以是一个抽象的数据类型，对象属性值的集合称为对象的状态。对象的行为是定义在对象属性上的一组操作方法的集合。方法是响应消息而完成的算法，表示对象内部实现的细节，对象的方法集合体现了对象的行为能力。对象的属性和行为是对象定义的组成要素。

类是对象的抽象及描述，是具有共同属性和操作的多个对象相似特性的统一描述体。在类的描述中，每个类要有一个名字，要表示一组对象的共同特征，还必须给出一个生成对象实例的具体方法。类中的每个对象都是该类的对象实例，即系统运行时通过类定义属性初始化可以生成该类的对象实例。实例对象是描述数据结构，每个对象都保存其自己的内部状态，一个类的各个实例对象都能理解该所属类发来的消息。类提供了完整的解决特定问题的能力，因为类描述了数据结构（对象属性）、算法（方法）和外部接口（消息协议）。

类由方法和数据组成，它是关于对象性质的描述，包括外部特性和内部实现两个方面。类通过描述消息模式及其相应的处理能力来定义对象的外部特性，通过描述内部状态的表现形式及固有处理能力的实现来定义对象的内部实现。一个类实际上定义的是一种对象类型，它描述了属于该类型所有对象的性质。

一个类可以生成多个不同的对象，同一个类的对象具有相同的性质，一个对象的内部状态只能由其自身来修改，因此，同一个类的对象虽然在内部状态的表现形式上相同，但可有不同的内部状态。从理论上讲，类是一个抽象数据类型的实现，一个类的上层可以有超类，下层可以有子类，形成一种类层次结构，这种层次结构的一个重要特点是继承性，一个类继承其超类的全部描述，这种继承具有传递性，所以，一个类实际上继承了层次结构中在其上面所有类的全部描述，因此，属于某个类的对象除具有该类所描述的特性外，还具有层次结构中该类上面所有类描述的全部特性。抽象类是一种不能建立实例的类，抽象类将有关的类组织在一起，提供一个公共的根，其他的子类从这个根派生出来。抽象类刻画了公共行为的特性并将这些特征传给它的子类，通常一个抽象类只描述与这个类有关的操作接口，或是这些操作的部分实现，完整的实现被留给一个或几个子类。抽象类已为一个特定的选择器集合定义了方法，并且有些方法服从某种语义。所以，抽象类的用途是用来定义一些协议或概念。综上所述，类是一组对象的抽象，它将该种对象所具有的共同特征集中起来，由该种对象所共享。

消息是面向对象系统中实现对象间通信和请求任务的操作，一个对象所能接受的消息及其所带的参数，构成该对象的外部接口。对象接受它能识别的消息，并按照自己的方式来解释和执行。一个对象可以同时向多个对象发送消息，也可以接受多个对象发来的消息。消息只反映发送者的请求，由于消息的识别、解释取决于接受者，因而同样的消息在不同对象中可解释成不同的行为。对象间传送的消息一般由三部分组成，即接受对象名、调用操作名和必要的参数。消息协议是一个对象对外提供服务的规定格式说明，外界对象能够并且只能向该对象发送协议中所提供的消息，请求该对象服务。在具体实现上，将消息分为公有消息和私有消息，而协议则是一个对象所能接受的所有公有消息的集合。

把所有对象分成各种对象类，每个对象类都定义一组所谓的“方法”，它们实际上可视为允许作用于各对象上的各种操作。

封装是一种信息隐蔽技术，用户只能见到对象封装界面上的信息，对象内部对用户是隐蔽的。封装的目的在于将对象的使用者和对象的设计者分开，使用者不必知道行为实现的细节，只需用设计者提供的消息来访问该对象。封装性是面向对象具有的一个基本特性，其目的是有效地实现信息隐藏原则。封装是一种机制，它将某些代码和数据链接起来，形成一个自包含的黑盒子（即产生一个对象）。一般地讲，封装的定义如下：

（1）一个清晰的边界，所有对象内部软件的范围被限定在这个边界内，封装的基本单位是对象。

（2）一个接口，这个接口描述该对象与其他对象之间的相互作用。

（3）受保护的内部实现，提供对象的相应软件功能细节，且实现细节不能在定义的该对象类之外。

面向对象概念的重要意义在于，它提供了令人较为满意的软件构造封装和组织方

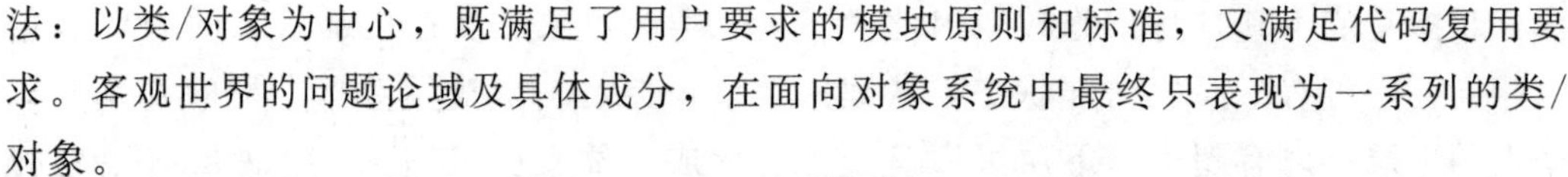

法：以类/对象为中心，既满足了用户要求的模块原则和标准，又满足代码复用要求。客观世界的问题论域及具体成分，在面向对象系统中最终只表现为一系列的类/对象。

对象的组成成员中含有私有部分、保护部分和公有部分，公有部分为私有部分提供了一个可以控制的接口。也就是说，在强调对象的封装性时，也必须允许对象有不同程序的可见性。可见性是指对象的属性和服务允许对象外部存取和引用的程度。面向对象的程序设计技术鼓励人们把问题论域分解成几个相互关联的子问题，每个子类都是一个自包含对象。一个子类可以继承父类的属性和方法，还可以拥有自己的属性和方法，子类也能将其特性传递给自己的下一级子类，这种对象的封装、分类层次和继承概念，与人们在对真实世界认识的抽象思维中运用的聚合和概括相一致。将对象的定义和对象的实现分开是面向对象系统的一大特色。封装本身即模块性，把定义模块和实现模块分开，就使得用面向对象技术所开发设计的软件维护性、修改性较为改善。

继承性体现了现实中对象之间的独特关系。既然类是对具体对象的抽象，那么就可以有不同级别的抽象，就会形成类的层次关系。若用结点表示类对象，用连接两结点的无向边表示其概括关系，就可用树形图表示类对象的层次关系。继承关系可分为：一代或多代继承、单继承和多继承。子类仅对单个直接父类的继承叫作单继承。子类对多于一个的直接父类的继承叫多继承。就继承风格而言，还有全部继承和部分继承等，继承性是自动的共享类、子类和对象中的方法和数据的机制。每个对象都是某个类的实例，一个系统中类对象是各自封闭的。如果没有继承机制，则类对象中数据和方法就可能出现大量的重复。

多态性本是指一种具的多种形态的事物，这里是指同一消息为不同的对象所接受时，可导致不同的行为。多态性支持“同一接口，多种方法”，使重要算法只写一次而在低层可多次复用。多态即一个名字可具有多种语义，在面向对象的语言中，多态引用表示可引用多个类的实例。由于多态具有可表示对象的多个类的能力，因而，它既与动态类型有关又与静态类型有关。

IEC 61850 与 IEC 61970 标准对系统信息建模采用了面向对象的设计思想，将整个系统根据功能划分为一个个小的通信对象，每个对象的信息模型采用统一的描述方法，每个智能设备或软件模块由若干个功能对象组成。虽然不同厂家的设备或软件模块表现的外特性差别较大，内部实现系统的基本功能则有其统一性的一面。因此通过功能划分，将信息模型进行统一后，不同设备之间操作变得通用，在实现互操作的基础上也就实现了设备互换性。在微电网应用上，采用了统一建模的智能设备和系统互联互通变得相当简单，信息含义无需特别设定，设备更新换代对整个系统的影响也缩小到最小范围，系统运行维护也大大提高了效率。遗憾的是 IEC 61850 和 IEC 61970 标准制定时是两个工作组并行工作，在对同类电力设备的信息模型制定中并没有采用一致的描述方法，这给标准在实际应用中带来一些不便。

7.2 监控系统信息建模

微电网中涉及的变电设备、线路等设备，其监控系统的信息模型与IEC 61850对变电站定义的信息模型没有差异，在对发电单元运行控制方面，大型风机相关信息模型在IEC 61400－25中定义，其他的分布式能源信息模型都在IEC 61850－7－420中定义。

7.2.1 IEC 61850信息建模方法

7.2.1.1 信息建模概览

IEC 61850标准的数据信息模型对在不同设备和系统间交换的数据提供标准的名称和结构，用于开发IEC 61850信息模型的对象层次结构如图7－1所示。

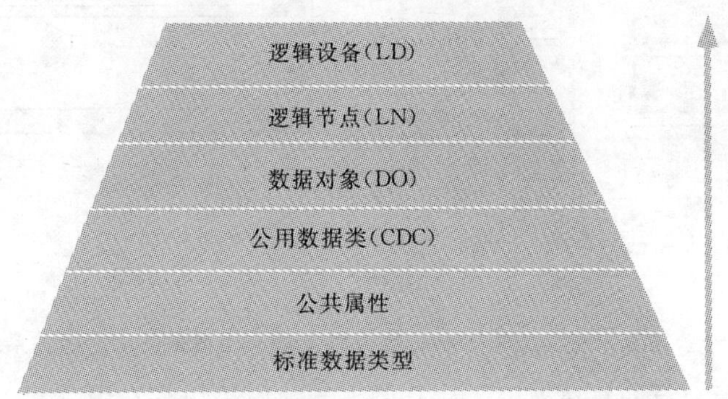

图7－1 信息模型的对象层次结构

按照从底向上的过程描述如下：

(1) 标准数据类型：布尔量、整数、浮点数等通用的数值类型。

(2) 公共属性：可以应用于许多不同对象的已经定义好的公共属性，例如品质属性。

(3) 公用数据类（Common Data Class，CDC）：建立在标准数据类型和已定义公共属性基础之上的，一组预定义集合，例如单点状态信息（Single Point Status，SPS）、测量值（Measure Value，MV）以及可控的双点（Double Point Control，DPC）。

(4) 数据对象（Data Object，DO）：与一个或多个逻辑节点相关的预先定义好的对象名称。它们的类型或格式由某个公用数据类（CDC）定义，它们仅仅排列在逻辑节点中。

(5) 逻辑节点（Logic Node，LN）：预先定义好的一组数据对象的集合，可以服务于特定功能，能够用作建造完整设备的基本构件。逻辑节点的例子如下：测量单元MMXU提供三相系统所有的电气测量（电压、电流、有功、无功和功率因数等）。

(6) 逻辑设备（Logic Device，LD）：设备模型由相应的逻辑节点组成，为特定设备提供所需的信息。例如，电力断路器可以由 XCBR（开关短路跳闸）、XSWI（控制和监督断路器和隔离设备）、CPOW（断路器定点分合）、CSWI（开关控制器）和 SIMG（断路器绝缘介质监视）等逻辑节点组成。

控制器或服务器包含用于管理相关设备的 IEC 61850 逻辑设备模型，这些逻辑设备模型由一个或多个物理设备模型以及设备所需的所有逻辑节点组成。

逻辑设备、逻辑节点、数据对象、公用数据类之间的关系示例如图 7－2 所示。

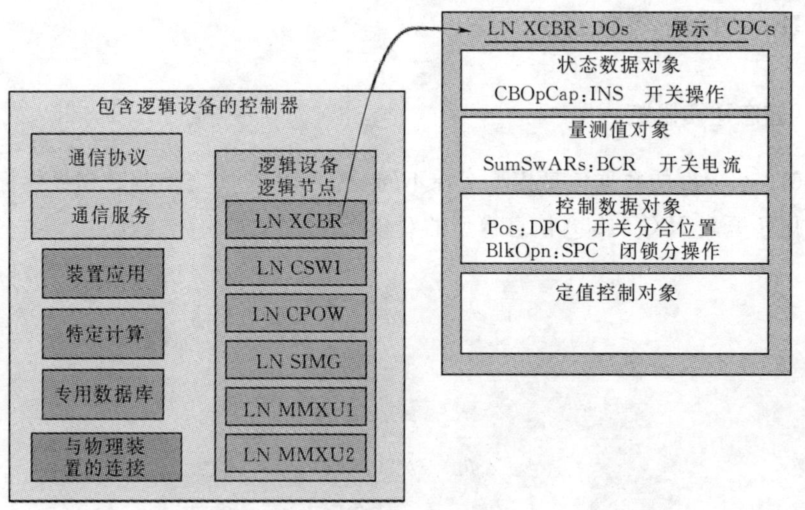

图 7－2　逻辑设备、逻辑节点、数据对象、公用数据类之间的关系示例

对于每个逻辑节点的具体实现，所有的强制项应该包含在内（在 M/O/C 这一列中用 M 表示）。为了清晰起见，以典型的逻辑设备为单位编排这些逻辑节点的描述，这些逻辑节点可以是该逻辑设备的一部分，也可以根据需要使用或不使用。

逻辑节点表说明见表 7－1。

表 7－1　逻辑节点表说明

列表头	描述
数据对象名	数据对象的名称
公用数据类	定义数据对象结构的公用数据类，参见 IEC 61850－7－3。关于服务跟随逻辑节点的公用数据类，参见 IEC 61850－7－2
解释	关于数据对象及其如何使用的简短解释
T	瞬变数据对象：带有该标志的数据对象状态是瞬变的，必须加以记录或报告以便为它们的瞬变状态提供证据，有些 T 仅仅在建模层面有效
M/O/C	这一列定义在一个特定的逻辑节点实例中，数据对象是强制的（M）、可选的（O）还是有条件选择（C）的

系统逻辑节点是系统特定的信息，包括系统逻辑节点数据（例如逻辑节点的行为、铭牌信息、操作计数器）以及与物理设备相关的信息（逻辑节点是 LPHD），该物理设

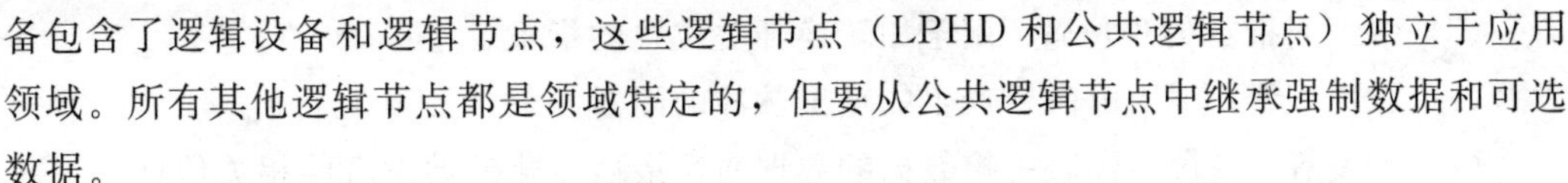

备包含了逻辑设备和逻辑节点，这些逻辑节点（LPHD 和公共逻辑节点）独立于应用领域。所有其他逻辑节点都是领域特定的，但要从公共逻辑节点中继承强制数据和可选数据。

逻辑节点类中的数据对象还按照以下的类别进行了分组。

(1) 不分类别的数据对象（公共信息）。不分类别的数据对象（公共信息）是与逻辑节点类描述的特定功能无关的信息，强制数据对象（M）对所有的逻辑节点都是通用的，应该在所有特定功能的逻辑节点中使用，可选数据对象（O）可以在所有特定功能的逻辑节点中使用，特定的逻辑节点类应该表明在公共逻辑节点类中的可选数据对象在该逻辑节点类中是否是强制的。

(2) 量测值。量测值是直接测量得到的或通过计算得到的模拟量数据对象，包括电流、电压、功率等。这些信息是由当地生成的，不能由远方修改，除非启用取代功能。

(3) 控制。控制是由指令改变的数据对象，例如开关状态（合/分），分接头位置或可复位计数器。通常它们是由远方改变的，在运行期间改变，其频繁程度要远远大于定值设置。

(4) 计量值。计量值是在一定时间内测得的以数量（例如电能量）表示的模拟量数据对象。这些信息是由当地生成的，不能由远方修改，除非启用取代功能。

(5) 状态信息。状态信息是一种数据对象，它表示运行过程的状态，或者表示配置在逻辑节点类中功能的状态。这些信息是由当地生成的，不能由远方修改，除非启用取代功能，这些数据对象中的大部分是强制性的。

(6) 定值。定值是操作功能所需的数据对象。由于许多定值与功能的实现有关，所以只对获得了普遍认可的小部分进行了标准化，它们可以由远方改变，但正常情况下不会很频繁。

7.2.1.2 信息建模类型

信息建模类型主要包含基本数据类型、公共数据类型和逻辑节点。

基本数据类型主要有布尔（BOOLEA）、8 位整数（INT8）、16 位整数（INT16）、32 位整数（INT32）、128 位整数（INT128）、8 位无符号整数（INT8U）、16 位无符号整数（INT16U）、32 位无符号整数（INT32U）、32 位浮点数（FLOAT32）、64 位浮点数（FLOAT64）、枚举（ENUMBEATED）、编码枚举（CODED ENUM）、八位位组串（OCTET STRING）、可视字符串（VISIBLE STRING）和统一编码串（UNICODE STRING）。

公共数据属性类型被定义用于公共数据类，主要如下：

(1) 品质：包含关于服务器信息质量的信息。

(2) 模拟值：代表基本数据类型整型或浮点型。

(3) 模拟值配置：用于代表模拟值的整型数值的配置。

(4) 范围配置：用于定义测量值范围的界限的配置。

(5) 带瞬间指示的步位置：用于如转换开关位置的指示。

(6) 脉冲配置：用于由命令产生的输出脉冲的配置。

(7) 始发者：包含与代表可控数据的数据属性最后变化的始发者的相关信息。

(8) 单位。

(9) 向量。

(10) 点。

(11) 控制模式。

(12) 操作前选择。

公共数据类针对下列情况对公共数据进行分类：

(1) 状态信息的公共数据类。

(2) 测量信息的公共数据类。

(3) 可控状态信息的公共数据类。

(4) 可控模拟信息的公共数据类。

(5) 状态设置的公共数据类。

(6) 模拟设置的公共数据类。

(7) 描述信息的公共数据类。

逻辑节点组表见表 7-2，逻辑节点名应以代表该逻辑节点所属逻辑节点组的组名字符为其节点名的第一个字符，对分相建模（如开关、互感器），应每相创建一个实例。

表 7-2　　逻 辑 节 点 组 表

逻辑节点组指示符	节点标识
A	自动控制
C	监控
G	通用功能引用
I	接口和存档
L	系统逻辑节点
M	计量和测量
P	保护功能
R	保护功能
S	传感器，监视
T	仪用互感器
X	开关设备
Y	电力变压器和相关功能
Z	其他（电力系统）设备

逻辑节点类由四个字母表示，第一个字母是所属的逻辑节点组，后三个字母是功能的英文简称。

通信信息模型在无法满足需求时的扩展原则如下：

1. 逻辑节点和数据的使用及扩展

(1) 逻辑节点(LN)。

1) 如果现有逻辑节点类适合待建模的功能,应使用该逻辑节点的一个实例及其全部指定数据。

2) 如果这个功能具有相同的基本数据,但存在许多变化(如接地、单相、区间A、区间B等),应使用该逻辑节点的不同实例。

3) 如果现有逻辑节点类不适合待建模的功能,应根据专用逻辑节点类规定,创建新的逻辑节点类。

(2) 数据。

1) 如果除指定数据外,现有可选数据满足待建模功能的需要,应使用这些可选数据。

2) 如果相同的数据(指定或可选)需要在逻辑节点中多次定义,对新增数据加以编号扩展。

3) 如果在逻辑节点中,分配的功能没有包含所需要的数据,第一选择应使用数据列表中的数据。

4) 如果数据列表中没有一个数据覆盖功能开放要求,应依据新数据规定,创建新的数据。

2. 使用编号数据规定

逻辑节点中标准化的数据名提供数据唯一标识。若相同数据(即具有相同语义的数据)需要定义多次,则应使用编号扩展增添数据。

(1) 新数据命名规则。当标准逻辑节点中数据无法满足需要时,可按规则创建“新的”数据。

1) 为构成新数据名,应使用规定的缩写。

2) 指定一个IEC 61850-7-3中定义的公用数据类。如果无标准的公用数据类满足新数据的需要,可扩展或使用新的数据类。

3) 任何数据名应仅分配指定一个公用数据类(CDC)。

4) 新逻辑节点类应依据IEC 61850-7-1中的概念和规定以及IEC 61850-7-3中给出的属性,采用“名称空间属性”加以标志。

(2) 新公用数据类(CDC)命名规定。对新数据名,当没有合适的公用数据类(CDC)时,可扩展公用数据类或创建新的公用数据类。IEC 61850-7-3给出了创建新公用数据类的规定。依据IEC 61850-7-1中的概念和规定以及IEC 61850-7-3中给出的属性,新的公用数据类应由“名称空间属性”加以标志。

7.2.1.3 信息建模方法

IEC 61850通用方法是将应用功能分解为用于通信的最小实体,将这些实体合理地分配到智能电子设备（Intelligent Electronic Device，IED），实体被称为逻辑节点。在 IEC 61850 - 5 中从应用观点出发定义了逻辑节点的要求，基于它们的功能，这些逻辑节点包含带专用数据属性的数据，按照定义好的规则和 IEC 61850 - 5 提出的性能要求，由专用服务交换数据和数据属性所代表的信息。

功能分解和组合过程如图 7 - 3 所示，为支持大多数公共应用定义了在逻辑节点中所包含的数据类。

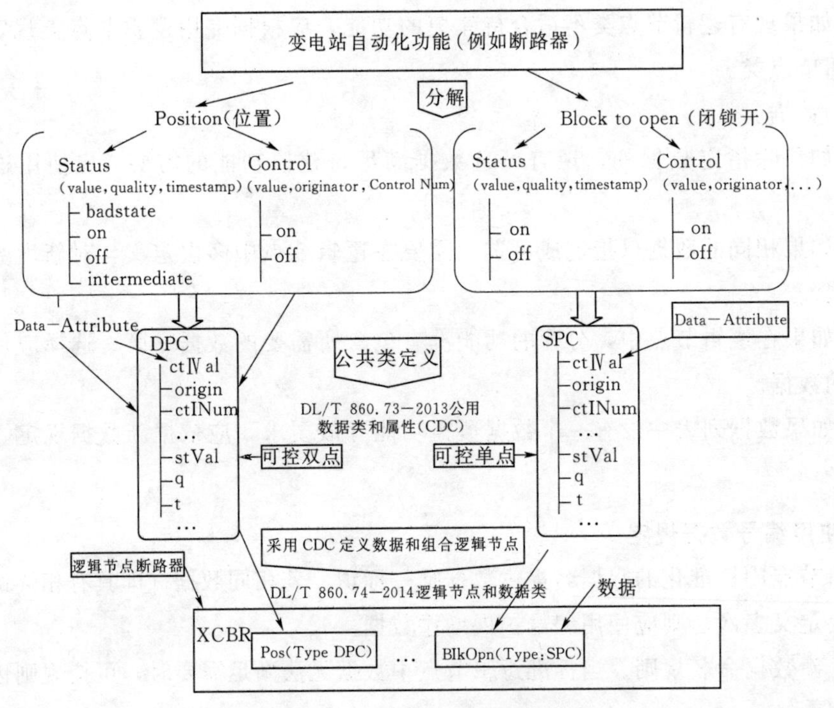

图 7 - 3　功能分解和组合过程

选择功能的最小部分（断路器模型的摘录）为例解释分解过程，在断路器的许多属性中，断路器有可被控制和监视的位置属性和防止打开的能力（例如互锁时，闭锁开）。位置包含一些信息，它代表位置的状态，具有状态值（合、开、中间、坏状态）、值的品质、位置最近改变的时标。另外，位置提供控制操作的能力：控制值（合、开），保持控制操作的记录，始发者保存最近发出控制命令实体的信息，控制序号为最近控制命令顺序号。

在位置（状态、控制等）下组成的信息代表一个可多次重复使用的非常通用的四个状态值公共组，类似的还有“闭锁开”的两状态值的组信息，这些组称为 CDC。

四状态可重复使用的类定义为 DPC，两状态可重复使用的类定义为 SPC。IEC 61850 - 7 - 3 为状态、测量值、可控状态、可控模拟量、状态设置、模拟量设置等定义了约 30 种公用数据类。

实例化是建模的重要过程，通过在逻辑节点类增加前缀和后缀形成逻辑节点实例。

数据属性有标准化名和标准化类型，树形 XCBR1 信息如图 7-4 所示，在图 7-4 的右侧是相应的引用（对象引用），这些引用用于标识树形信息的路径信息，图中介绍了“开关位置”（名=Pos）的内容。

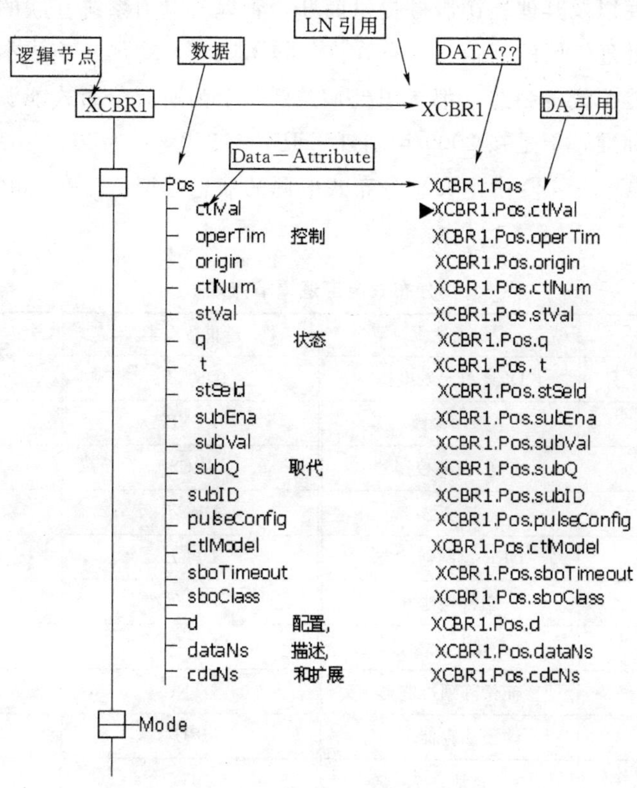

图 7-4　树形 XCBR1 信息

实例 XCBR1（XCBR 的第 1 个实例）是逻辑节点各级的根，对象引用 XCBR1 引用整个树。XCBR1 包含数据例如 Pos 和 Mode，在 IEC 61850-7-4 中精确定义数据位置（Pos）。Pos 的内容约有 20 个数据属性，DPC 属性取自公用数据类（双点控制），DPC 中定义的数据属性部分为强制性，其他为可选。只有在特定应用中数据对象要求这些数据属性时，才继承那些数据属性。如果位置不要求支持取代，那么在 Pos 数据对象中不要求数据属性 subEna、subVal、subQ 和 subID。

访问数据属性的信息交换服务利用分层树，用 XCBR1. Pos. ctlVal 定义可控数据属性，控制服务正好在这个断路器的可控数据属性上操作。状态信息可以作为名为“AlarmXCBR”的数据集的一个成员（XCBR1. Pos. stVal）引用，数据集由名为“Alarm”的报告控制块引用。可以配置报告控制块，每次断路器状态改变时（由开变成合或合变成开）向特定计算机发送报告。

7.2.2　IEC 61850-7-420 信息模型

在世界范围内，接入电力系统的分布式能源（Distributed Energy Resources,

DER）系统正在不断增加。随着分布式能源技术的发展，其对微电网的影响越来越大。

分布式能源设备的制造厂家正面临着这样一个老问题：为他们的用户提供什么样的通信标准和协议。以前分布式能源设备制造厂开发他们自己专有的通信技术，然而，当电力企业、集成商以及其他能源服务提供商开始管理与电力系统互联的分布式能源设备时，他们会发现处理不同的通信技术存在许多技术困难，增加实施成本和维护成本。电力企业和分布式能源设备制造厂都认识到，需要一个为所有分布式能源设备规定通信和控制接口的国际标准，于是在 2009 年制订了 IEC 61850-7-420。

在 IEC 61850-7-420 中定义了分布式电源的信息模型，分布式电源逻辑节点表见表 7-3。

表 7-3　分布式电源逻辑节点表

逻辑节点类	描述	逻辑节点类	描述
DGEN	DER 单元发电机	DRAT	DER 发电机参数
DREX	励磁参数	DEXC	励磁名称
DSFC	速度/频率控制器	ZRCT	整流器
ZINV	逆变器	DRCT	DER 控制器特性
DRCS	DER 控制器状态	DFCL	燃料电池控制器
DSTK	燃料电池堆	DFPM	燃料处理模块
DPVM	光伏模块参数	DPVA	光伏阵列特性
DPVC	光伏阵列控制器	DTRC	跟踪控制器
DCTS	热存储	MFUL	燃料特性
ZBAT	电池系统	ZBTC	电池充电器
STMP	温度测量	MPRS	压力测量
MHET	热测量值	MMET	气象信息

其中逆变器 ZINV 信息见表 7-4。

表 7-4　逆变器 ZINV 信息

ZINV 类			
数据对象名	公用数据类	解释	M/O/C
数据			
状态信息			
WRtg	ASG	最大功率额定值	M
VarRtg	ASG	最大无功额定值	O
SwTyp	ENG	开关类型	O
CoolTyp	ENG	冷却方法类型	O
PQVLim	CSG	P-V-Q 约束曲线集	O
GridModSt	ENS	电流连接模式	O

续表

数据对象名	公用数据类	解释	M/O/C
Stdby	SPS	逆变器备用状态——True：备用	O
CurLev	SPS	用于操作的直流电电流状态——True：有充足的电流	O
CmutTyp	ENG	换相类型	O
IsoTyp	ENG	隔离类型	O
SwHz	ASG	转换开关的标称频率	O
GridMod	ENG	电源系统接入电网的模式	O
定值			
ACTyp	ENG	交流电系统类型	M
PQVLimSet	CSG	PQV 约束曲线族中被激活的特性曲线	M
OutWSet	ASG	输出功率设定值	M
OutVarSet	ASG	输出无功设定值	O
OutPFSet	ASG	以角度表示的功率因数设定值	O
OutHzSet	ASG	频率设定值	O
InALim	ASG	输入电流限值	O
InVLim	ASG	输入电压限值	O
PhACnfg	ENG	逆变器 A 相馈电配置	O
PhBCnfg	ENG	逆变器 B 相馈电配置，其枚举值参见 PhACnfg	O
PhCCnfg	ENG	逆变器 C 相馈电配置，其枚举值参见 PhACnfg	O
测量值			
HeatSinkTmp	MV	散热器温度：如果超过最大限值就告警	O
EnclTmp	MV	外壳温度	O
AmbAirTemp	MV	周边空气温度	O
FanSpdVal	MV	测得的风扇速度：（单位时间内的）旋转数或叶片数	O

逆变器将直流电转换为交流电，直流电可以是发电机的直接输出，也可以是发电机输出的交流电经过整流以后形成的中间能量形态。其中电源系统接入电网的模式（GridMod）取值可为电流源逆变器（Current Source Inverter，CSI）、电压控制的电压源逆变器（Voltage Controlled Valtage Source Inverter，VC－VSI）、电流控制的电压源逆变器（Current Controlled Voltage Source Inverter，CC－VSI）和其他。

在 IEC 61850－7－420 中新增加了四个公共数据类：

（1）阵列公用数据类。

1）E－ARRAY（ERY）枚举型公用数据类规范。

2）V－ARRAY（VRY）可见字符串型公用数据类规范。

（2）计划安排公用数据类。

1）绝对时间计划（Absolute Schedule，SCA）定值公用数据类规范。

2）相对时间计划（Relative Schedule，SCR）定值公用数据类规范。

与光伏系统有关的逻辑节点的例子如图 7-5 所示，该示意图没有包括所有可能需要实现的逻辑节点，仅仅示例了创建信息模型的途径。

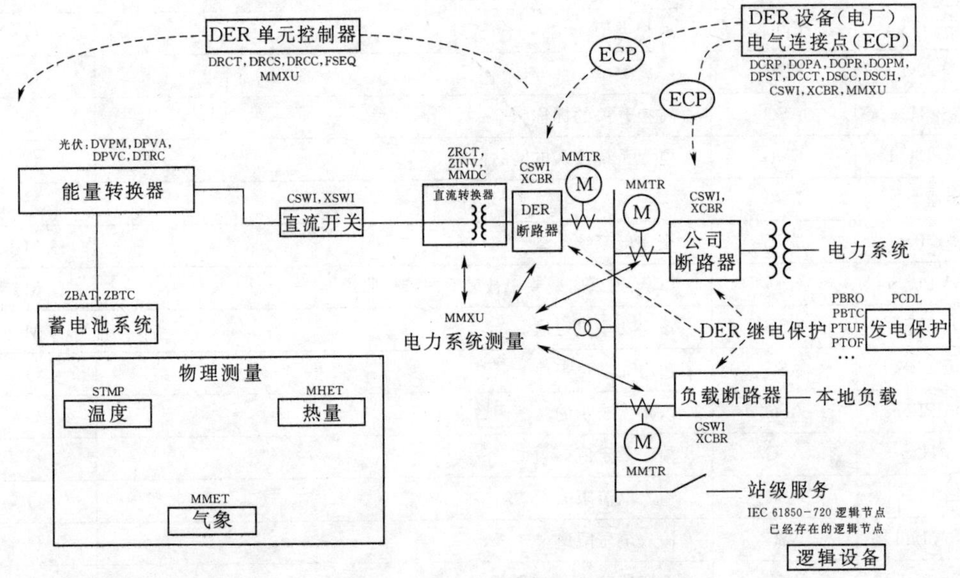

图 7-5　与光伏系统有关的逻辑节点的例子

建立逻辑设备需要以下功能以便可以自动化操作光伏发电系统。

（1）开关设备操作：控制断路器和隔离设备的功能。

（2）保护：在故障情况下保护电力设备和人员的功能。光伏发电特定的保护是“直流接地故障保护功能”，需要用在许多光伏发电系统中以减少火灾危险并提供电力冲击保护，该功能已包含在接地故障/接地检测逻辑节点 PHIZ 中。

（3）测量和计量：获得电压和电流等电气量值的功能，交流测量包含在交流测量值逻辑节点 MMXU 中，直流测量包含在直流测量值逻辑节点 MMDC 中。

（4）直流到交流的变换：用于控制和检测逆变器的功能，这些包含在 ZRCT 和 ZINV 中。

（5）阵列操作：使阵列输出功率最大化的功能，包括调整电流和电压水平以获得最大功率点（Maximum Power Point，MPP），以及操控系统跟随太阳的移动，本功能特别用于光伏发电。

（6）孤岛效应：使光伏发电系统和电力系统同步运行的功能，包含反孤岛效应，这些功能包含在 DRCT 和 DOPR 中。

（7）能量储存：存储由系统产生多余能量的功能，在小型光伏发电系统中储存能量通常使用蓄电池，在较大的光伏发电系统中则可以使用压缩空气或其他方法，本标准中用于储存能量的电池模型以 ZBAT 和 ZBTC 表示，压缩空气还没有建模。

（8）气象监测：获得太阳辐射和环境温度等气象测量值的功能，这些包含在

MMET 和 STMP 中。

除了 DER 管理所需的逻辑节点之外，光伏逻辑设备也可以包含如下逻辑节点：

（1）DPVM：光伏发电组件额定值，为一个组件提供额定值。

（2）DPVA：光伏发电阵列特性，提供光伏发电阵列或子阵列的一般信息。

（3）DPVC：光伏发电阵列控制器，用于最大化阵列的功率输出，光伏发电系统中的每一个阵列（或子阵列）对应该逻辑节点的一个实例。

（4）DTRC：跟随控制器，用于跟随太阳的移动。

（5）CSWI：描述操作光伏发电系统中各种开关的控制器，CSWI 总是与 XSWI 或 XCBR 联合使用，XSWI 或 XCBR 还标识是用于直流还是交流。

（6）XSWI：描述在光伏发电系统与逆变器之间的直流刀闸，也可以描述位于逆变器和电力系统物理连接点处的交流刀闸。

（7）XCBR：描述用于保护光伏发电阵列的断路器。

（8）ZINV：逆变器。

（9）MMDC：中间直流电的测量。

（10）MMXU：电气测量。

（11）ZBAT：能量储存蓄电池。

（12）ZBTC：能量储存蓄电池充电器。

（13）XFUS：光伏发电系统中的熔断器。

（14）FSEQ：在启动或终止自动顺序操作中使用的顺控器的状态。

（15）STMP：温度特性。

（16）MMET：气象测量。

7.2.3 IEC 61400－25 信息模型

IEC 61400－25 系列标准由 IEC TC88 风机工作组起草制定，标准通过建立风电场信息模型、定义信息交换和通信协议映射的机制为风电场的监控领域提供一个统一的通信标准。

IEC 61400－25 可以应用于任何风电场的运行，包括单个风电机组、成串风电机组和规模集成风电机组。应用领域是风电场运行所需组件，不仅包括风电机组，还包括气象系统、电气系统和风电场管理系统。标准中风电场的特有信息不包括变电站相关信息，变电站通信采用 IEC 61850 系列标准。

在 IEC 61400－25 中定义了风电机组的信息模型，风电机组特有逻辑节点见表 7－5。

表 7－5　　风电机组特有逻辑节点

逻辑节点类	描述
WTUR	风电机组整体信息
WROT	风电机组转子信息

续表

逻辑节点类	描述
WTRM	风电机组传动系统信息
WGEN	风电机组发电机信息
WCNV	风电机组变流器信息
WTRF	风电机组变压器信息
WNAC	风电机组机舱信息
WYAW	风电机组偏航信息
WTOW	风电机组塔架信息
WALM	风电机组告警信息
WSLG	风电机组状态日志信息
WALG	风电机组模拟量日志信息
WREP	风电机组报告信息

其中风电机组发电机 WGEN 信息见表 7-6。

表 7-6　　风电机组发电机 WGEN 信息

WGEN 类			
属性名	属性类型	说明	M/O
数据			
公用信息			
OpTmRs	TMS	发电机运行时间	O
状态信息			
GnOpMod	STV	发电机运行模式	O
ClSt	STV	发电机冷却系统状态	O
模拟量信息			
Spd	MV	发电机转速	O
W	WYE	发电机有功功率	O
VAr	WYE	发电机无功功率	O
GnTmpSta	MV	发电机定子温度测量值	O
GnTmpRtr	MV	发电机转子温度测量值	O
GnTmpInlet	MV	发电机进水/气温度测量值	O
StaPPV	DEL	发电机定子三相线电压	O
StaPhV	WYE	发电机定子三相相电压	O
StaA	WYE	发电机定子三相电流	O
RtrPPV	DEL	发电机转子三相线电压	O
RtrPhV	WYE	发电机转子三相相电压	O
RtrA	WYE	发电机转子三相电流	O
RtrExtDC	MV	发电机转子直流励磁	O
RtrExtAC	MV	发电机转子交流励磁	O

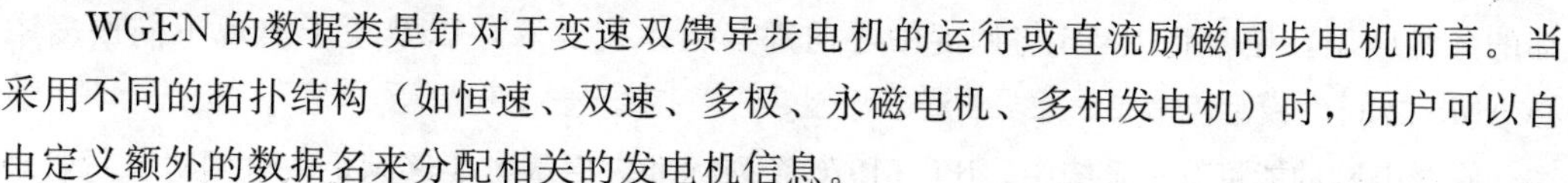

WGEN 的数据类是针对于变速双馈异步电机的运行或直流励磁同步电机而言。当采用不同的拓扑结构（如恒速、双速、多极、永磁电机、多相发电机）时，用户可以自由定义额外的数据名来分配相关的发电机信息。

在 IEC 61400-25 中新增了 6 个公共数据类，具体如下：

（1）CDC 描述。

（2）ALM 报警。

（3）CMD 命令。

（4）CTE 事件计数。

（5）SPV 设置点值。

（6）STV 状态值。

一个应用逻辑节点实例的实际风电机组如图 7-6 所示。

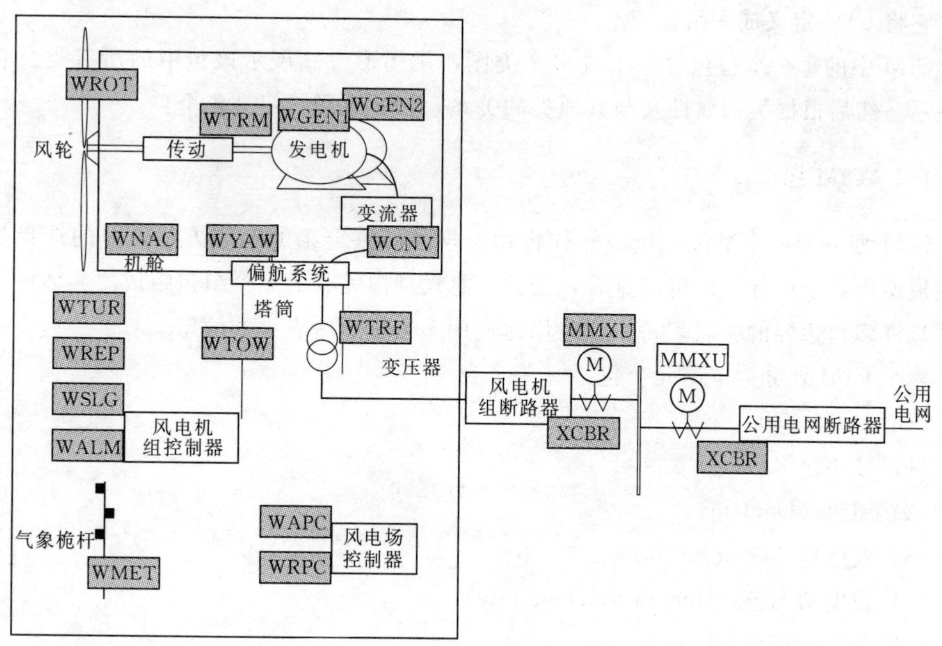

图 7-6 逻辑节点实例应用

方框表示的是风电机组本身的逻辑节点，方框外描述了机组与电网连接的逻辑节点。描述的逻辑节点实例来自风电机组“WTUR”、偏航系统“WYAW”和变流器“WCNV”等信息，“WGEN1”和“WGEN2”表示不同的发电机。同时也说明了连接的电力系统，包括测量单元“MMXU”和断路器“XCBR”等，MMXU 和 XCBR 等与电力系统有关的其他逻辑节点在 IEC 61850 中具体定义。

7.3 能量管理系统信息建模

IEC 61970 系列标准定义了 EMS 的 API，目的是便于集成来自不同厂家的 EMS 内

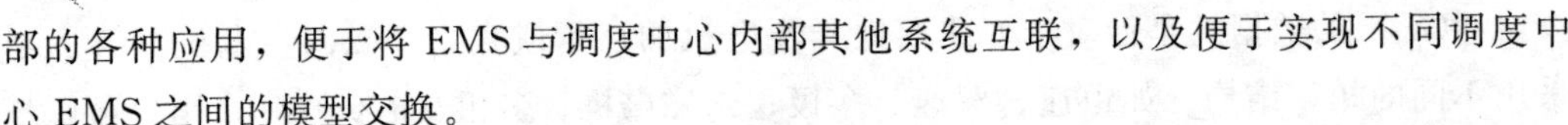

部的各种应用，便于将 EMS 与调度中心内部其他系统互联，以及便于实现不同调度中心 EMS 之间的模型交换。

在微电网的能量管理系统中，IEC 61970 系列标准应用基本能够满足微电网对能量管理各类信息模型的需求。IEC 61970 系列标准主要由接口参考模型、公共信息模型（Common Information Model，CIM）和 CIS 组件接口规范三部分组成。接口参考模型说明了系统集成的方式，公共信息模型定义了信息交换的语义，组件接口规范明确了信息交换的语法。

7.3.1　CIM 建模规范

7.3.1.1　CIM 建模表示法

CIM 采用面向对象的建模技术定义，CIM 规范使用统一建模语言（UML）表达方法，它将 CIM 定义成一组包。

CIM 中的每一个包包含一个或多个类图，用图形方式展示该包中的所有类及它们的关系。然后根据类的属性及与其他类的关系，用文字形式定义各个类。

7.3.1.2　CIM 包

CIM 划分为一个组包，包是一种将相关模型元件分组的通用方法，包的选择是为了使模型更易于设计、理解与查看，公共信息模型由完整的一个组包组成。实体可以具有越过许多包边界的关联，每一个应用将使用多个包中所表示的信息。

整个 CIM 划分为下面几个包：

IEC 61970 - 301：

（1）核心包（Core）。

（2）域包（Domain）。

（3）发电包（Generation）。

（4）发电动态包（GenerationDynamics）。

（5）负荷模型包（LoadModel）。

（6）量测包（Meas）。

（7）停运包（Outage）。

（8）生产包（Production）。

（9）保护包（Protection）。

（10）拓扑包（Topology）。

（11）电线包（Wires）。

IEC 61970 - 302：

（1）能量计划包（Energy Scheduling）。

（2）财务包（Financial）。

（3）预定包（Reservation）。

IEC 61970－303：

SCADA 包。

核心包（Core）包含所有应用共享的核心命名（Naming）、电力系统资源（Power System Resource）、设备容器（Equipment Container）和导电设备（Conducting Equipment）实体，以及这些实体的常见的组合。拓扑包（Topology）是 Core 包的扩展，它与 Terminal 类一起建立连接性（Connectivity）的模型，电线包（Wires）是 Core 和 Topology 包的扩展，它建立了输电（Transmission）和配电（Distribution）网络的电气特性的信息模型。这个包用于网络应用，例如状态估计（State Estimation）、潮流（Load Flow）及最优潮流（Optimal Power Flow）。停运包（Outage）是 Core 和 Wires 包的扩展，它建立了当前及计划网络结构的信息模型。保护包（Protection）是 Core 和 Wires 包的扩展，它建立了保护设备，例如继电器的信息模型。量测包（Meas）包含描述各应用之间交换的动态测量数据的实体。负荷模型包（Load Model）以曲线及相关的曲线数据形式为能量用户及系统负荷提供模型。发电包（Generation）分成两个子包，分别为电力生产包（Production）和发电动态包（Generation Dynamics）。电力生产包（Production）提供了各种类型发电机的模型。它还建立了生产成本信息模型，用于发电机间进行经济需求分配及计算备用量大小。发电动态包（Generation Dynamics）提供原动机。域包（Domain）是量与单位的数据字典，定义了可能被其他任何包中的任何类使用的属性的数据类型。

7.3.2 CIM 类与关系

每一个 CIM 包的类图展示了该包中所有的类及它们的关系，在与其他包中的类存在关系时，这些类也展示出来，而且标以表明其所属包的符号。类具有描述对象特性的属性，CIM 中的每一个类包含描述和识别该类的具体实例的属性，每一个属性都具有一个类型。

1. 普遍化

普遍化是一个较普遍的类与一个较具体的类之间的一种关系，较具体的类只能包含附加的信息。例如，一台电力变压器（Power Transformer）是电力系统资源（Power System Resource）的一种具体类型，普遍化使具体的类可以从它上层所有更普遍的类继承属性和关系。

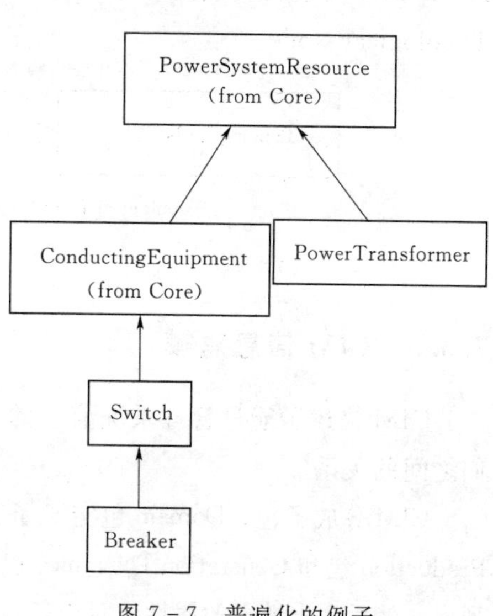

图 7－7 普遍化的例子

普遍化的一个例子如图 7－7 所示，此例取自 Wires 包，Breaker 是 Switch 更为具体的类型，Switch 又是 Conducting Equipment 更为具体的类型，而 Conducting Equipment 本身又是

Power System Resource 更为具体的类型，Power Transformer 是 Power System Resource 的另一个具体类型。

2. 简单关联

关联是类之间的一种概念上的联系，每一种关联都有两个作用，每一个作用表示了关联中的一种方向，表示目标类作用和源类有关系。每个作用还有重数/基数（Multiplicity/cardinality），用来表示有多少对象可以参加到给定的关系中。在 CIM 中，关联是没有命名的。在 CIM 中，Tap Changer 和 Regulation Schedule 之间有关联，如图 7－8 所示，来自 Wires 包。

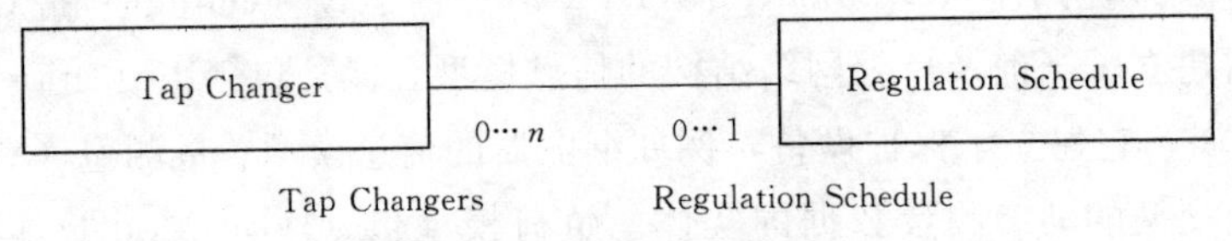

图 7－8　简单关联的例子

重数（Multiplicity）在关联的两端都有显示，这个例子中，一个 Tap Changer 对象可以有 0 个或 1 个 Regulation Schedule，而一个 Regulation Schedule 可以属于 0、1 或多个 Tap Changer 对象。

3. 聚集

聚集是关联的一种特殊情况。聚集表明类与类之间的关系是一种整体——部分关系，这里，整体类由部分类“构成”或“包含”部分类，而部分类是整体类的“一部分”，部分类不像普遍化中那样从整体类继承。

聚集的例子如图 7－9 所示，说明了 Topological Island 类与 Topological Node 类之间的聚集关系，它取自 Topology 包。一个 Topological Node 只能是一个 Topological Island 的一个成员，但是一个 Topological Island 却能包括任意数目个（至少有一个）Topological Node。

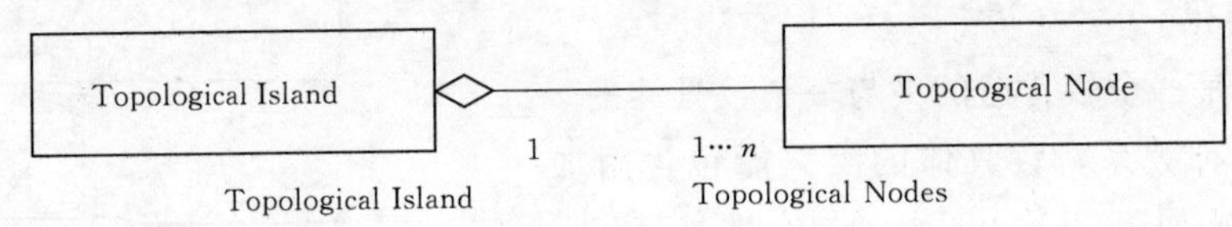

图 7－9　聚集的例子

7.3.3　CIM 信息建模

CIM 描述了能量管理系统信息的全面的逻辑视图，包括了公用的类和属性以及它们之间的关系。

CIM 分成子包，Domain 包定义了其他包所使用的数据类型。Generation 包再细分为 Production 包和 Generation Dynamics 包。包里的类是按字母顺序列出的。类的固有属性先列出，然后列出继承的属性。对于每一个类，先列出其固有关联，然后列出继承的关联。

根据参与关联的各个类的作用对关联进行描述，仅对包含聚集的作用列出聚集。

CIM 的顶层包如图 7－10 所示，其展示顶层的各个包和它们之间的依赖关系。

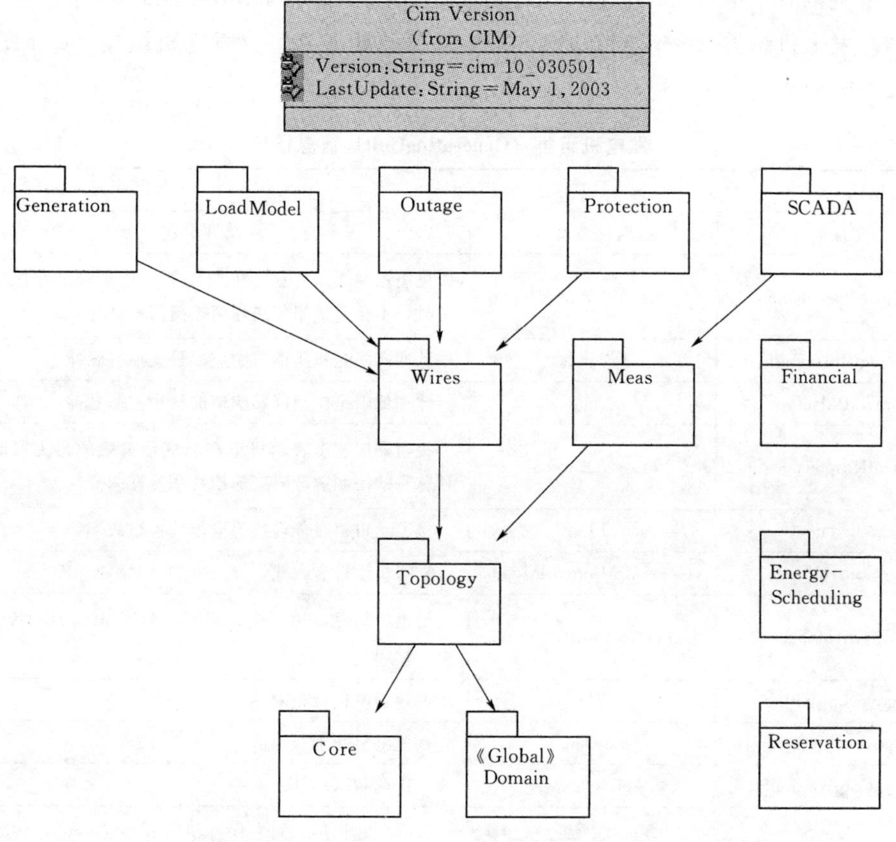

图 7－10　CIM 的顶层包

每一个包中每一类的模型信息均给以全面的描述，固有的和继承的属性包括 ParentClass. Name（父类名）、Type（类型）、Documentation（说明）。

Domain 包里的类包含一个为上述属性类型准备的可选的度量单位。

关联是按参与关联的类的作用列出的，固有的和继承的作用信息包括 MultiplicityFrom（重数来自于）、RoleTo. Name（作用到）、MultiplicityTo（重数到）、Role. ToClass. Name（作用到的类名）、AssociationDocumentation（关联描述）。MultiplicityFrom 指重数（Multiplicity）来自所描述的类。0 值表示这是一个可选的关联。*n* 表示允许数目不定的关联。RoleTo. Name 是目标类对关联的另一侧作用。MultiplicityTo 和 Role. ToClass. Name 指关联另一侧类的重数（Multiplicity）和类名。

发电包包含了水电和火电机组的经济组合（Unit Commitment）和经济调度（Economic Dispatch）、负荷预测、自动发电控制以及用于动态培训仿真器的机组模型等使用的信息。生产包负责描述各种类型发电机的类。这些类还提供生产费用信息，可以应用于在可调机组间经济地分配负荷以及计算备用容量。

发电机组是将机械能转换为交流电能的单台或一组同步的电机，可以单独定义一组电机中的各台机器，同时给整个机组引出一个单一的控制信号。在此情况下，该机组内每台发电机都有一个 GeneratingUnit，同时还另有一个 GeneratingUnit 是对应于该组发电机的。发电机组类（GeneratingUnit）信息模型见表 7－7。发电机组类（GeneratingUnit）关联模型见表 7－8。

表 7－7　　发电机组类（GeneratingUnit）信息模型

固有属性		
属性名	属性类型	属性描述
controlDeadband	ActivePower	机组控制误差死区。机组要求的兆瓦输出变化小于死区时，不会对机组传送任何控制信号脉冲
controlPulseHigh	Seconds	脉冲高限是机组能够响应的最大控制脉冲
controlPulseLow	Seconds	脉冲低限是机组能够响应的最小控制脉冲
controlResponseRate	PowerROCPerSec	机组响应速度表示机组在响应最灵敏的出力段时，一秒脉宽的控制脉冲对应输出功率兆瓦的变化
efficiency	PU	将原动机机械能转换为电能的机组效率
genControlMode	GeneratorControlMode	选择机组控制方式，设点（S）或脉冲（P）
genControlSource	GeneratorControlSource	发电机组控制源，如无调频、AGC 退出、AGC 投入、电厂控制
governorMPL	PU	调速器电机行程限制
governorSCD	PerCent	调速电机速度变动值
highControlLimit	ActivePower	二次调频（AGC）高限
initialMW	ActivePower	缺省兆瓦初值，用来保存机组在一定网络结构下的初始兆瓦潮流结果
lowControlLimit	ActivePower	二次调频（AGC）低限
maximumAllowable SpinningReserve	ActivePower	最大允许旋转备用。不管现在运行点在什么位置，旋转备用都不能超过它
maximumEconomicMW	ActivePower	经济功率最高限，它不能超过最大运行功率
maximumOperatingMW	ActivePower	调度员能够输入的机组最大运行功率
minimumEconomicMW	ActivePower	经济功率低限，必须大于或等于最小运行功率
minimumOperatingMW	ActivePower	调度员能够输入的机组最小运行功率
modelDetail	Classification	发电机模型数据的详细程度
ratedGrossMaxMW	ActivePower	机组毛额定最大容量（铭牌值）
ratedGrossMinMW	ActivePower	机组能向电网送电并保证安全运行的最小毛额定功率
ratedNetMaxMW	ActivePower	从机组毛额定最大容量中减去厂内辅机用电消耗得到的机组净额定最大容量
startupTime	Seconds	发电机并网在线运行需要的时间，从原动机施加机械功率开始时算

续表

属性名	属性类型	属性描述
autoCntrlMarginMW	ActivePower	可以支持自动控制越限的计划备用容量
allocSpinResMW	ActivePower	可以用来支持紧急负荷的计划备用容量（旋转备用）
baseMW	ActivePower	对可调度机组，该值表示经济功率兆瓦基点，对不可调度机组，该值表示固定发电机功率。该值的大小必须介于运行低限和高限之间
dispReserveFlag	Boolean	显示备用标志
energyMinMW	HeatPerHour	每分钟的能量
fastStartFlag	Boolean	快速启动标志
fuelPriority	Priority	燃料类型
genOperatingMode	GeneratorOperatingMode	二次控制的操作方式如离线（Off）、人工调节（Manual）、固定功率（Fixed）、负荷频率控制，（Load Frequency Control，LFC）、自动发电控制（Auto Generation Control，AGC）、经济调度控制（Economic Dispatch Control EDC）
longPF	ParticipationFactor	
lowerRampRate	PowerROCPerMin	降坡率
normalPF	ParticipationFactor	
raiseRampRate	PenaltyFactor	爬坡率
shortPF	ParticipationFactor	
spinReserveRamp	PowerROCPerMin	
stepChange	ActivePower	步长
tieLinePF	ParticipationFactor	连结线参与因子
minimumOffTime	Seconds	机组停机和启动之间的最小时间间隔

继承的属性

属性名	属性类型	属性描述
Naming. aliasName	String	对象或实例的任意文本名
Naming. description	String	对象或实例的描述信息
Naming. name	String	属于相同父对象的所有对象的唯一名称
Naming. pathName	String	pathName 是所属每个容器的所有名称的串接

表 7-8　　发电机组类（GeneratingUnit）关联模型

固有角色

本类基数集	作用名	对侧类基数集	对侧类名	描述
(1)	GenUnitOpCostCurves	(0…n)	GenUnitOpCostCurve	发电机组有一个或多个成本曲线，依赖于燃料混合比例和燃料成本

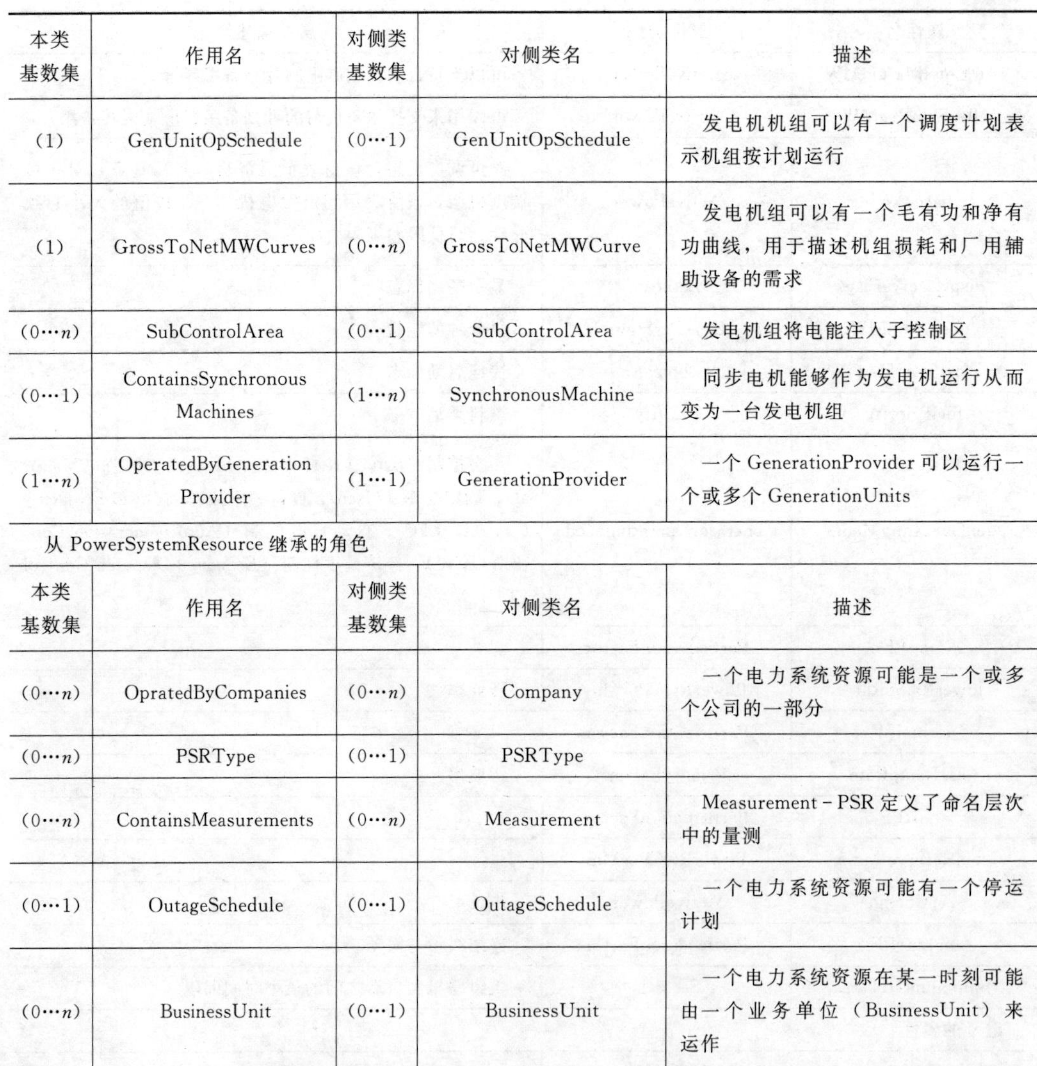

续表

本类基数集	作用名	对侧类基数集	对侧类名	描述
(1)	GenUnitOpSchedule	(0…1)	GenUnitOpSchedule	发电机机组可以有一个调度计划表示机组按计划运行
(1)	GrossToNetMWCurves	(0…n)	GrossToNetMWCurve	发电机组可以有一个毛有功和净有功曲线，用于描述机组损耗和厂用辅助设备的需求
(0…n)	SubControlArea	(0…1)	SubControlArea	发电机组将电能注入子控制区
(0…1)	ContainsSynchronousMachines	(1…n)	SynchronousMachine	同步电机能够作为发电机运行从而变为一台发电机组
(1…n)	OperatedByGenerationProvider	(1…1)	GenerationProvider	一个 GenerationProvider 可以运行一个或多个 GenerationUnits

从 PowerSystemResource 继承的角色

本类基数集	作用名	对侧类基数集	对侧类名	描述
(0…n)	OpratedByCompanies	(0…n)	Company	一个电力系统资源可能是一个或多个公司的一部分
(0…n)	PSRType	(0…1)	PSRType	
(0…n)	ContainsMeasurements	(0…n)	Measurement	Measurement - PSR 定义了命名层次中的量测
(0…1)	OutageSchedule	(0…1)	OutageSchedule	一个电力系统资源可能有一个停运计划
(0…n)	BusinessUnit	(0…1)	BusinessUnit	一个电力系统资源在某一时刻可能由一个业务单位（BusinessUnit）来运作

7.4　微电网通信组网

微电网通信网主要由传输、交换、终端三大部分组成，其中传输与交换部分组成通信网络，传输部分是网络的线，交换设备是网络的节点。目前常见的交换方式有电路交换、分组交换、ATM 异步传送模式和帧中继。传输系统以光纤、数字微波传输为主，卫星、电力线载波、电缆、移动通信等多种通信方式并存。

双向通信架构是微电网的基础支撑，微电网的运行控制、能量优化、需求侧响应以及配网的经济调度等高级应用都需要依赖双向通信技术。微电网信息与通信为供电系统的安全运行和合理调度提供基础，通过设置在分布式电源、负载以及变压器等的监测设备读取配网中的各用户、各配变地区及变电站各出口的实时数据，将其传输至控制处理中心进行统计和分析，并发出相应的控制与调度指令，监控微电网运行情况。以电力电子器件为接口的分布式发电单元与常规同步电机的特性有很大差别，因而在微电网的运行控制与能量管理过程中对通信技术的可靠性和速度提出了更高的要求。对微电网的信息与通信技术主要有以下需求：

（1）开放。开放性网络架构提供可实现“即插即用”的平台，安全地连接各类网络装置，允许彼此之间互通和协作。

（2）标准。通信架构的主要组成部分以及彼此间的交互方式必须明确规范。

（3）充裕。通信架构必须有足够的带宽以支持当前和未来的微电网功能。

（4）强健。由于微电网控制与管理通常高度自动化，不带人工反馈，因此微电网的通信架构具备极高的可管理性和可靠性。

（5）集成。集成各类实时数据，可提供可靠及时的微电网运行和用电需求信息。

7.4.1 微电网通信需求

微电网监控系统对通信的实时性和可靠性均要求很高，需要快速对现场数据信息采集并实现上行数据和下达指令的交互，数据传输的实时性一般在毫秒级或秒级。微电网能量管理系统需通过监控系统对整个微电网进行能量优化控制，其控制实时性要求不高，策略的生成通常在分钟级以上，同时微电网能量管理系统支持对外信息的展示和远程交换，因此微电网能量管理系统对通信的安全性要求相对较高。微电网能量管理系统所需的数据主要通过微电网监控系统获得。

微电网监控系统通信的数据主要包括：

（1）设备实时运行数据：包括一次设备运行的电气量数据，含有功、无功、频率、功率因数、三相电流、零序电流、三相电压、线电压等，以及一次设备的运行状态数据，如开关分/合状态、设备启/停状态等。

（2）设备状态诊断数据：指示设备本身的健康状态数据，监控系统需要以此来掌握设备的健康状态。

（3）环境及辅助系统数据：包括影响发电的环境数据，如环境温度、湿度、光辐照度、风速等，以及辅助系统包括消防、安全、视频监控等数据。

（4）曲线数据：主要指与时间相关联的数据，包括保护故障波形数据、计划曲线数据等。

（5）积分数据：累积电能量、累积光伏照度等需要二次计算积分的数据等。

（6）控制指令：监控系统给设备下达的各种控制指令，包括设备启/停、开关分/合操作命令，发电设备的功率限值设定命令等。

（7）维护数据：对设备的运行参数设置数据。

（8）对时命令：设定设备时钟的命令。

（9）其他：需高频采样的电能质量数据，如谐波数据等。

微电网对以上数据有不同的实时性要求。其中（1）、（2）、（3）数据是需要实时刷新的数据，通常刷新周期在 1～10s，其中的开关量数据需要附上时标，时标精度不小于 2ms；（4）、（5）每个数据生成周期主要有 5min/15min/1h/1d，保护故障波形数据则是记录电力故障前后几个周波的数据；（6）、（7）数据需要人参与；对时命令定时发送周期通常在 5～30min；高频采样的数据对通信的带宽和设备性能要求极高，采样周期达到微秒级，原始采样数据一般会存于相对独立的数据采集系统，通常只是将分析结果上送到监控系统中。

微电网的通信网络与微电网控制方式紧密相关，目前微电网控制方式主要有对等控制方式和主从控制方式。

在对等控制方式下，保持微电网稳定运行主要由多个分布式电源根据各自接入点的就地信息进行实时控制，分布式电源之间不通信即可稳定运行，一般不基于整个微电网进行能量管理，因此对等控制方式多用于负荷对电压与频率不敏感、结构简单的微电网，这种微电网通信需求相对较弱。对等控制的微电网多采用两层控制结构，中间仅使用一层通信网络，上层为监控层，下层为就地控制层。监控系统通过就地控制层实现对各种发电设备、用户负荷、变压器、开关等设备的控制，包括收集微电网各设备的运行信息，对用户负荷进行监控，对发电设备进行监视和启停操作，对相关设备的能量优化管理功能很弱。这种两层控制模式对计算机系统及通信依赖较大，时效性有待论证。

目前采用对等控制的微电网可控性、稳定性等方面均不如采用主从控制方式的微电网，实际采用对等控制方式的微电网较少，更多是采用主从控制方式。有的微电网采用一组对等控制的发电设备作为主电源，其他分布式发电设备作为从电源，这种微电网也可以视作为主从控制方式的微电网。

主从控制方式的微电网多采用三层控制结构，三层控制结构包括就地控制层、监控层和能量管理层，而通信网络作为这三层之间信息交互的媒介，相应地也分为两部分，包括监控层通信网络和能量管理层通信网络。

监控层通信网络又称数据采集网，它需要支持微电网内电能表、就地控制器、继电保护装置、其他数据采集器与监控系统之间的信息交互，其中就地控制器包括光伏发电控制器、风机控制器、储能电池双向控制器及相关测控终端、在线监测装置等具体装置。

能量管理层通信网络又称数据管理网，它需要支持监控层与微电网能量管理层之间、微电网能量管理层内部及其与配网 DMS 之间的信息交互。微电网能量管理层接收监控层上送的各种运行数据，进行数据的处理和存贮，以及图形化展示功能；同时向监控层下发相关调度控制命令，或下发功率交换计划曲线，或下发运行控制策略，通过微电网监控层对就地控制层关联的设备运行进行协调和管理。

三层控制模式比较灵活，这种方式主要根据微电网控制对实时性要求的不同，从暂态、稳态、长期三种时间要求将控制分成三层，可以较好地兼顾微电网监控的运行可靠性和易用性问题。微电网的实时运行控制主要在监控层和设备就地控制层完成，更多的是关注整个微电网的功率平衡和电压稳定以及发电、用电等设备的健康状况，微电网监控系统对设备监控的响应延迟和稳定性要求高，投运后若如无新设备接入，监控系统软件本身一般不需要维护。微电网的能量管理系统主要需求是相对较长时间变化的数据，其对发电和用电设备的管理，更多的是关注电量平衡，作为辅助人员决策的能量管理系统要不断根据能源价格波动以及用户用电变化进行情况随时进行能量管理策略的优化调整，同时出于对能量管理系统的信息安全和地理位置考虑，将其放到一个相对独立的通信层次，可以便于相关人员使用和维护管理。

7.4.2 微电网通信结构

微电网的控制方式不是微电网通信结构模式选择的依据，结构模式主要取决于微电网能量管理功能是否相对独立存在。虽然对等控制方式微电网的电源不需要能量管理，但针对用户负荷还可以进行能量优化管理，只是由于目前分布式电源下垂控制技术在保持微电网运行稳定性方面有待改进，通常微电网规模较小，用户负荷对电能质量也不敏感，因此对等控制方式微电网基本没有能量管理层存在，若对等控制方式的微电网要实现针对用户负荷的能量优化管理，其运行控制将采用三层控制模式。

主从控制方式微电网也可能采用两层控制模式，这种微电网不存在能量管理层，其能量管理功能是通过主电源控制器对从电源控制器进行管理实现，并且对用户负荷也没有能量优化管理，因此这种微电网就可以采用两层控制模式。而在一些结构简单的微电网项目中，能量管理需求较弱，用户为节省投资，往往将能量管理功能与监控功能一起集成在同一套计算机控制系统中实现，能量管理功能作为相对独立的软件模块通过程序接口来实现与监控系统的信息交互，这种微电网虽然不存在物理上的能量管理层通信网络，从逻辑上来说，它仍然是三层控制模式，只是能量管理层通信网络被监控系统的接口服务所代替。

典型的微电网两层控制结构如图 7-11 所示，其分为就地控制层和监控层。

微电网就地控制层包括设备通信终端和通信控制器。设备通信终端的通信方式及通信协议可能会多样化，其中支持标准通信协议且支持光纤/以太网通信方式的设备通信终端可直接接入到数据采集网中，其他设备通信终端需先接入通信控制器，通过通信控制器再接入到数据采集网。通信控制器数据接入端支持电力载波、无线、RS232、RS485、光纤/以太网等多种通信接入方式，支持 Modbus、IEC 60870-5-101/104、IEC 61850、DL/T 645 等多种标准通信规约，并且能够支持不同厂家开发的自定义规约，具备很强的通用性。就地控制层的通信控制器不是必备的，在实际工程应用中，可根据微电网设备的种类和数量来决定通信控制器的配置情况，监控层通信网络的数据通信要求规约统一，通信控制器存在的作用在于将所接入的设备通信终端信息进行汇总，形成统一的信息模型与监控系统通信，通信控制器转发给监控系统的数据模型可以基于 IEC 61850 系列标准统一建模。

监控层具有前置服务、SCADA 服务、历史数据服务、协调控制服务等功能模块，

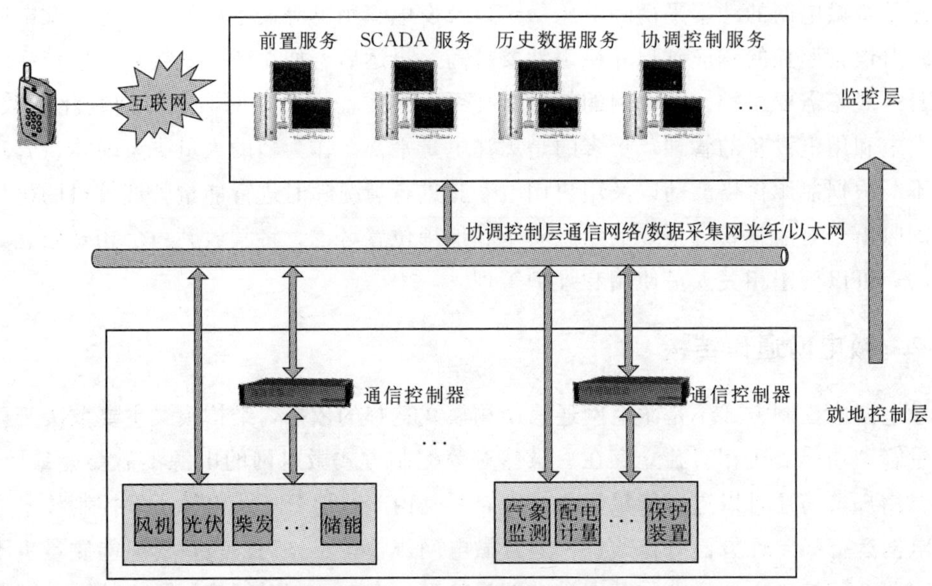

图 7-11　微电网两层控制结构

前置服务负责从数据采集网获取微电网的整体运行数据，SCADA 服务负责数据处理、画面展示、告警、报表等功能，历史数据服务负责对历史采样数据进行管理，协调控制服务负责对分布式电源、储能装置、负载等设备进行控制，以维持微电网内的功率平衡，保证微电网的稳定运行。配置无线通信模块，运维人员可远程进行访问。在实际工程应用中，根据微电网功能和信息量的需要，监控层可配置一台或多台工作站，其功能模块也可根据工程需要进行扩展。

微电网三层控制结构如图 7-12 所示，其分为就地控制层、监控层和能量管理层。

就地控制层和监控层，负责微电网设备的数据采集及协调控制，能量管理层数据模型可以基于 IEC 61970 系列标准进行建模，与监控层进行信息交互，能量管理层具有发电预测、负荷预测、发用电计划、电源管理、统计分析与评估、优化调度等功能模块，可实现对微电网内发电单元和负荷单元的功率预测，实现发用电计划、分布式发电功率平滑控制，主电源快速切换控制，快速能量平衡控制、微电网运行数据的统计分析与评估、微电网经济优化运行等功能。按照《电力二次系统安全防护规定》（电监会 5 号令），在物理层面上微电网的运行控制系统与外部公共信息网的安全隔离，因此能量管理系统与第三方系统进行信息发布和信息交互时，需要加设基于物理隔离的网络安全隔离装置。在实际工程应用中，能量管理层可单独配置应用服务器运行，也可集成到监控系统中运行，具体功能模块可根据工程需要进行扩展。

7.4.3　微电网常用通信技术

通信系统是实现微电网监控系统的基础。微电网监控系统需要借助于有效的通信手段．将监控系统的控制命令准确地传送到远方设备，并将反映远方设备运行情况的数据

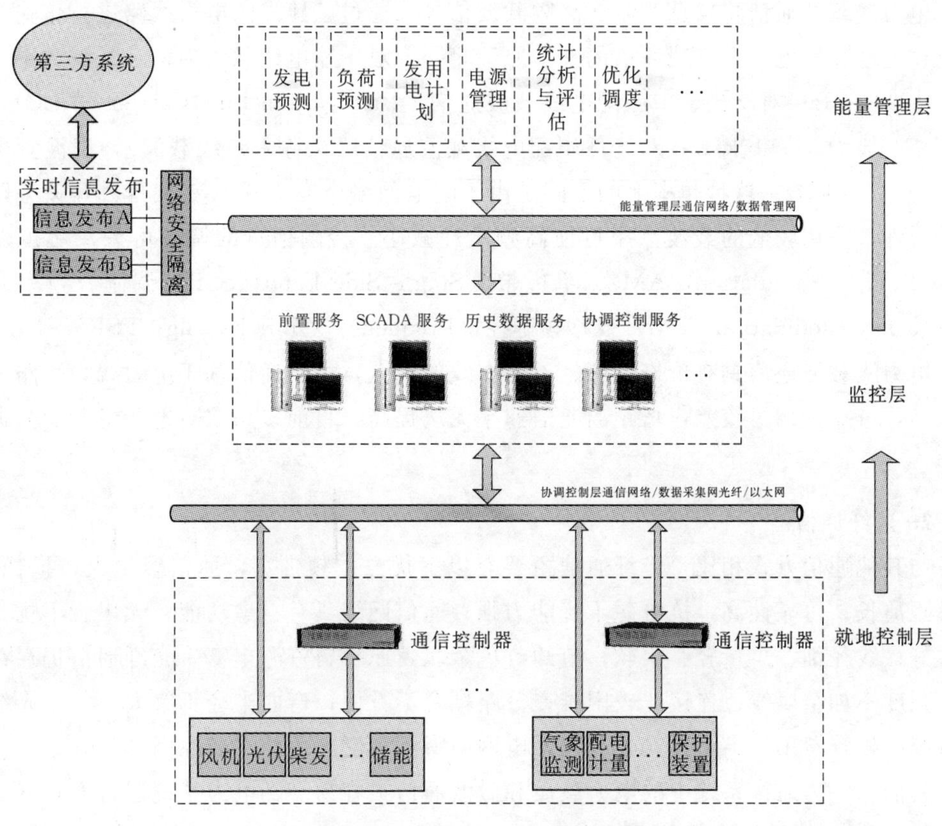

图 7-12 微电网三层控制结构

信息收集到监控系统。微电网监控系统需要先进、可靠的通信网络支撑。由于微电网与输电网不同，具有其自身的特点，因此所采用的通信系统与输电网也有所不同。输电网中通道距离长，对通信的速率和可靠性要求较高。因此，无论是微波还是电力线路载波通信，都是使用专用通道点对点或共线通信，很少使用广播通信方式。而在微电网中，终端节点种类多，而通信距离相对较短，速率要求相对较低。因此，沿空间广播的无线通信方式和沿线路广播的线路载波通信方式得到了广泛的应用。但是，微电网监控系统的功能众多，从分布式发电控制、馈线开合到负荷控制、自动读表等，对通信的要求不尽相同。微电网对通信系统的要求，取决于规划实现的自动化程度及其复杂程度。

7.4.3.1 有线通信技术

1. 配电线载波通信

利用电力线实现可靠的通信一直是电力工业界致力研究的课题之一。这种通过把载波频率附加在现有的电力线上构成的电力线载波通信（Power Line Carrier，PLC），可以使信号在电力公司拥有和维护的现有传输线上传输，避免维护另一个单独的通信介质。经过几十年的努力，输电线上的电力线载波通信已由过去专门提供话音业务发展到传输继电保护、远动、计算机控制信息等综合业务，达到了实用化和商业化阶段。

电力线载波通信将信息调制在高频载波信号上通过已建成的电力线路进行传输。在配电线上与在输电线上实现通信的基本原理相同。对于输电线载波通信，载波频率一般为 10～300kHz；对于高、中压配电线载波通信（Distribution Line Carrier，DLC），载波频率一般为 5～140kHz；对于低压配电线载波通信（又称入户线载波），载波频率一般为 50～150kHz。这种频率上的不同是由于配电网络中有大量的变压器、开关旁路电容等元件，采用较低的载波频率可使高频衰耗减小。传输信息的调制可采用幅度调制（Amplitude，Modulation，AM）、单边带（Single Side Band，SSB）调制、频率调制（Frequency Modulation，FM）或移频键控（Frequency - shift Keying，FSK）等方式。

电力线载波通信具有价格低廉、不需布线的优点，由于通信基于电力线，线路上干扰较多，可靠性相对较差，长距离通信速率无法提高，目前多用在对电能量表的数据采集上。

2. 光纤通信

与其他通信方式相比，光纤通信主要有以下优点：频带宽，通信容量大；损耗低，中继距离长；可靠性高，抗电磁干扰能力强；通信网络具有自愈功能；无串音干扰，保密性好；线径细、重量轻、柔软；节约有色金属，原材料资源丰富。光纤通信仍存在不足：强度不如金属线；连接比较困难；分路耦合不方便；弯曲半径不宜太小等。光纤通信系统的投资费用较高，是其没有在微电网中得到广泛应用的主要原因。

目前，电力通信系统中的电力载波和微波通信很容易受到电力系统运行方式（如电力系统故障或检修等）、大气环境和城市建筑的影响，而光纤通信系统对于电磁干扰不敏感故障时仍能保持通信，可靠性高。经过复用和复接的主干线光纤通信系统的单位通道架设费用较低。一根光纤就可以完成通常需要几百芯的电缆才能在主干线上传输的 10 亿 bit/s 容量。对于配电网上的分支通道，通信速率通常低于 1000bit/s，而且不便于复用和复接，使光纤通信失去了其经济优势，发挥不了极高通信率的优势。

在微电网中，分布式电源设备与计算机监控系统距离较远，为获得快速、可靠的通信，常常会采用光纤通信作为主通信网络。

3. 双绞线/同轴电缆通信

这两种介质多用于以太网的构建。以太网定义了局域网中采用的电缆类型和信号出力方法，在互联设备之间以 10～1000Mbit/s 的速率传送信息包。目前在工业现场总线大多串行通信包括 RS485、RS422、CAN 等总线技术采用双绞线进行通信。

7.4.3.2　无线通信技术

无线通信系统是一种覆盖面广的通信方式，不需要传输线，可以构成双向通信，且所有的无线通信系统都能够和停电区域通信。传统的无线通信主要包括 AM 广播、FM 广播、甚高频（Very High Frequency，VHF）无线电、特高频（Ultra High Frequency，UHF）无线电、多地址无线电（ZigBee、3G/4G、WLAN、蓝牙）、微波和卫星通

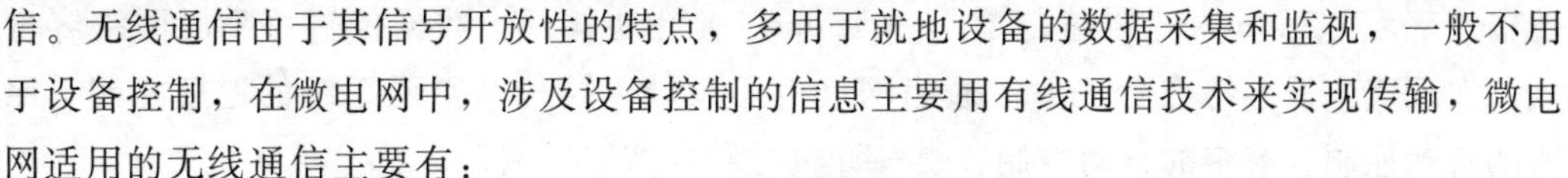

信。无线通信由于其信号开放性的特点，多用于就地设备的数据采集和监视，一般不用于设备控制，在微电网中，涉及设备控制的信息主要用有线通信技术来实现传输，微电网适用的无线通信主要有：

1. AM 广播

调幅广播是对信号进行相位调制后以幅度调制的形式调制到载波上，通过发射系统发送出去，是一种单向的广播方式。用于微电网的调幅广播采用不干扰现有天线 AM 广播电台的频率范围工作，可以用于对微电网范围内的大量用户负荷或分布式电源进行同一并行控制。与 VFH 通信相比，AM 广播的波长更长，因而传输的距离较长，且不受视距和障碍物的影响，一般没有多路径效应。AM 广播适用于地形复杂区域微电网的需要。

2. FM 广播

调频辅助通信业务（Frequency Modulation/Subsidiary Communication Authorization，FM/SCA）是通过对一个负载波进行频率调制，而将信号在调频波段分开传输的通信方式。只有经过特殊制作的接收机才能检测到并解调出这个信号来，普通的调频收音机则无法接收。FM/SCA 也是一种单向通信方式，常用于微电网的负荷控制。由于 FM/SCA 工作频率较高，因此容易受到多路径效应和障碍物的影响，并且往往受到视距的限制。

3. VHF 通信

频率在 30～300MHz 的无线电波段被称作 VHF。建设甚高频通信系统需要得到无线电管理委员会的许可。在 VHF 频段，可采用 200MHz 数传电台来实现微电网的通信，224～228MHz/228～231MHz 已开辟为无线负荷控制的专用通道。甚高频通信能保持和停电区域通信，但其信号容易受到多路径效应和障碍物的影响。同时，电视信号及对讲机等对其有一定干扰。在国外甚高频大量应用于微电网中各分测控点与区域工作站之间的通信，甚至还用作主干通道。

4. UHF 通信

UHF 是指频率在 300～1000MHz 的无线电波段。微电网中目前常用的是 800MHz 的频段。800MHz 比 VHF 频段具有较强的绕射能力，接收终端天线尺寸小，数传电台体积小、重量轻，可直接安装于线杆上。与较低频率的通信方式相比，特高频信号的覆盖范围更小，最大传输距离为 50km（视距），同时也更容易受到多路径效应的影响。但是 UHF 通信比较可靠，不易受到其他通信服务业务的干扰，而且通信速率可高达 9600bit/s。由于通信受到视距的影响，用于多山的环境时，需采用中继器。与无线扩频通信系统相比，800MHz 数传电台系统造价较低。

5. ZigBee

ZigBee 是一种无线网络协定，由 ZigBee Allianee 制定，ZigBee 技术理论最高数据

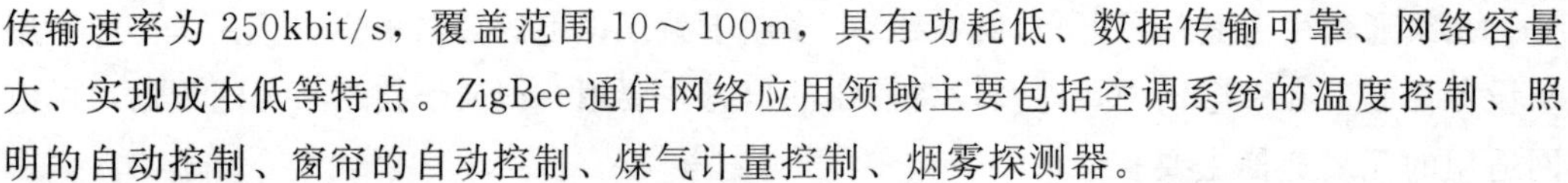

传输速率为250kbit/s，覆盖范围10～100m，具有功耗低、数据传输可靠、网络容量大、实现成本低等特点。ZigBee通信网络应用领域主要包括空调系统的温度控制、照明的自动控制、窗帘的自动控制、煤气计量控制、烟雾探测器。

6. 公用3G/4G网络

在一些通信基础设施缺乏地区，适合用SIM卡基于手机网络对分布式装置进行数据采集和远程控制。

3G/4G网络是指使用支持高速数据传输的蜂窝移动通信技术的第三代/第四代移动通信技术的线路和设备铺设而成的通信网络。它能够提供多种类型高质量多媒体业务，能实现全球无缝覆盖，具有全球漫游能力，与固定网络相兼容，并以小型便携式终端在任何时候任何地点进行任何种类通信。

3G通信系统数据传输速率可达到2Mbit/s，适用范围不超过2km。目前有3种标准，分别是欧洲的WCDMA制式，美国的CDMA2000制式和中国自主研发的TD-SCDMA制式。4G通信系统传输速率可达到20Mbit/s，最高可以达到高达100Mbit/s，目前有2种标准，包括TD-LTE和FDD-LTE两种制式。以上这些制式在中国均有应用。

3G/4G网络需要采用电信商的商业移动网络，通信流量成本较高，受网络信号影响，可靠性一般，在通信流量不大的应用场合。

7. WLAN

无线局域网络（Wireless Local Area Networks，WLAN），是一种利用射频（Radio Frequency，RF）技术进行据传输的系统，该技术的出现绝不是用来取代有线局域网络的，而是用来弥补有线局域网络的不足，以达到网络延伸的目的，使得无线局域网络能利用简单的存取架构让用户透过它，实现无网线、无距离限制的通畅网络。

WLAN通信系统作为有线LAN以外的另一种选择，一般用在同一座建筑内。WLAN使用ISM（Industrial Scientific Medical）无线电广播频段通信。WLAN的802.11a标准使用5GHz频段，支持的最大速度为54Mbit/s，而802.11b和802.11g标准使用2.4GHz频段，分别支持最大11Mbit/s和54Mbit/s的速度，覆盖范围一般不超过100m。工作于2.4GHz频带是不需要执照的，该频段属于工业、教育、医疗等专用频段，是公开的，工作于5.15～8.825GHz频带需要执照的。

目前WLAN所包含的协议标准有IEEE 802.11b协议、IEEE 802.11a协议、IEEE 802.11g协议、IEEE 802.11E协议、IEEE 802.11i协议、无线应用协议（Wireless Application Protocol，WAP）。

8. “蓝牙”技术

“蓝牙”（Bluetooth）原是一位在10世纪统一丹麦的国王，他将当时的瑞典、芬兰与丹麦统一起来，用他的名字来命名这种新的技术标准，含有将四分五裂的局面统一起来的意思。蓝牙（Bluetooth®）是一种无线技术标准，蓝牙技术使用高速跳频（Fre-

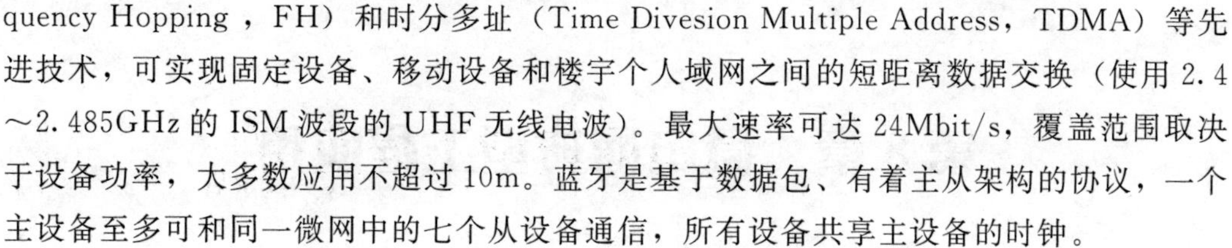

quency Hopping ，FH）和时分多址（Time Divesion Multiple Address，TDMA）等先进技术，可实现固定设备、移动设备和楼宇个人域网之间的短距离数据交换（使用 2.4～2.485GHz 的 ISM 波段的 UHF 无线电波）。最大速率可达 24Mbit/s，覆盖范围取决于设备功率，大多数应用不超过 10m。蓝牙是基于数据包、有着主从架构的协议，一个主设备至多可和同一微网中的七个从设备通信，所有设备共享主设备的时钟。

参 考 文 献

[1] 贺兴，艾芊，解大．基于有线/无线混合模式的微电网通信网络的研究与开发［J］．低压电器，2011（19）：20-25.

[2] 邓卫，裴玮，齐智平．基于 IEC 61850 标准的微电网信息交互［J］．电力系统自动化，2013，37（3）：6-1.

[3] 张建华，黄伟．微电网运行控制与保护技术［M］．北京：中国电力出版社，2010.

[4] 宋光明，葛运建．智能传感器网络研究与发展［J］．传感技术学报，2003，16（2）：107-112.

[5] 戚佳金，陈雪萍，刘晓胜．低压电力线载波通信技术研究进展［J］．电网技术，2010（5）：161-172.

第8章　微电网典型工程应用

交流微电网目前在偏远农牧地区、商业楼宇、工业园区、海岛等环境下均有应用，一般根据当地资源情况、功能需求、投资规模等约束条件进行个性化设计，其系统组成、运行模式、功能设计、应用效果各有特色。直流微电网目前处于试验探索阶段，实际建设项目较少，中国电力科学研究院在国内较早建设了含有多个电压等级的直流微电网。

8.1　偏远农牧地区微电网

青海省天峻县阳康乡地处青藏高原北部，祁连山南麓，地理位置为北纬37°41′，东经98°38′，海拔约3200m，具有优越的光资源条件以及较为丰富的风能资源，是一个以藏族为主体、畜牧业为主导产业的少数民族聚集地。乡政府周围居民较为集中，约有200多户牧民，但是由于地处偏远，大电网未能实现延伸覆盖，居民用电问题难以解决。为了保障当地居民的基本生活用电，有力促进无电农牧地区的经济社会发展，2012年在青海省科技厅的支持下，中国电力科学研究院联合青海三新农电公司开展了无电农牧地区风光储互补光伏电站关键技术研发和工程示范，建设了面向偏远农牧地区的风光储联合互补运行供电系统。

8.1.1　系统组成

供电系统包括20kW风力发电单元、30kWp光伏发电单元、100kW/864kW·h铅酸电池储能单元、约80kW峰值负荷，母线电压等级为0.4kV，配置电能测控计量装置、电能质量监测装置、微电网监控系统等，该系统为典型的独立型风光储微电网，为乡政府及周围居民供电。独立型风光储互补微电网结构图如图8-1所示。

8.1.2　系统配置

1. 风力发电单元

风力发电单元由两台额定功率为10kW的风电机组构成，风电机组由风机、风机控制器、风机逆变器和卸荷器构成。风电机组开始发电时，所发出的三相交流电的电压和频率是随风力变化而变化的，不稳定的交流电先经风机控制器整流为直流电，然后通过风机逆变器变为三相0.4kV交流电，给负荷供电，并可以通过储能变流器给储能电池组充电。风机控制器直流侧电压过高时，风机控制器将通过卸荷器泄放能量，保证机组

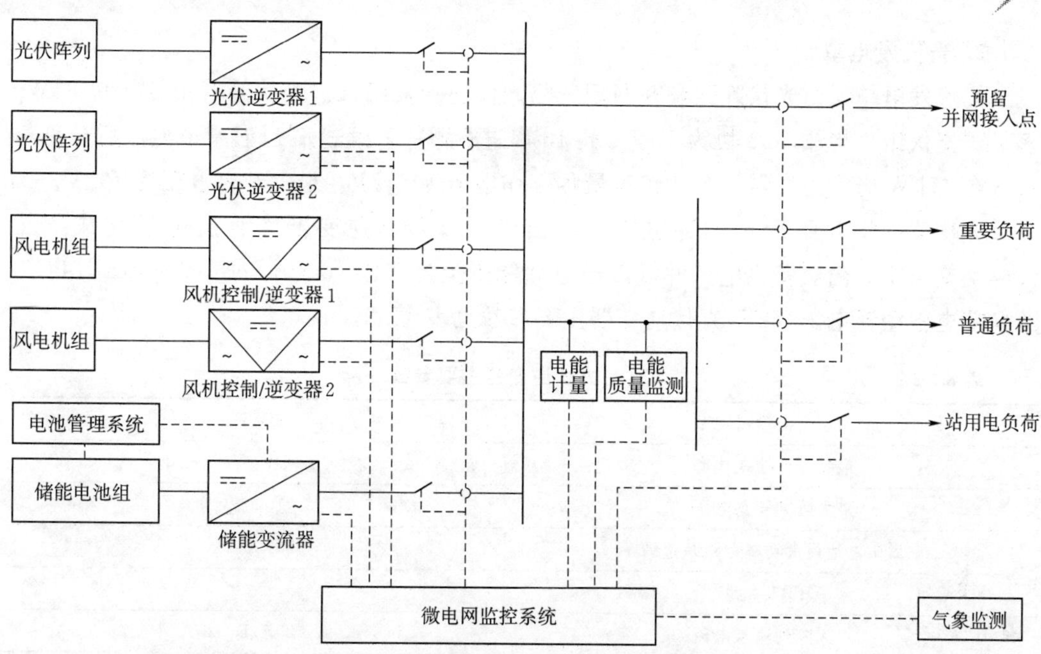

图 8-1 独立型风光储互补微电网结构图

安全。在持续高风速时，风机上自动收拢装置会自动地保护风力发电机，实现偏航保护。风电机组机型特性见表 8-1。

表 8-1 风电机组机型特性

启动风速	3.1m/s
切入风速	3.4m/s
额定风速	13m/s
额定功率	10kW
瞬时最大功率	12kW
额定输出交流电流	14.5A
偏航风速	15.6m/s
风轮直径	6.7m
风轮特性	逆向三叶片
传动方式	直驱
发电机类型	永磁发电机
输出形式	三相交流、变频
直流侧输入电压范围	50～750V
最大输入直流电流	40A
电网电压范围	310～450V
工作相数	三相四线
输出功率因数	＞0.99
最高效率	＞95%
设计寿命	＞20 年
温度范围	−40～60℃

2. 光伏发电单元

光伏发电单元由光伏阵列和并网型三相光伏逆变器组成。光伏阵列由360块85Wp多晶硅光伏组件构成，36块为1串，共10串进行并联，经过2台汇流箱汇流后分别送入2台17kW光伏逆变器。光伏组串最佳工作电压为612V，最大开路电压为792V。

光伏阵列将太阳能转化为电能，输出给逆变器，逆变器将直流电转化成三相0.4kV交流电，给负荷供电，并可以通过储能变流器（Power Conversion System，PCS）给储能电池组充电。17kW光伏逆变器主要参数见表8-2。

表8-2　**17kW光伏逆变器主要参数**

额定交流输出功率	17kW
最大直流输入功率	19kW
最大阵列开路电压	1000V
太阳电池最大功率点跟踪范围	430～800V
MPPT数量	2
最大阵列输入电流	A：20A/B：20A
允许电网电压范围（三相）	310～450V（AC）
允许电网频率范围	45～55Hz
功率因数	-0.8（滞后）～0.8（超前）
最大效率/欧洲加权效率	98.4%/97.8%
保护功能	极性反接保护、短路保护、孤岛效应保护、过热保护、直流过载保护、接地保护
通信接口	RS485/232
使用环境温度	-25～+60℃

3. 储能单元

储能单元由电池组串、储能变流器和电池管理系统组成。该单元电池组串由288只1500Ah/2V固定型阀控密封铅酸电池串联而成，铅酸电池采用大容量、长寿命贫液设计，自放电率低，适合在高海拔地区使用。电池组串工作电压范围是530～700V，额定电压是576V。考虑到农牧地区在傍晚时分会集中用电而形成负荷高峰，因此要求储能单元功率和容量相对较大，能够满足负荷高峰以及用电低谷时段内风光发电储存的需要，从而保证居民正常用电。

储能变流器是交、直流侧均可控的四象限运行的变流装置，是储能单元的关键设备之一。当变流器从微电网吸收能量时，运行在整流状态，反之若变流器向微电网馈送能量时，变流器工作于逆变状态。按照储能系统的运用场合和实际需要，储能变流器配置了多种相应的功能，具体如下：

（1）充放电控制功能：恒压充电/放电、恒流充电/放电、恒功率充电/放电。

（2）功率控制功能：有功功率控制、无功功率控制。

(3) 并网和离网模式的控制功能：并网/离网运行、并网/离网切换。

(4) 保护功能：直流过压/过流保护、网侧过压/过流/欠压保护、网侧过频/欠频保护、功率器件过压/过流/过温保护、电抗器/变压器过温保护、单体电池模块/电池组过压/过流/过温保护、电池反接保护、过载保护、电容放电保护、防雷保护。

(5) 人机界面和通信功能。

该项目铅酸电池储能系统配置一套100kW储能变流器，采用单级结构，能够适应储能系统不同的充放电控制模式。储能变流器的具体参数见表8-3。

表8-3　　100kW储能变流器参数

额定功率	100kW
允许电网电压范围	380×(1±10%)V
允许电网频率范围	50×(1±10%)Hz
直流电压范围	450～800V
交流电压总谐波失真(Total Harmonic Distortion，THD)	3%
交流电流THD	3%
三相输出电压不平衡度	<2%
功率因数	±0.95
系统最大效率	>97%
输出相位偏差	< 3°
过载能力	110% 2h，120% 5min，150% 10s
工况转换时间	200ms
冷却方式	强制风冷
使用环境温度	−25～+60℃
海拔	高海拔型，≤4000m

电池管理系统用于监测、评估及保护电池运行状态的电子设备，具备下列功能：

(1) 模拟量测量功能——实时测量电池组电压、充放电电流、*SOC*、温度、单体电池端电压、漏电等参数。

(2) 告警功能——在电池组串出现过压、欠压、过流、高温、漏电、通信异常以及电池管理系统异常等状态时，显示并上报告警信息。

(3) 保护功能——在电池组串运行时，如果电池电压、电流、温度等模拟量出现超过安全保护门限时，能够实现就地故障隔离，将故障电池组串退出运行，同时上报保护信息。

(4) 自诊断功能——对储能系统与外部通信中断、电池管理系统内部通信异常以及模拟量采集异常等故障时进行自诊断，并能上报自诊断信息。

(5) 均衡功能——针对提高电池各项指标的均衡性采取解决方案，克服电池间的一致性差异，提高电池的使用寿命和能量利用率。

(6) 运行参数设定功能——电池管理系统各项运行参数通过就地和远程两种方式进行修改，并有通过密码进行权限认证功能。参数包括单体电池充电上限电压、单体电池放电下限电压、电池运行最高温度、电池运行最低温度、电池组过流限值、电池组短路保护门限等。

(7) 运行状态显示功能——就地对电池组的运行状态进行显示，如系统状态、模拟量信息、报警和保护信息等。

(8) 事件及历史数据记录功能——就地对电池组的各项事件及历史数据进行存储，历史数据保存超过 30 天。

4. 低压配电单元

低压配电单元主要由 0.4kV 低压配电柜和配电线路组成。0.4kV 低压配电柜包含风力发电、光伏发电、储能系统以及重要负荷、普通负荷和站用电负荷接入的配电开关设备。其中 20kW 风机以 2 路 0.4kV 线路通过配电开关接入，30kW 光伏以 2 路 0.4kV 线路通过配电开关接入，100kW 储能以 1 路 0.4kV 线路通过配电开关接入，负荷以 3 路 0.4kV 线路通过配电开关接入，其中一条线路分别接入乡政府、学校、卫生院等负荷，一条线路接入居民负荷，另一条接入站用负荷，站用负荷是最重要负荷。预留并网接入点，将来电网延伸到阳康乡后，电站可以转入并网运行。

5. 测控与计量装置

低压配电柜内配置设备包括各个支路的配电开关、电能质量监测仪、电能计量表等。配电开关均配置测控装置，可以采集支路电压、电流、功率、分合闸状态等信息，微电网监控系统可以对配电开关进行远程控制。

在低压配电柜负荷母线出口处安装电能质量监测仪，用于采集微电网母线与总负荷连接处的电能质量数据，并通过配套软件对采集的电能质量数据进行电能质量指标分析。同时在低压配电柜母线总出口处安装三相电能表，用于计量微电网供给的电能。

6. 气象监测

气象监测子系统用来监测现场的气象环境情况，以便对系统进行全面的性能分析。气象监测子系统由风速传感器、风向传感器、日照辐射表、环境温湿度传感器、气压传感器、太阳总辐射传感器、太阳直接辐射传感器、太阳散射辐射传感器、相关防护装置及支架等组成，气象监测仪技术指标见表 8-4。

表 8-4　　气象监测仪技术指标

名称	测量范围	分辨率	准确度
环境温度	－50～＋80℃	0.1℃	±0.1℃
相对湿度	0～100%	0.1%	±2%（≤80%时），±5%（>80%时）
露点温度	－40～50℃	0.1℃	±0.2℃

续表

名称	测量范围	分辨率	准确度
风向	0～360°	3°	±3°
风速	0～70m/s	0.1m/s	±(0.3+0.03v) m/s
总辐射	0～2000W	1 W/m^2	≤5%
大气压力	550～1060hPa	0.1hPa	±0.3hPa
观测支架		户外使用	不锈钢结构，含防雷保护装置

7. 微电网监控系统

微电网监控系统需要与光伏发电单元、风力发电单元、储能单元、低压配电单元、电能质量监测单元、电能计量单元以及气象监测单元通信，具体设备包括光伏逆变器、光伏汇流箱、风机逆变器、储能变流器、开关测控装置、电能质量监测仪、电能计量表、气象监测仪等。

其中光伏逆变器、光伏汇流箱、风机逆变器、开关测控装置、气象监测仪和电能计量表等配置串口，支持RS485通信方式，通信规约为Modbus，可以通过屏蔽双绞线连接到通信控制器，与微电网监控系统通信，通信控制器与微电网监控系统之间的通信为IEC 104规约。储能系统的储能变流器、电能质量监测仪配置网口，支持以太网通信方式，可以通过交换机与微电网监控系统通信。微电网系统通信架构如图8-2所示。

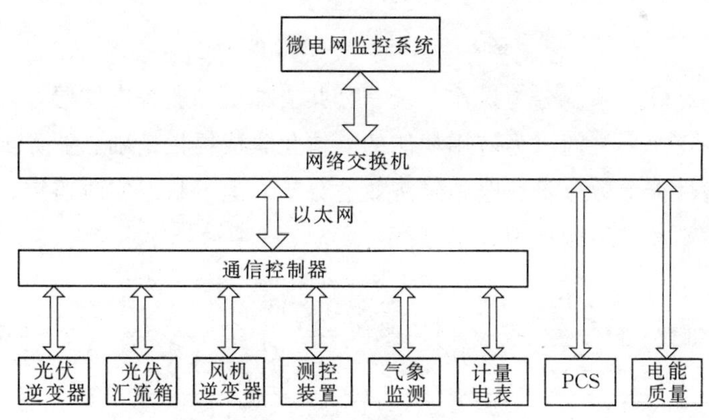

图8-2 微电网系统通信架构

微电网监控系统向下与各就地控制器进行信息交换，接收它们的数据并集中处理，并向上对光伏电站远程监控系统进行数据转发。

微电网监控系统控制微电网在离网状态下以主从控制模式稳定运行。微电网离网运行时，储能系统作为主电源提供电压/频率参考值，稳定微电网运行，维持微电网功率平衡，保证重要负荷供电。

8. 远程数据接入

为了满足远程监控的需要，本项目微电网运行数据上传到光伏电站远程数据中心。

数据中心由主站、通信网络和部署在各地光伏电站内的无线终端三部分组成，光伏电站实时运行数据通过通信网络传输到数据中心主站，在主站进行数据采集、分析、评估和发布。数据中心拓扑结构如图 8-3 所示。

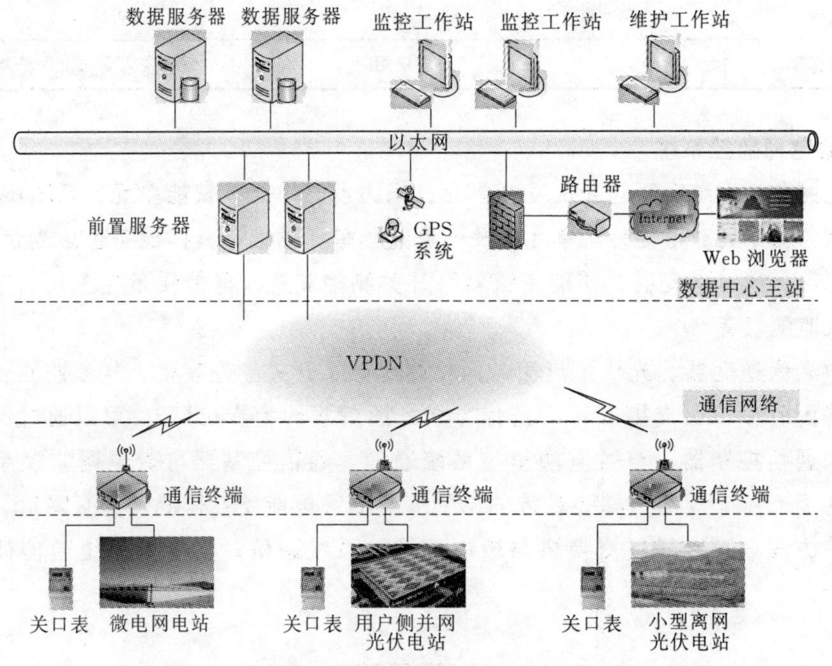

图 8-3　数据中心拓扑结构

数据中心主站软件系统分为操作系统、公共支撑层和业务支撑层。公共支撑层处于操作系统与业务支撑层之间，为应用功能的一体化集成提供基础。业务支撑层包括资源分析、关键设备性能参数分析、电站经济效益分析、运行状态实时监控、信息发布共享等。数据中心主站软件结构如图 8-4 所示。

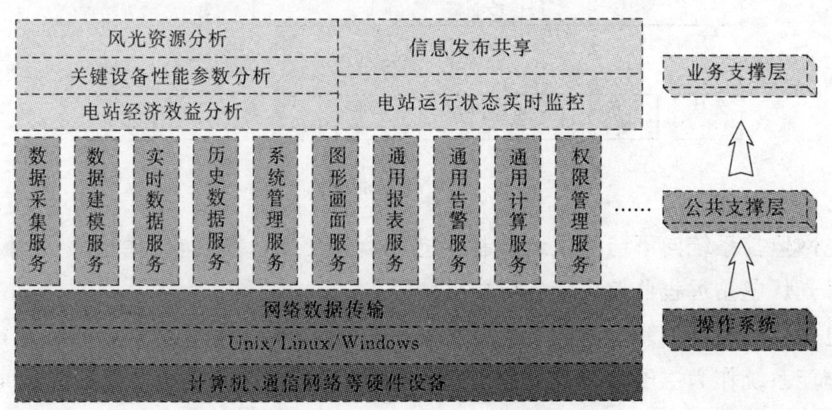

图 8-4　数据中心主站软件结构

为了确保光伏电站数据在远程传输过程中的安全性和实时性，远程数据接入采用一种以公网为通信载体，并基于 VPDN 组网技术的远程通信方式。

VPDN 是通过在公用网络上建立逻辑隧道，对网络层进行加密，并采用口令保护或身份验证等措施而实现的一种虚拟专用网络接入技术，具有通道安全性高、可靠性强、支持 IP 地址管理等特性，利用 VPDN 组网技术来实现光伏电站的远程数据传输可以保证数据传输的安全性、实时性和终端易管理性。VPDN 网络系统拓扑如图 8-5 所示。

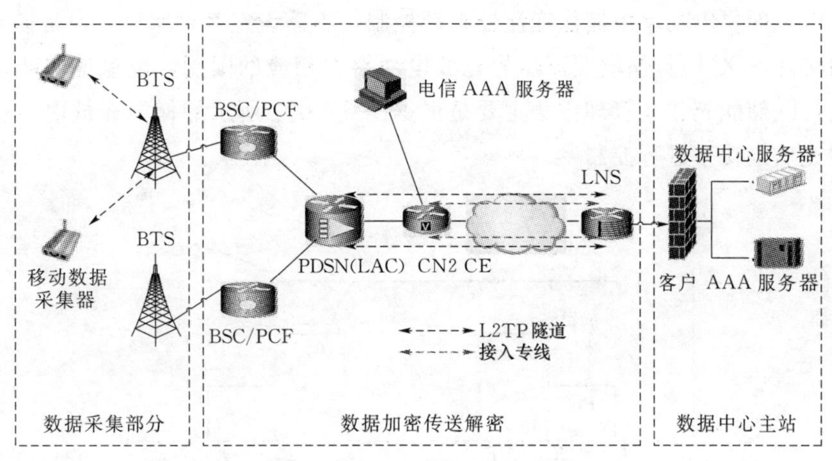

图 8-5 VPDN 网络系统拓扑

数据中心租用电信公司的 VPDN 专线网络，利用 L2TP 隧道技术在电信公网上建立专用虚拟网络，由电信公司提供一条 CN2 专线接入到数据中心主站，各个光伏电站使用 2G/3G/4G 网络通过 VPDN 拨号接入到此专用虚拟网络之中，以实现与数据中心主站之间的数据传输。

8.1.3 关键控制策略

微电网内含有光伏发电单元、风力发电单元、储能单元和负荷单元，由于系统内部的光伏发电、风力发电等可再生能源发电受天气变化的影响，其出力会出现出较大的随机性，而无电农牧地区的负荷相对较小，负荷的变化会不易预测并容易出现较大波动，因此微电网需要制定适当的控制策略以对系统内的电源、储能和负荷进行协调控制，协调微电网内各设备的有功和无功出力，维持系统长时间稳定运行。

由于地处偏远，电站的建设以简单可靠运行为目标，微电网内的光伏电源和风力电源均运行在最大跟踪模式，有功不可控，要调整其电源出力只能对电源支路进行投切。负荷也可简单分为三类，重要负荷、可控负荷和非重要负荷，要调整负荷功率也只能对可切负荷和可控负荷支路进行投切。微电网站用电是重要负荷，乡政府、学校、卫生院等是可控负荷，居民用电是可切负荷。由于只有一个储能单元作为主电源，电站离网运行，储能系统运行在恒压恒频模式，其输出功率由 PCS 自动控制，不需微电网监控系统控制。微电网监控系统的核心协调控制策略是根据微电网内储能单元的 SOC 决定微电网内发电单元和负荷单元的调节方法。

微电网监控系统监视储能电池组的 SOC 值，当 SOC 实时值逐渐逼近最大 SOC 值时，需调整风光电源出力；当 SOC 实时值逐渐逼近最小 SOC 值时，需调整负荷功率。控制策略的核心即为当储能 SOC 值位于不同的区间时，执行相应的一系列操作。具体过程包括储能过充保护、被切除风光电源的重新投入、储能过放保护、用户负荷重新投入、电站停运保电。

虽然微电网供电功率由储能变流器自动控制，不需设定其功率值，但是需要根据储能电池的实际 SOC 值对储能变流器的充放电功率作相应的限制，以保证储能系统的安全稳定运行。储能充放电管理方法主要是根据图 8-6 中所示的储能充放电曲线，对储能系统的充放电功率进行控制。

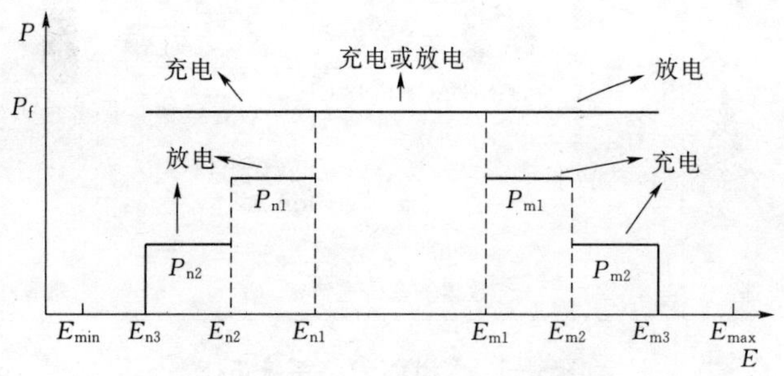

图 8-6　储能充放电曲线

充放电功率曲线如此设计的目的是在储能单元的剩余容量较大时，要减小其充电功率，在储能单元的剩余容量较小时，要减小其放电功率。图 8-6 中，功率输入值为 P_f，E 表示储能单元的剩余容量，E_{m1} 表示低充电定值，E_{m2} 表示高充电定值，E_{m3} 表示最大充电定值，E_{max} 表示工程中最大储能容量，E_{n1} 表示高放电定值，E_{n2} 表示低放电定值，E_{n3} 表示最小放电定值，E_{min} 表示工程中最小储能容量。充电时，当 E 小于 E_{m1} 时，输出功率值为 P_f，当 E 介于 E_{m1} 和 E_{m2} 之间时，若 $0.5P_f$ 大于 P_{m2} 某一固定阀值，输出功率值变为 $P_{m1}=0.5P_f$，否则仍为 P_f，当 E 介于 E_{m2} 和 E_{m3} 之间时，P_f 若大于 P_{m2}，输出功率值变为 P_{m2}，否则仍为 P_f，当 E 达到 E_{m3} 时，输出功率值变为 0；放电时，当 E 大于 E_{n1} 时，输出功率值为 P_f，当 E 介于 E_{n2} 和 E_{n1} 之间时，若 $0.5P_f$ 大于 P_{n2} 某一固定阀值，输出功率值变为 $P_{n1}=0.5P_f$，否则仍为 P_f，当 E 介于 E_{n3} 和 E_{n2} 之间时，P_f 若大于 P_{n2}，输出功率值变为 P_{n2}，否则仍为 P_f，当 E 达到 E_{n3} 时，输出功率值变为 0。

微电网具有黑启动功能，黑启动是指当微电网因故障等异常情况失电，监控系统可自动地将整个微电网启动起来，使得微电网重新投入运行。监控系统自动尝试黑启动过程若干次（次数可设置），如果都不成功，则不再尝试，随即停运电站，这时需要在排除故障后人工启动。微电网单独配置了 3 块约 250Wp 光伏电池板，通过独

立型光伏逆变器输出单相220V交流电，在微电网长期停电时为UPS电池充电，维持UPS正常运行，避免控制系统因为UPS电池耗光而无法启动。系统协调控制画面如图8-7所示。

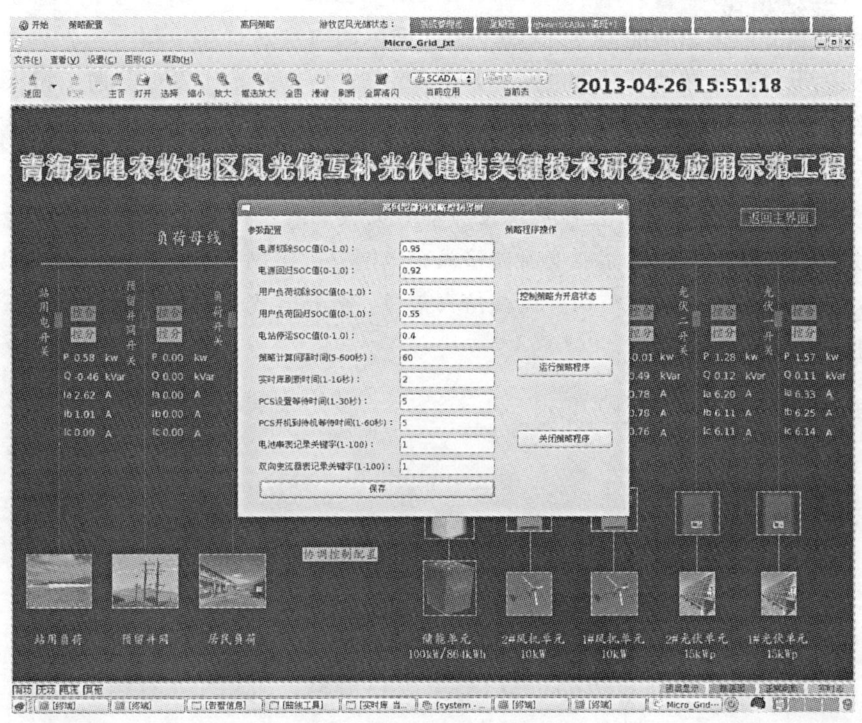

图8-7 系统协调控制画面

8.1.4 应用效果

该系统充分利用当地可再生能源，将负荷分为重要负荷、可控负荷和可切负荷，通过综合控制分布式发电、储能和负荷，实现发电和用电的功率和电量平衡，基本满足了当地居民的用电需求。示范工程于2013年5月正式投入运行，结束了当地居民“蜡烛照明”的现状，保障了居民的基本生活用电，提高了居民生活水平和生活质量。

该项目的开展为偏远无电地区可靠利用新能源供电提供了一种新的建设思路，为彻底解决无电人口的用电问题提供了技术支撑和经验积累。

8.2 商业楼宇微电网

国网冀北电力有限公司分布式光储协调控制微电网试验平台由分布式光伏发电、混合储能、负荷、配电、测控与保护装置、监控与能量管理系统等组成，项目位于北京市西城区某办公大楼内，地理位置为北纬 39°55′，东经 116°21′，光照资源优越。项目于 2015 年 10 月建成投运，属于科研示范项目，同时也是商业楼宇型微电网建设典型案例。

8.2.1　系统组成

该试验平台为并网型光储微电网，其中 30kWp 分布式光伏发电分两路接入微电网系统母线，为保证可再生能源的利用率，光伏发电始终运行在最大功率跟踪模式下；30kW/75(kW·h) 能量型铁锂电池用于平滑光伏出力、削峰填谷和跟踪计划，40kW/50kVA 功率型超级电容用于短时间、大功率的负载平滑、抑制电压波动和改善电能质量，两套储能电池分别经过储能变流器接入微电网；微电网负荷主要是大楼内照明和空调负荷，另外还配置了模拟负荷等试验仿真接口。分布式光储协调控制微电网试验平台系统拓扑如图 8-8 所示。

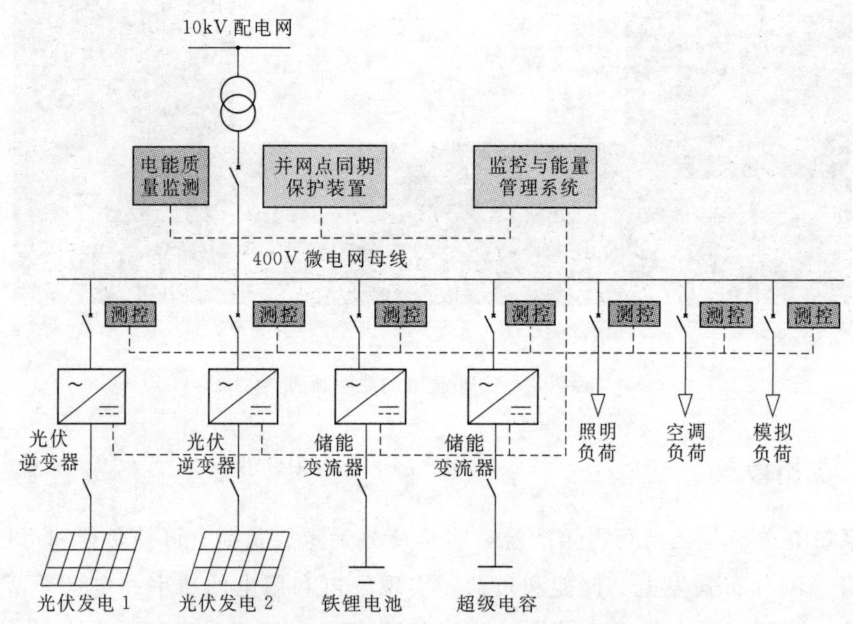

图 8-8　分布式光储协调控制微电网试验平台系统拓扑图

8.2.2　运行与控制系统配置

1. 监控与能量管理系统

微电网监控与能量管理系统统一部署，硬件设备主要由服务器、交换机、工作站、显示器、GPS、通信控制器、无线路由器、防火墙及通信网络组成，如图 8-9 所示。

数据服务器与采集服务器构成冗余互备用系统，与工作站和交换机组成双网结构，服务器一方面要运行商用数据库管理系统，实现对系统运行参数、CIM

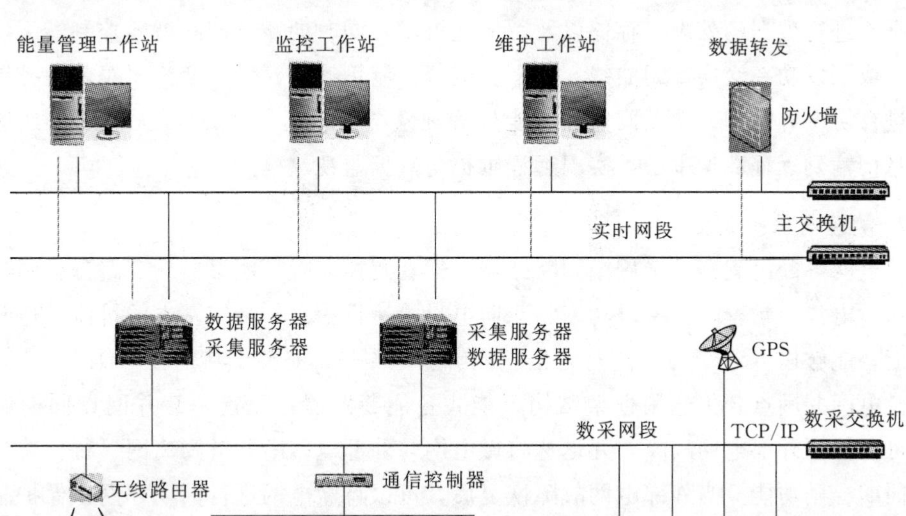

图 8-9 微电网监控与能量管理系统图

模型数据以及历史运行数据的管理职能；另一方面要承担数据采集、数据处理、数据存储、数据分发、数据检索、双服务器之间数据同步等功能，运行 Linux 操作系统。

维护工作站主要供值班人员进行系统维护用，进行各种数据库的维护、图形的绘制及修改、报表的生成及维护、系统功能及权限维护、资料的录入及管理等，运行 Linux 操作系统。

监控工作站提供友好的、丰富多彩的人机交互界面和监控手段，如显示各种画面(包括系统图、接线图、曲线图、地理图、棒图、饼图和仪表图)、报表、告警信息和管理信息。值班人员可以检索各种历史数据，进行遥控、遥调操作和查询各种参数，运行 Linux 操作系统。

能量管理工作站运行高级应用程序，根据发电单元出力和负荷情况对微电网控制目标进行优化，实现跟踪计划、削峰填谷等控制功能。

前置数据采集和实时数据传输采用冗余交换式以太网结构，采用具备三层交换功能的交换机，网络交换速率采用 100M/1000M 自适应。

电能质量监测装置、电池管理系统、并网点同期保护装置等就地设备直接用以太网形式接入数采交换机；PCS、模拟负荷等就地设备通过串口先接入通信控制器，由通信控制器变换为以太网形式以 IEC 60870-5-104 规约接入数采交换机；光伏逆变器和气象监测仪距离较远，通信线路铺设困难，因此采用无线通信方式，运行数据经无线路由器接入数采交换机。

微电网监控与能量管理系统与就地控制器进行通信，接收就地控制器上送的各种运

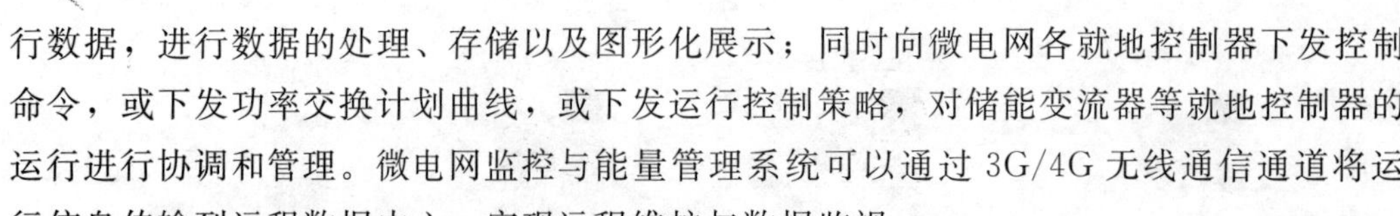

行数据，进行数据的处理、存储以及图形化展示；同时向微电网各就地控制器下发控制命令，或下发功率交换计划曲线，或下发运行控制策略，对储能变流器等就地控制器的运行进行协调和管理。微电网监控与能量管理系统可以通过 3G/4G 无线通信通道将运行信息传输到远程数据中心，实现远程维护与数据监视。

2. 测控与保护装置

微电网各配电支路均选用塑壳断路器，配置测控装置，能够监测支路分合闸状态以及电压、电流、频率、四象限功率、双向电量等运行信息，带有基本的过流、速断等保护功能，能够以 RS485 方式进行通信，能够上送测量信息并支持遥控功能。

微电网并网点开关选用框架结构万能式智能断路器，配置一套并网点同期保护装置，可以检测外部电网故障，并迅速将微电网与外部电网断开转为离网运行。装置同时具有同期合闸功能，当外部电网故障恢复后，可以将微电网进行同期并网。保护装置除过载电流保护、接地故障保护、漏电保护等一般保护功能外，在外部电网侧还设置了过/欠压保护、过/欠频保护、失电检测等功能，在微电网侧设置过/欠压保护、过/欠频保护、电流方向保护等功能。

3. 电能质量监测

本项目选用的电能质量监测装置是一种集可编程测量、液晶显示、数字通信、开关量控制、模拟量变送等功能于一体的电力仪表，可以对电网中的电压，电流，有功功率，无功功率，视在功率，功率因数，频率，四象限电能，电压及电流谐波含量（2～31 次），电压及 THD，电压电流不平衡度，电压电流正序、负序和零序等进行测量和计量，带有事件记录功能。

8.2.3　监控系统功能

8.2.3.1　数据采集与数据处理

监控系统能够采集和处理遥信量、遥测量、遥控量、遥调量、遥脉量、状态量、保护装置定值参数和动作信号、电能质量监测数据等几类数据。监控系统将采集的实时数据处理后送至实时数据库，然后按照设置好的时间间隔，将实时数据存入历史数据库。监控系统前置数据浏览如图 8-10 所示。

监控系统的主要数据采集来源包括：

（1）从各类分布式电源采集的四遥数据。

（2）从负荷终端采集的四遥数据。

（3）气象监测仪器的气象数据以及气象预报数据。

（4）从配变监测终端采集的四遥数据。

（5）从电表采集的电量数据。

（6）从保护装置采集的电网动态数据（如保护动作信息、保护定值、软压板数据）。

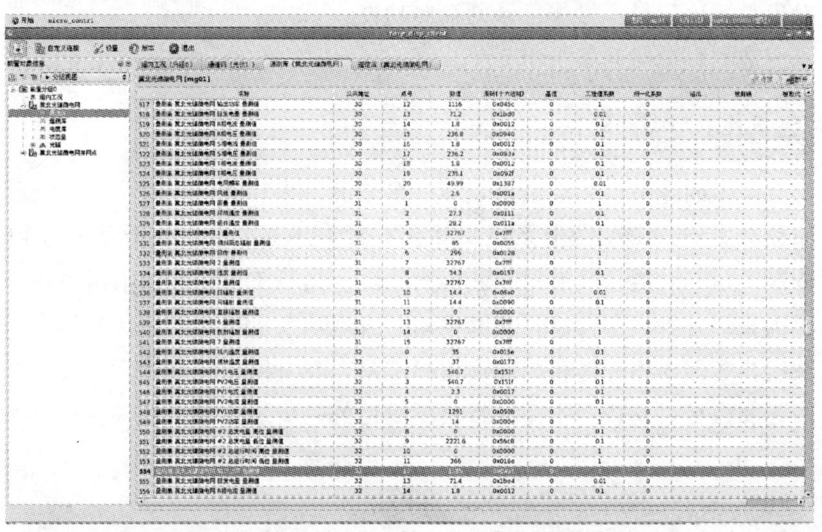

图 8-10　监控系统前置数据浏览

（7）接收系统天文钟的各种数据。

（8）与智能终端设备的通信数据。

（9）接收调度自动化系统转发的电网数据。

监控系统具备对采集数据信息进行计算、分析等功能，数据分析服务主要包括以下功能：

（1）数据源选择、自动计算周期等，能够按日、月、季、年或自定义时间段统计。

（2）统计指定量的实时最大值、最小值、平均值和发电量总加值，统计时段包括年、月、日、时等。

（3）多位置信号、状态信号的逻辑计算。

（4）统计指定量变位次数、遥控、遥调次数。

（5）统计遥控正确率和遥调响应正确率。

（6）对电压电流越限、功率因数和电能质量合格率等统计分析。

（7）人工设定数据和状态，所有人工设置的信息能够自动列表显示。

监控系统具备对采集数据信息进行合理性检查及越限告警功能，检测告警服务主要包括：

（1）数据完整性检查，自动过滤坏数据，根据微电网运行状态，自动设置数据质量标签。

（2）设定限值，支持不同时段使用不同限值。

（3）告警公共服务支持告警定义、告警动作、告警分流、画面调用、告警信息存储等。

监控系统具备对采集数据信息进行存储的功能，存储服务主要包括：

（1）对采集的各类原始数据和应用数据进行分类存储和管理。

（2）对事件顺序记录、操作记录的存储功能。

（3）重要数据存储时间不少于 5 年。

8.2.3.2　全景展示与图形处理

基于 QT 技术的跨平台图形系统，支持多平面、多层次、矢量化的无级缩放，通过引入图形系统，使 SCADA 图形系统一体化，具有漫游、变焦、导游、拖拽、开窗放大、分层分级显示等功能，具有单线图、网络图、运行工况图和通信网络图等，可直观通过图形界面查询各种设备信息，能够生动、直观地展示微电网运行信息。

监控系统具备图模库一体化的图形建模工具，具备网络拓扑管理工具，支持用户自定义设备图元和模板，支持各类图元带模型属性的拷贝。监控系统展示画面如图 8－11 所示。

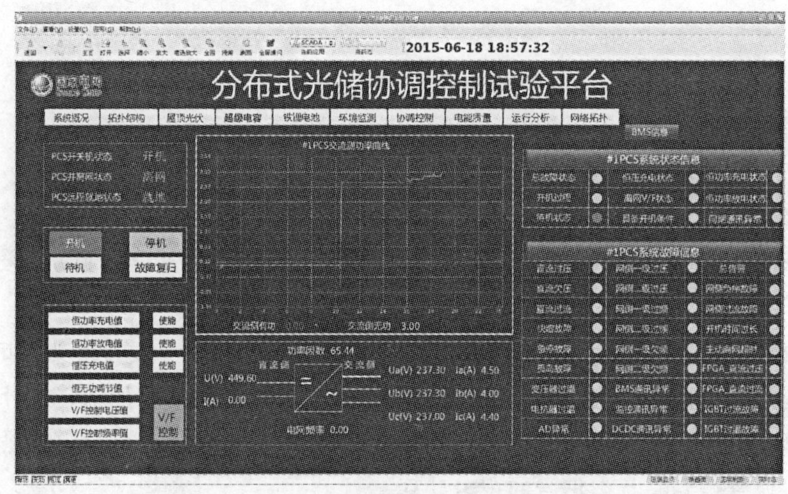

图 8－11　监控系统展示画面

8.2.3.3　顺序控制

在自动控制领域中，将某个控制任务在时间上划分成能够实现不同功能的阶段，通过转换条件，各阶段相互衔接，按顺序依次执行，被称为顺序控制。

微电网顺序控制程序基于监控系统运行，主要通过人工触发执行，实现在微电网不同运行状态下的各种可执行动作的顺序过程控制，从界面进行控制过程的选择，并进行顺序执行、单步执行、暂停、终止等各种操作；操作中可查看过程中各动作的执行状况；操作时和操作结束后将操作各步骤及整体结果入库以便统计。所有流程、控制动作、判断条件均可自由配置，加强了程序的灵活性和可移植性；执行动作期间进行多次判断并加入了重试功能，加强了控制的可靠性。顺序控制是微电网并、离网运行与切换操作的最常用手段，微电网监控系统能够按照预先设定的顺序和流程控制微电网内各设备动作，实现的基本功能包括微电网并网启动、并网停机、离网启动、离网停机等。

并网运行时，储能系统运行在 PQ 控制模式，储能变流器控制电流大小以及电流和电压的相位关系来实现有功无功调节和充放电控制，并网运行时 PCS 电压和电流波形如图 8－12 所示。

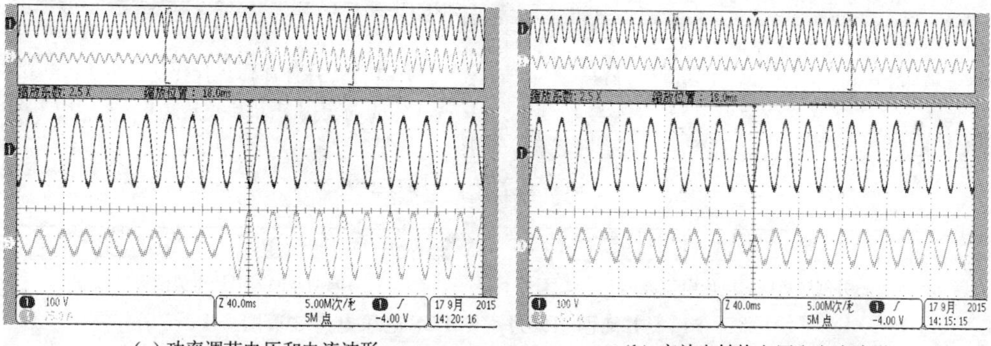

(a) 功率调节电压和电流波形　　(b) 充放电转换电压和电流波形

图 8－12　并网运行时 PCS 电压和电流波形

离网运行时，铁锂电池储能系统作为主控制单元运行在 V/f 控制模式，其他分布式电源作为从控制单元运行在 PQ 控制模式，储能变流器根据负荷大小自动调节输出功率。系统离网运行时 PCS 电压电流波形图如图 8－13 所示。

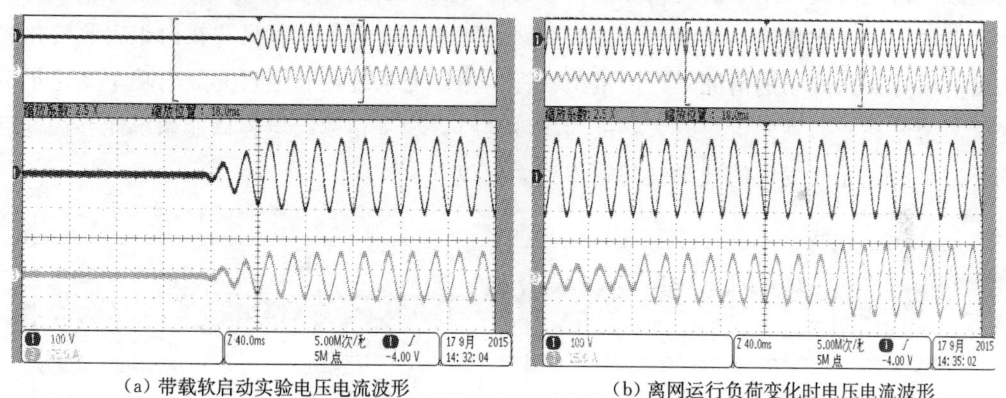

(a) 带载软启动实验电压电流波形　　(b) 离网运行负荷变化时电压电流波形

图 8－13　离网运行时 PCS 电压电流波形图

8.2.3.4　运行模式控制

微电网监控系统具备微电网并/离网运行模式切换功能，具备向储能变流器下达模式切换命令的能力。

并网运行时，大电网故障或者监控系统发送并网转离网切换指令，并网点断路器会断开，于此同时 PCS 由 PQ 控制切换到 V/f 控制，微电网切换为离网运行。当大电网恢复正常时，监控系统向就地控制器下发并网指令，同期装置检测并网点两端电压和相位，并控制 PCS 电压与相位向电网侧靠近，当并网点两端电压与相位差值满足同期要求时，合并网点断路器开关，PCS 检测到并网点断路器合闸后转入待机状态。并离网切换过程中 PCS 电压电流波形如图 8－14 所示，微电网可以实现并离网的无缝切换。

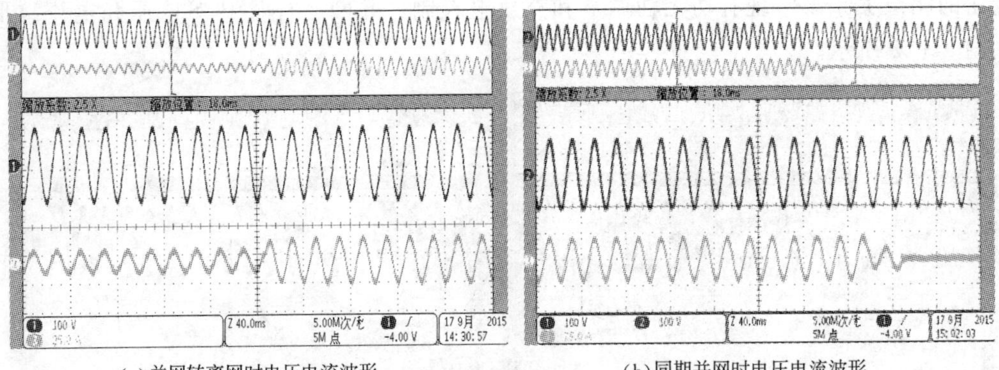

(a)并网转离网时电压电流波形　　(b)同期并网时电压电流波形

图 8-14　并离网切换过程中 PCS 电压电流波形图

8.2.3.5　功率控制

监控系统对光伏发电功率进行低通滤波，实时计算光伏发电功率波动，然后将波动值分配给储能系统来补偿，达到使微电网并网点功率实时平滑的目的。微电网运行在并网模式，监控系统采用平滑波动控制，以 0.2s 采样间隔监测光伏发电、储能以及光储并网点的功率变化曲线，平滑波动试验曲线如图 8-15 所示。可见，在由于辐照变化光伏发电出力快速波动的情况下，能量型铁锂电池储能系统能够通过充放电功率变化平滑光伏出力波动，遇到光伏短时大幅度功率波动时，功率型超级电容储能系统能够快速启动予以平滑，光伏发电的波动性问题得到大幅改善。

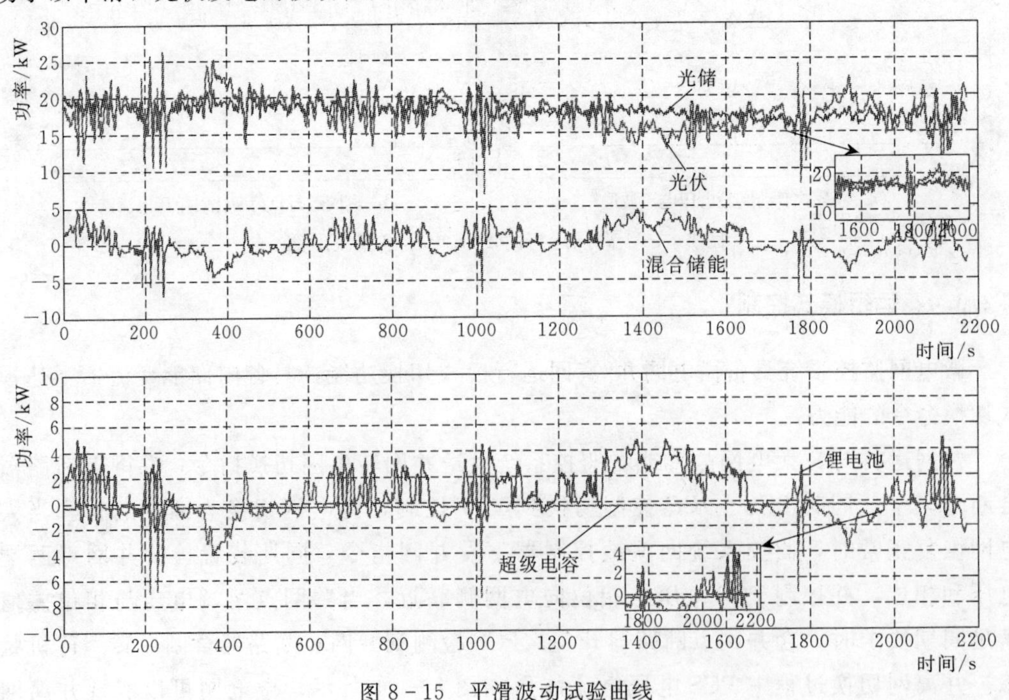

图 8-15　平滑波动试验曲线

8.2.3.6 人工操作

人工操作是用户和监控系统交互的主要渠道之一，例如运行人员可以通过它来下达遥控、遥调命令等。人工操作的结果在画面或数据库中，用颜色或某些符号标识系统设备、测量值、导出值的状态来表示。所有操作均记录、存档，并提供方便的手段供用户查询。

1. 防误闭锁

监控系统支持多种类型自动防误闭锁功能，包括基于预定义规则的常规防误闭锁和基于拓扑分析的防误闭锁功能。

2. 人工置数

运行人员能人工设定数字量、模拟量和其他参数值。人工置数存入数据库，并与实时采集的数据同样处理。

3. 停止运行

当一个设备停止运行时，数据库的数据不更新，不产生报警，不产生控制命令。

4. 人工封锁

当一个设备的遥信值、遥测值或工况封锁后，数据库的数据不更新，不产生报警。

5. 抑制报警

当对一个设备抑制报警时，该设备不产生报警。

6. 挂牌操作

挂牌是确保系统安全性的途径之一。例如当一个设备检修时，挂检修牌，此时该设备不能进行操作。再如，当一条线路接地线时，挂接地牌，禁止在该线路上实施送电等操作。

7. 遥控遥调

用户通过 SCADA 系统对微电网就地控制器进行遥控和遥调操作。

8.2.3.7 曲线工具

曲线显示包括动态趋势、当前趋势、历史趋势、计划曲线等。数据来源于实时数据、历史数据、曲线数据、计划值数据。可在线定义和修改数据采样周期、数据点、曲线显示比例、范围、时间间隔等。

一幅画面可有多组曲线，一组曲线可显示多条。当前、历史、计划等曲线可在同一幅画面任意组合，并能在线追加或删除任一天的历史、计划曲线。当游标滑到曲线区域时，出现一条垂直标尺，在标尺的右面显示当前时间及曲线数值，数值色同曲线色。曲线工具画面如图 8-16 所示。

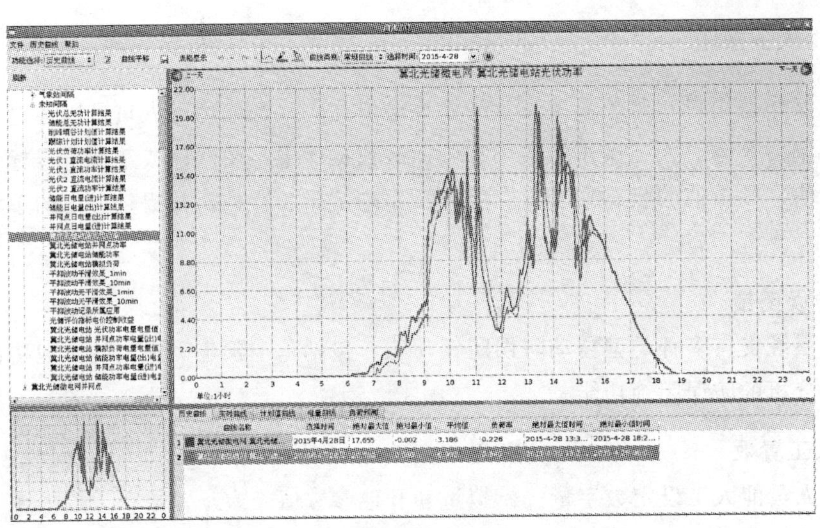

图 8-16　曲线工具画面

8.2.3.8　报表

报表子系统采用跨平台报表系统，具有类似 Excel 的编辑功能，图形和表格混合制作。报表设计的主要特点如下：

（1）编辑手段灵活。提供了强大的报表编辑、数据处理功能。用户可以自由地设计个性化的、图文并茂的报表。用户可以在表格栏中很方便地输入文字、数字、图片和控件等，并可以自由地设置其格式。根据表格数据可以生成各种形式的统计图表和数据透视表，以支持对数据进行快速汇总和分析。

（2）支持从 Excel 导入数据格式，也支持输出到 Excel、CVS 等其他格式。

（3）提供报表模板，提供报表的快速定制手段，可灵活生成日报、周报、月报、季报、年报、采样报表、电量报表、各类统计报表。

（4）提供数据关联手段，支持在线统计和事后离线统计，支持定时打印、召唤打印和任务批打印。报表设计如图 8-17 所示。

8.2.3.9　系统告警

告警处理应用于引起运行人员和系统维护人员注意的告警事件处理，包括电力系统运行状态发生变化、未来系统状态的预测、设备监视与控制、运行人员的操作记录等发生的所有告警事件处理。根据不同的需要，告警分为不同的类型，并提供画面、音响、语音等多种告警方式。系统告警功能主要有以下特点：

（1）按照传统模式或者智能模式显示各类告警，智能告警可自由定制。

（2）时序告警，并且按时间进行顺序或逆序排列。

（3）按告警类型分类显示告警信息。

（4）直接由告警信息调出接线图，方便监视。

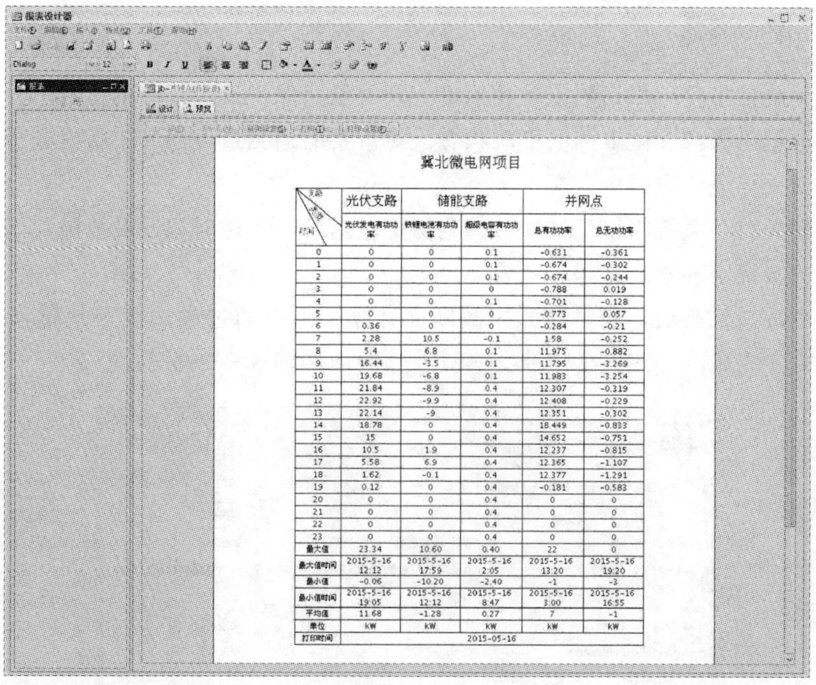

冀北微电网项目

支路/类型/时间	光伏支路	储能支路		并网点	
	光伏发电有功功率	铁锂电池有功功率	超级电容有功功率	总有功功率	总无功功率
0	0	0	0.1	-0.631	-0.361
1	0	0	0.1	-0.674	-0.302
2	0	0	0.1	-0.674	-0.244
3	0	0	0	-0.788	0.019
4	0	0	0.1	-0.701	-0.128
5	0	0	0	-0.773	0.057
6	0.36	0	0	-0.284	-0.21
7	2.28	10.5	-0.1	1.58	-0.252
8	5.4	6.8	0.1	11.975	-0.882
9	16.44	-3.5	0.1	11.795	-3.269
10	19.68	-6.8	0.1	11.983	-3.254
11	21.84	-8.9	0.4	12.307	-0.319
12	22.92	-9.9	0.4	12.408	-0.229
13	22.14	-9	0.4	12.351	-0.302
14	18.78	0	0.4	18.449	-0.833
15	15	0	0.4	14.652	-0.751
16	10.5	1.9	0.4	12.237	-0.815
17	5.58	6.9	0.4	12.365	-1.107
18	1.62	-0.1	0.4	12.377	-1.291
19	0.12	0	0.4	-0.181	-0.583
20	0	0	0.4	0	0
21	0	0	0.4	0	0
22	0	0	0.4	0	0
23	0	0	0.4	0	0
最大值	23.34	10.60	0.40	22	0
最大值时间	2015-5-16 12:12	2015-5-16 17:59	2015-5-16 2:05	2015-5-16 13:20	2015-5-16 19:20
最小值	-0.06	-10.20	-2.40	-1	-3
最小值时间	2015-5-16 19:05	2015-5-16 12:12	2015-5-16 8:47	2015-5-16 3:00	2015-5-16 16:55
平均值	11.68	-1.28	0.27	7	-1
单位	kW	kW	kW	kW	kW
打印时间	2015-05-16				

图 8-17 报表设计

(5) 分别按对象、支路、厂站检索告警信息，并将检索结果在检索页显示。

(6) 对某对象屏蔽告警信息和解除屏蔽。

(7) 在告警监视界面进行语音处理和短消息配置。

系统告警画面如图 8-18 所示。

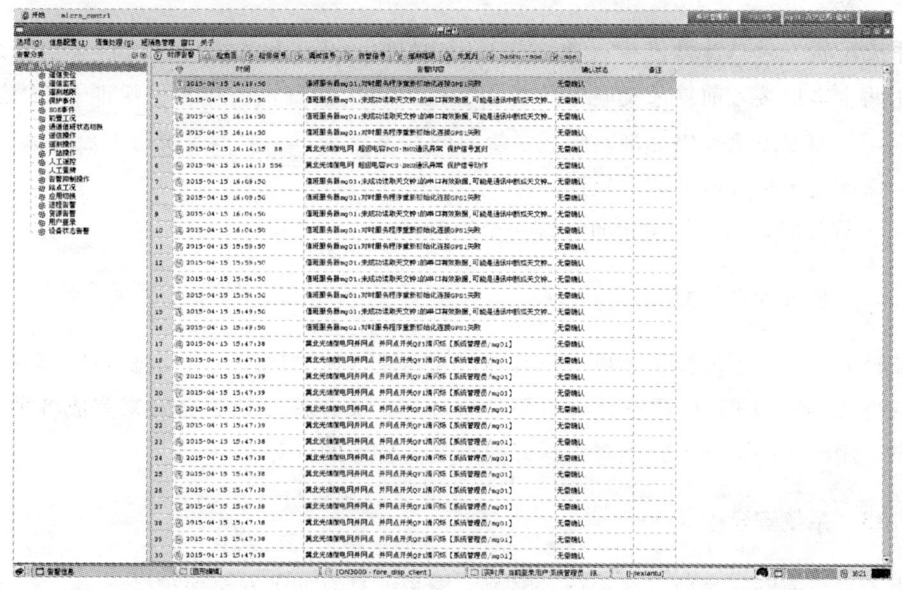

图 8-18 系统告警画面

8.2.3.10　事故追忆

监控系统具备全部采集数据（模拟量、开关量、保护信息等）的追忆能力，能够完整、准确地记录和保存微电网的事故状态。对重要的遥测量可以人工指定进行精密采样缓冲，精密采样缓冲数据可定义 15min 或 30min。

出现事故时，系统将追忆缓冲转存到历史数据库，追加时间戳及故障原因，事故追忆报表由用户确定存盘或打印。

调用事故追忆画面，同时装入事故断面数据，可以通过画面直观地重演事故的现场，可以人工指定帧号或人工重演。事故追忆画面如图 8－19 所示。

图 8－19　事故追忆画面

8.2.3.11　时钟同步

系统配置一台与计算机接口连接的 GPS 时钟。GPS 设备挂接在前置采集系统中，分别用两个串口接入前置采集服务器的主备机，利用前置机的热备份保证 GPS 接入的可靠性，为监控系统提供标准时间、系统时间和系统频率。前置系统与测控和保护装置对时，保证整个系统时钟的一致性。

GPS 故障时，由系统主机时钟统一全网时钟。

8.2.3.12　公式计算引擎

监控系统计算引擎能够完成用户各种计算功能，使数据库具有动态特性。监控系统提供支持 ANSIC 的全 C 语言计算引擎，通过自定义各种 C 语言公式来完成各种计算，在用户不用编程的情况下，能对数据库的点定义特定的计算。

8.2.3.13　系统安全性

为了系统能够安全稳定地运行，整个监控系统具有如下安全保护措施。

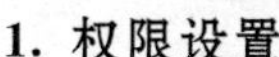

1. 权限设置

所有的系统操作员能根据其需要被赋于某些权限，这些权限规定各个操作员对系统及各自业务活动的使用范围。每个操作员也可划分为某一种角色，根据用户名、口令、操作权，所属角色及操作范围决定当前登录用户可以完成的操作，例如系统管理员可以操作所有数据、用户管理、设置用户访问应用系统的权限等，一般操作员可以操作数据中授权的数据，一般用户只能浏览数据。

2. 访问保护

操作员只有输入正确的密码，才能进入系统，即保证系统的安全性。进入系统后，通过划分不同层次的操作，来满足各种操作员的使用需要，从最低级的只可调出画面，到最高级的可以修改、访问、维护数据库并进行各项操作。

3. 操作保护

对每个操作员都有口令控制，以限定各个不同操作员的操作权限和操作范围。在执行遥控操作时进行口令字校检，以确保无关人员绝对不能进行遥控操作，每种操作都有记录。

4. 运行日志

对于操作员的重要操作，系统都能按时间顺序在运行日志上给予记录，存入运行日志文件中，并随时可打印输出。

5. 进程监视

监控系统的服务器和每台工作站上都运行了进程监视程序，对关键进程的运行状况进行监视，并产生进程日志。

权限管理画面如图 8-20 所示。

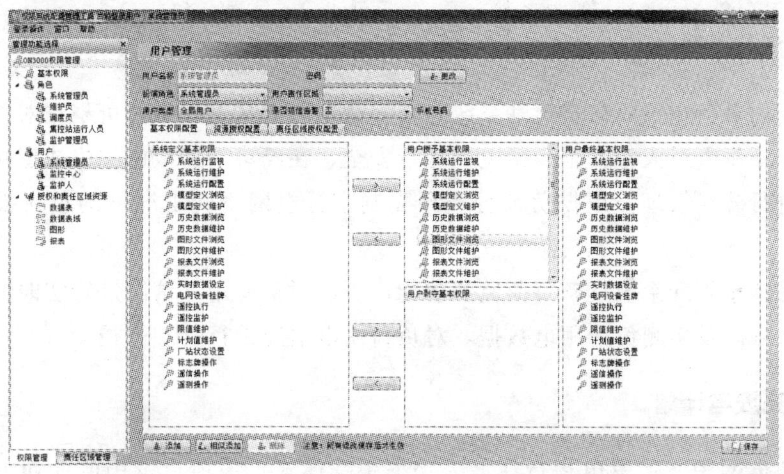

图 8-20 权限管理画面

8.2.4　能量管理系统功能

微电网能量管理系统是能够提供使微电网内发电、配电、用电设备有效运行所需功能的一套应用软件，以便用最小成本保证适当的供电安全性。这里主要介绍电源管理、负荷管理和充放电计划几个方面的内容。

8.2.4.1　电源管理

微电网能量管理系统可以对微电网中的发电和储能系统进行发电管理，包括发电检修状态管理和储能荷电状态管理等。发电设备检修状态管理可以对发电设备进行检修挂牌、检修时间设置。储能系统荷电状态管理可以在储能荷电状态过高/过低时预警。能量管理系统画面如图 8-21 所示。

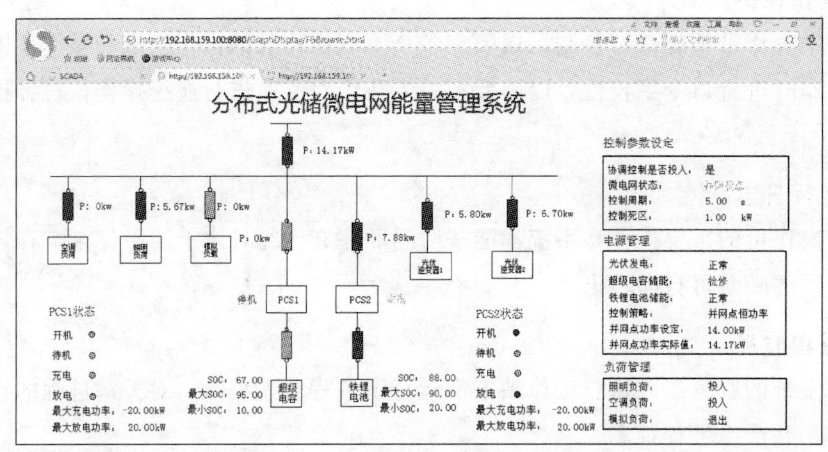

图 8-21　能量管理系统画面

8.2.4.2　负荷管理

微电网内负荷包括用户负荷和系统负荷，微电网能量管理系统可根据对供电可靠性的要求及中断供电对人身安全、微电网运行安全、在经济上造成的损失或影响程度，对用户负荷进行分级管理，根据负荷分类预先制定微电网不同工况下的负荷投切策略和计划。

微电网能量管理系统具备负荷监测功能，可以对负荷用电情况进行实时监测，比较负荷用电计划以及实测负荷用电数据，对负荷用电情况进行管理管控。

8.2.4.3　充放电计划

由于微电网中光伏发电运行在最大功率跟踪模式，该项目发用电计划主要是针对储能系统的充放电计划。微电网能量管理系统根据不同的控制策略，结合光伏发电

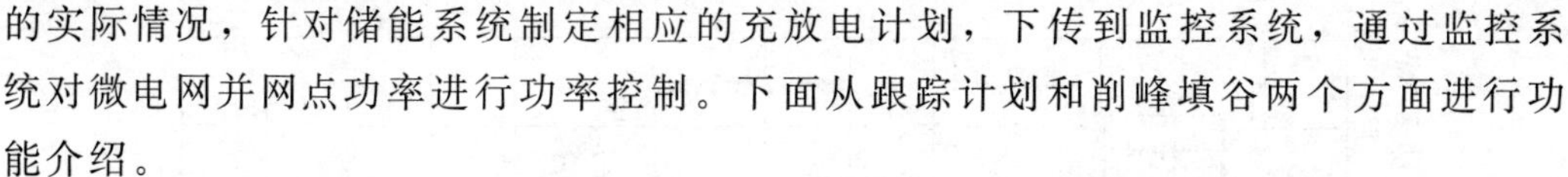

的实际情况，针对储能系统制定相应的充放电计划，下传到监控系统，通过监控系统对微电网并网点功率进行功率控制。下面从跟踪计划和削峰填谷两个方面进行功能介绍。

1. 跟踪计划

微电网运行在并网模式，以10s采样间隔监测光伏发电、储能以及光储并网点的功率变化曲线，监控与能量管理系统采用跟踪计划控制模式，通过“联合发电计划优化”功能，按每5min一个点下发跟踪计划出力曲线，试验波形如图8-22所示。可见，为满足模拟调度下发的跟踪计划出力曲线，在光伏出力频繁变化过程中，铁锂电池和超级电容执行能量管理系统下发的协调控制策略，维持并网点功率跟踪计划曲线值。

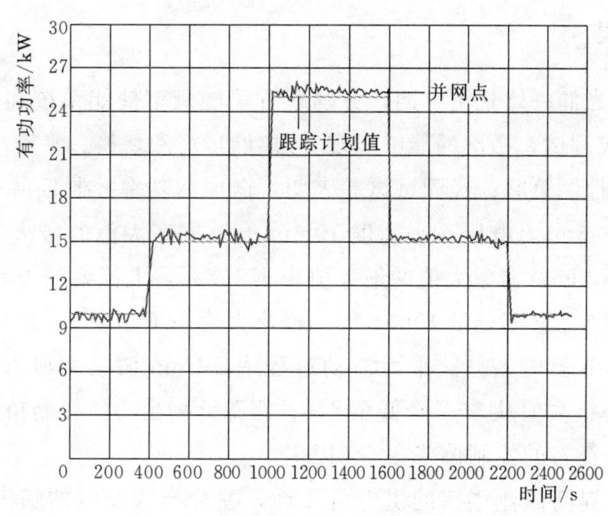

图8-22 跟踪计划出力试验曲线

2. 削峰填谷

微电网运行在并网模式，以5min采样间隔监测光伏发电、储能以及光储并网点的功率变化曲线，监控与能量管理系统采用削峰填谷控制策略。早上5：30光伏系统开始发电，功率缓慢上升，早上7：00储能系统开始控制，储能系统通过放电使并网点功率达到设定值，早上8：30时光伏发电功率超过设定值，储能系统转为充电运行，继续维持并网点功率在设定值。随着铁锂电池*SOC*逐步增加并接近上限值，下午1：20时储能系统停止控制，光伏发电全部通过并网点上网，随着光伏发电功率逐渐减小，在下午4：00左右光伏发电功率小于设定值，储能系统重新开始控制，运行在放电状态，至下午6：00时储能系统控制退出。削峰填谷运行曲线如图8-23所示。

用户还可以根据峰谷电价政策配置相应的控制策略，对微电网接入电网联络线处功率和能量进行优化控制。

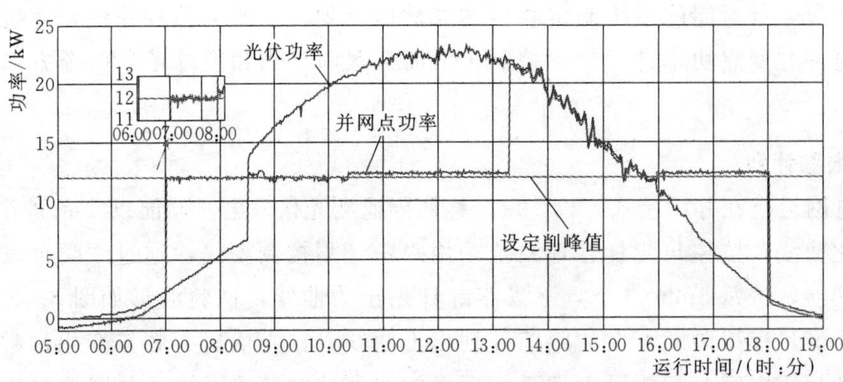

图 8-23　削峰填谷运行曲线

8.2.5　应用效果

本工程建设了光储一体化微电网，分别配置了能量型储能系统和功率型储能系统，于 2015 年 7 月完成调试，微电网能够实现并/离网运行和切换、平滑波动、跟踪计划和削峰填谷等不同的控制策略。经测试试验表明，微电网功率控制偏差小于 4.5%，功率调节响应时间小于 45ms，电压不平衡度 10min 95%概率大值的最大值小于 0.3%，电压谐波畸变率 10min 95%概率大值的最大值小于 1.8%，电流谐波 10min 95%概率大值的最大值小于 0.75A，直流分量 10min 95%概率大值小于 0.5%，短时闪变 10min 95%概率大值的最大值小于 0.07%。平滑波动过程中，1min 波动率极大值从 18%降低至 6%，10min 波动率极大值从 30%降低至 8%；跟踪计划出力的控制精度在 5%以内，合格率为 99%；削峰填谷的控制偏差在 5%以内。

该微电网能够提高商业楼宇的供电可靠性，使分布式发电的随机性和波动性得到有效控制，有利于减小高渗透率下分布式发电的调度困难，同时可以开发城市屋顶资源，推进分布式光伏发电发展，减少二氧化碳排放，具有明显的经济社会效益和推广价值。

8.3　工业园区微电网

扬州智能电网综合示范项目位于扬州经济开发区，地理位置为北纬 32°18′，东经 119°25′。工程涉及发电、输电、变电、配电、用电、调度六个环节，包括光伏发电并网、输变电设备状态监测系统、智能变电站、配电自动化、电能质量监测和治理、用电信息采集系统、智能小区/楼宇、电动汽车充电设施、智能需求侧管理、通信信息网络及安全系统、电网智能运行可视化平台等 11 个子项，是继上海世博园、中新天津生态城之后建成的国内规模最大、覆盖面最广的智能电网综合示范项目，是智能电网最新技术集成创新应用的典范。示范项目由国网江苏省电力公司投资建设，于 2013 年 1 月建成并通过验收。

分布式发电与微电网从属于智能电网示范工程中的光伏发电并网子项。根据扬州经济技术开发区内现有资源条件，依托开发区内已有兆瓦级光伏电站，建成了一个包含光伏发电、大容量储能系统，具有微电网特性的示范工程。该项目实现了分布式光伏发电和大容量储能系统与大电网的友好接入，通过微电网内分布式电源之间的协调控制，实现清洁能源优化利用和电网节能降耗，展示智能微电网在能量优化调度和经济运行方面的特点与优势。

8.3.1 系统组成

微电网包括1.1MWp屋顶光伏发电、250kW/800kW·h铅酸储能系统、静止无功发生器（Static Var Generator，SVG）、有源滤波器等设备，微电网一次接线图如图8-24所示。分布式光伏发电采用“自发自用、余电上网”方式接入电网，就近接入厂房、宿舍、活动中心等用电负荷，储能单元在微电网中的作用为削峰填谷，在分布式电源出力过剩时，对储能充电，在分布式电源出力不足时，储能放电。本微电网子项工程的储能系统能够消除分布式电源对市电系统的间歇性冲击，并且当市电系统停止供电时，可为微网内负荷提供稳定的电力供给。

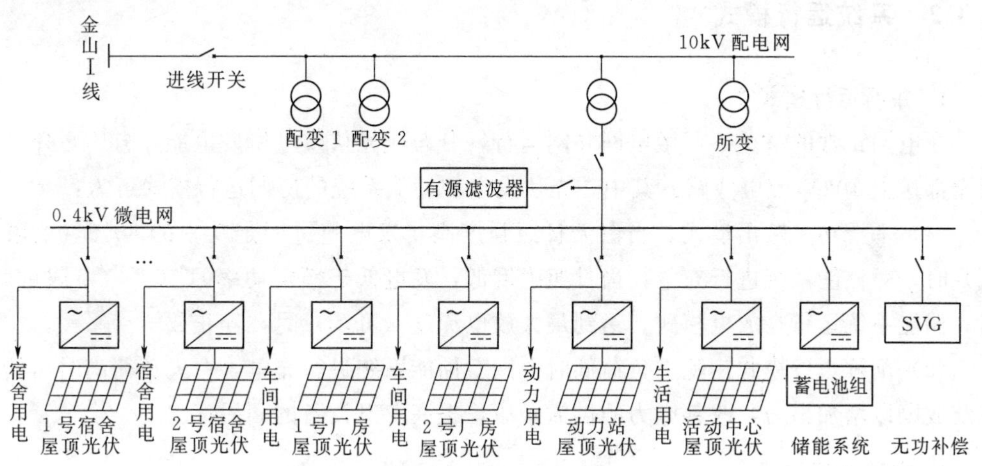

图8-24 微电网一次接线图

微电网监控与能量管理系统结构图如图8-25所示，系统采用Unix/Linux跨平台系统结构，主干网络采用双1000M以太网，数据采集网络采用双100M以太网。主要设备配置有数据服务器、前置服务器、应用服务器、监控工作站、能量管理工作站、报表工作站和维护工作站等。微电网的运行信息通过随电缆铺设的光缆由光网络单元（Optical Network Unit，ONU）接入港口变配电自动化通信专网，传输信号再由港口变的同步数字体系（Synchronous Digital Hierarchy，SDH）光传输设备传输至扬州市调配电网自动化系统。

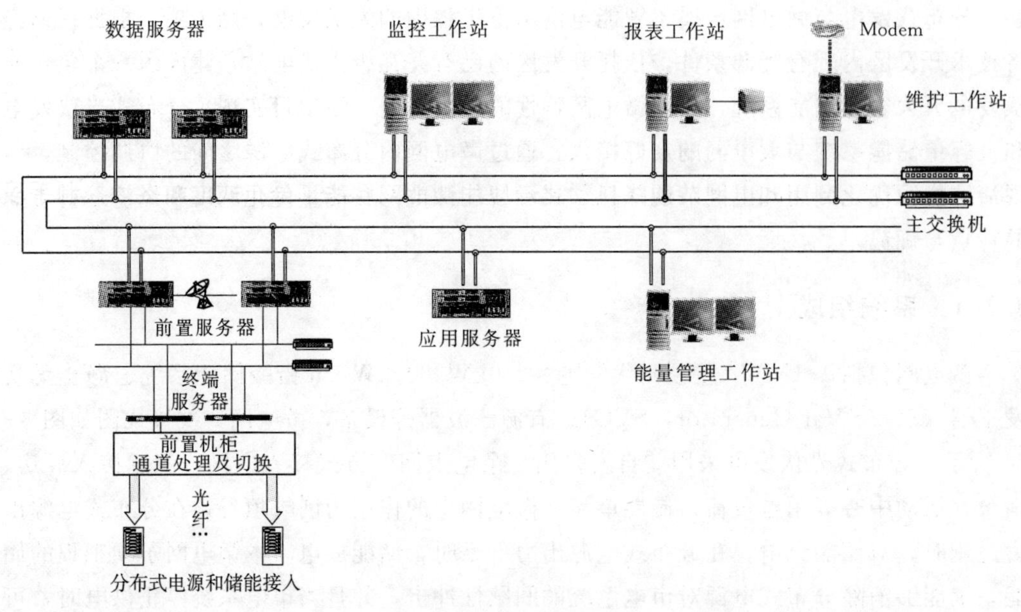

图 8-25　微电网监控与能量管理系统结构图

8.3.2　系统运行模式

1. 并网运行模式

在电网正常的情况下，微电网并网运行，分布式光伏发电所发电能除自用之外，其余全部送上 10kV 配电线路。其中，光伏发电和储能系统的协调运行模式可为：

(1) 平滑功率输出模式。当白天日照强度高，发电超过额定功率的 80%（上限可调）时，对储能系统进行充电；当日照强度低，发电低于额定功率的 50%（下限可调）时，储能系统运行在放电模式，达到最大放电深度（可调）时，停止放电。

(2) 削峰填谷模式。晚上负荷低时电网对储能系统进行充电，白天负荷高时由储能系统放电以增加出力，改善电力的供需矛盾，提高发电设备的利用率。

2. 离网运行模式

当电网发生故障或处于检修状态时，微电网采用离网运行方式，断开与电网的连接开关，根据光伏发电能力、储能容量及负荷情况通过微电网监控与能量管理系统运行控制，实现光储协调运行，满足站用负荷及系统负荷的可靠供电，并在电网恢复供电时实现无缝切换。

8.3.3　应用效果

该项目微电网能充分发挥分布式发电对配网的支撑作用，提高就地负荷的供电可靠性，最大限度为就地负荷供电，并根据各发电单元发出的电能和就地负荷情况进行负荷管理。光伏发电与就近负荷组成微电网，通过光储智能联合调度，结合微电

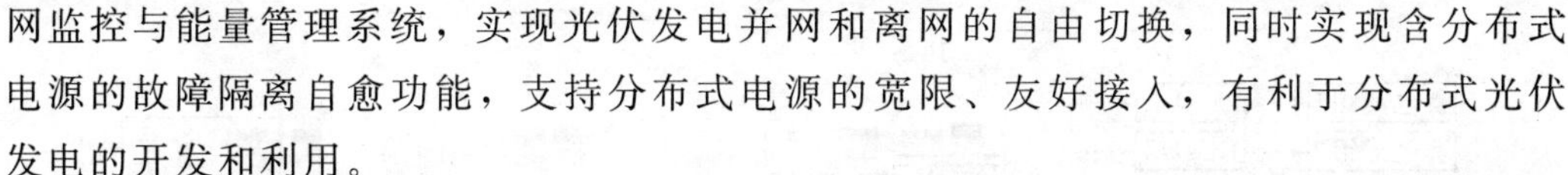

网监控与能量管理系统，实现光伏发电并网和离网的自由切换，同时实现含分布式电源的故障隔离自愈功能，支持分布式电源的宽限、友好接入，有利于分布式光伏发电的开发和利用。

该项目微电网实现了分布式电源优化控制、能量经济调度、无功优化和电压控制、电能质量管理、分布式电源的馈线自动化等应用功能，解决了分布式电源接入控制手段单一、管理简单、功能薄弱等问题，满足分布式发电系统稳定高效、安全运行的要求，具有较高的技术水平。

8.4 海岛微电网

东福山岛位于浙江舟山普陀区东部，地理位置为北纬 30°08′，东经 122°46′，据传因徐福东渡时曾经落脚此岛而得名，是我国东部海疆最东边的住人岛屿，东临公海，面积不足 $3km^2$，全岛居民约 300 人，以海洋捕鱼和旅游为生。岛上以山地为主，主峰庵基岗海拔 324.3m，建有盘山公路和轮渡码头，到舟山主要依靠轮渡。东福山岛上有海军驻扎，是我国海防的东海前哨。东福山岛风光独特、景色宜人，每年夏天是旅游旺季。

东福山岛远离大陆，距离舟山岛约 45km，未与舟山电网相连，之前通过柴油发电机为驻军和居民供电，用电费用高昂，用水主要依靠现有的水库收集雨水净化和从舟山本岛运水。为解决当地军民供水供电困难，立足东福山岛能源供应现状，充分利用当地可再生能源，以微电网形式立项建设了风光柴储海水淡化独立供电系统工程。

8.4.1 系统组成

系统总装机容量 510kW，其中可再生能源装机容量 310kW，包括 7 台单机容量 30kW 的风电机组、100kWp 的光伏发电系统，配置 200kW 柴油发电机组和 2000A·h 蓄电池储能系统，同时建设了日处理能力 50t 的海水淡化系统，通过 10kV 输变电线路输送电力。海水淡化系统是可调节负荷，能够有效增加可再生能源的利用率，同时在用水紧张时解决岛上用水问题。由于岛上没有大电网覆盖，微电网独立运行，东福山岛微电网系统结构图如图 8-26 所示。

电站机房位于岛上中心位置的一块平地上，光伏电池板排布在地面和屋顶，风电机组立于院外山坡上，风电控制器、逆变器和卸荷器就近放置于风电机组脚下，变压器、高低压配电柜、变流器、蓄电池、柴油发电机、监控设备等均布置在机房内。

8.4.2 系统运行模式

由于东福山岛微电网中柴油发电机和储能系统均能作为主电源，为防止两个主电源非同期并列运行，同一时刻仅运行两者之一作为系统主电源，采用 V/f 控制，为系统

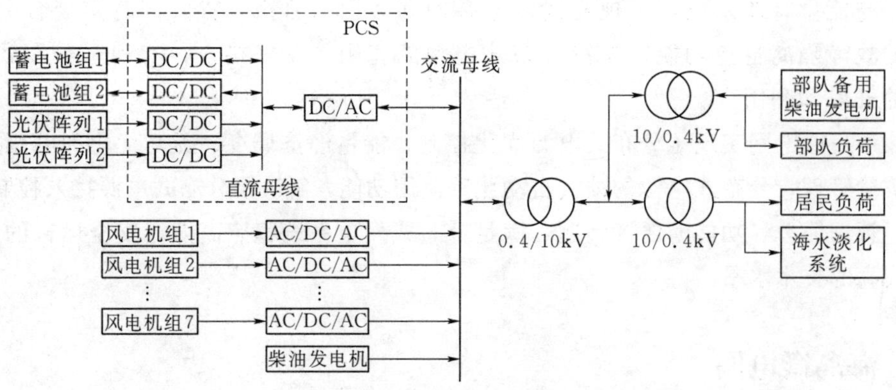

图 8-26　东福山岛微电网系统结构图

提供稳定的电压和频率支撑。另外考虑到储能系统的特殊性，进行定期维护以提高其循环使用寿命。因此该微电网主要有以下三种运行模式。

1. 柴油发电机作为主电源模式

在此模式下，柴油发电机作为系统主电源，提供恒定的电压和频率支撑系统运行；储能系统处于恒流充电或恒压充电状态，直到蓄电池组 *SOC* 或端电压达到上限值。考虑柴油发电机最小运行功率和额定功率等限制，可通过控制光伏出力和风电机组投入台数来保证柴油发电机运行在设定的合理范围内。当蓄电池组充电达到上限时，则转为储能系统作为主电源运行模式。

2. 储能系统作为主电源模式

当储能系统作为主电源时，关闭柴油发电机以避免非同期并列运行，PCS 采用 V/f 控制为交流母线提供电压和频率支撑，其功率输出自动补偿风光出力与负荷之间的差额。基于蓄电池组 *SOC* 值或端电压的储能优化控制，要求当风光资源丰富而使得蓄电池组 *SOC* 值或端电压升至上限时，通过控制光伏出力或切除风电机组来保证储能系统仅工作于放电状态且放电功率在设定范围之内。当蓄电池组 *SOC* 值或端电压降到下限值时，通过控制光伏出力或投入风电机组来保证储能系统仅工作于充电状态且充电功率在设定范围内。另外，海水淡化系统作为可控负荷，也可参与系统控制，在风电和光伏发电量较大时，增加海水淡化速率，反之则减小速率，在保障军民负荷的前提下，最大限度地提高分布式发电利用率。正常运行时，优化控制策略尽量使储能系统处于固定的工作状态，避免充电和放电状态之间的频繁切换。当 *SOC* 值或端电压低于临界值时，开启柴油发电机作为主电源供电，改变 PCS 控制策略对蓄电池组进行充电，即转换为柴油发电机作为主电源模式。

3. 储能系统维护模式

为保证蓄电池的最大使用寿命，需要在运行一段时间后对蓄电池进行人工维护，这时控制策略设置为全充全放的系统维护模式，人工操作开启柴油发电机对蓄电池组进行

“预充-快充-均充-浮充”四段式标准充电直至全充完成，再控制蓄电池组始终处于放电状态直到全部放完，以此来尽量提高蓄电池的循环使用寿命。

柴油发电机和储能系统都具有频率和电压调节功能，可以在不同运行模式下作为系统主电源。虽然可以通过逆变器调节光伏发电出力，也可以投切风电机组实现功率调节，但是频繁调节会影响风电机组使用寿命。所以，在功率调节范围内，优先调节主电源功率跟踪负荷和可再生能源功率波动。

东福山岛微电网运行模式关系图如图 8-27 所示。系统正常运行时，主要实现运行模式切换，可通过手动也可通过自动切换方式进行。系统启动时，首先设备进行自检，当所有设备正常时，系统默认进入储能系统作为主电源的运行模式，有利于提高可再生能源的渗透率，减少柴油发电机使用时间；也可以手动切换到柴油发电机作为主电源的运行模式或者储能系统维护模式，如果所有主电源均故障，系统无法正常工作，系统进入待机状态。

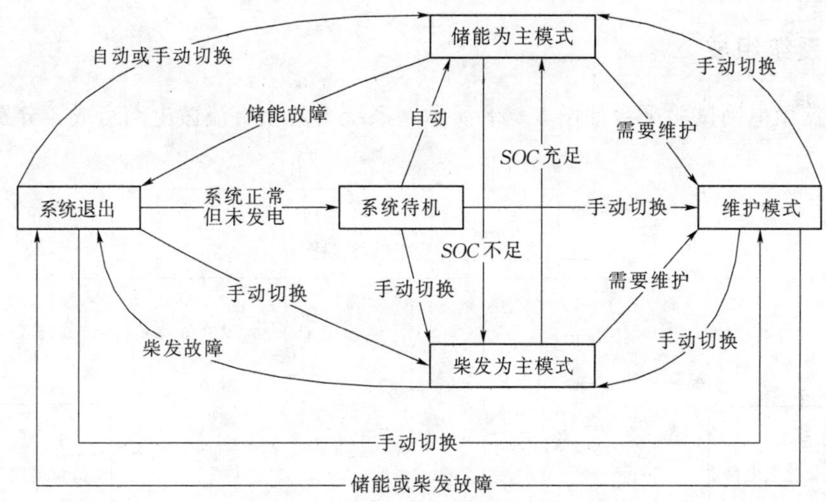

图 8-27　东福山岛微电网运行模式关系图

除了维护模式或者出现故障外，系统均可以自动运行，实现无人值守。系统通过优化控制，能够实现减少柴油机运行时间、最大化可再生能源利用率和最大化储能系统循环使用寿命的目标。

8.4.3 应用效果

东福山岛微电网于 2011 年 7 月建成并正式移交，经过近几年的深入研究和持续改进，系统达到了设计预期目标，目前各设备运行比较稳定，可再生能源渗透率可达到 45%，铅酸电池储能得到了充分利用，有效降低了柴油发电机的运行时间。岛上供电供水问题的解决，带动居民用电设备的增加，提高了岛上居民的生活水平。

该项目具有较好的经济社会效益和较高的技术参考价值，可以在海岛等地推广使用。

8.5　直流微电网

直流微电网不需要对电压的相位和频率进行跟踪，可控性和可靠性大大提高，因而更加适合分布式发电单元与负载的接入。理论上，直流微电网仅需一级变流器便能方便地实现与分布式发电单元和负载的连接，具有更高的转化效率，同时，直流电在传输过程中不需要考虑配电线路的涡流损耗和线路吸收的无功能量，线路损耗更低。我国在直流微电网的研究方面还处于起步阶段，但随着政府对新能源开发的日益重视和越来越多的直流家电技术得到推广和应用，直流微电网将具有广阔的发展空间。

中国电力科学研究院在交直流变流控制技术、直流微电网运行控制技术、直流并网特性及交直流微电网互联等方面开展了直流微电网相关技术研究工作，搭建了多电压等级的直流微电网，并进行了相关功能验证。

8.5.1　系统组成

该直流微电网试验平台如图 8－28 所示，系统由两个直流微电网组成，分别接入了

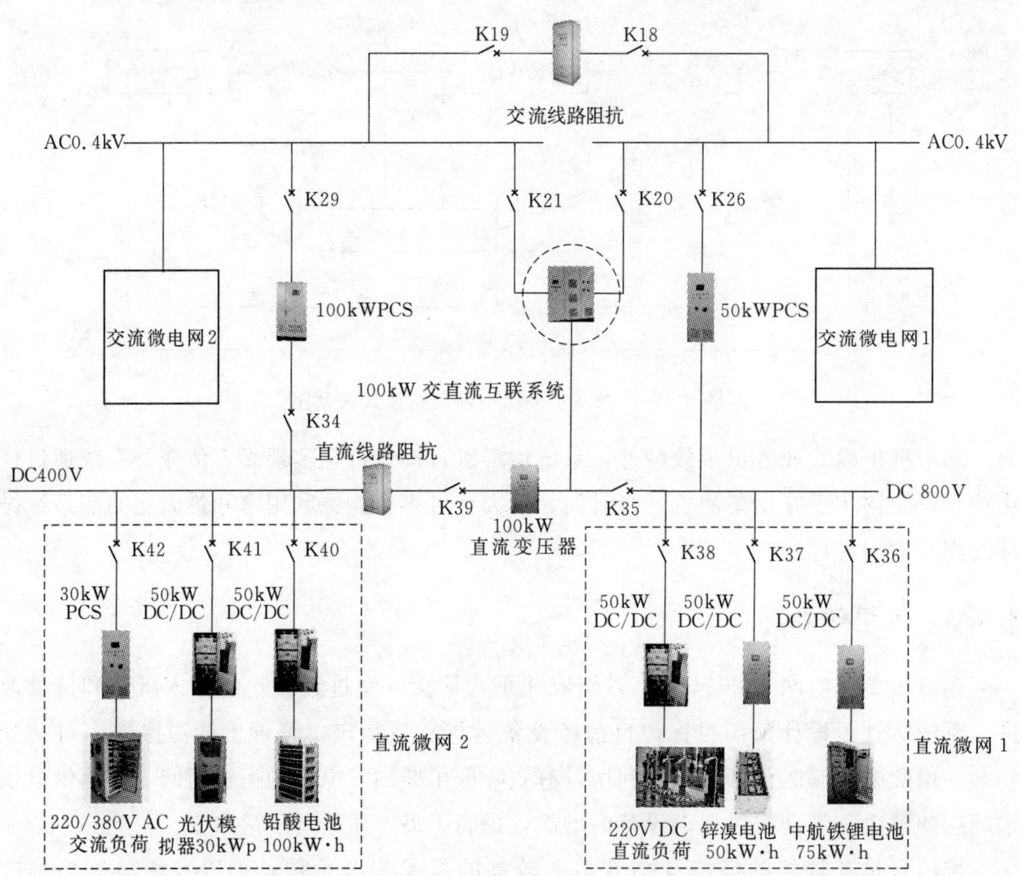

图 8－28　直流微电网实验平台

光伏模拟发电系统、储能电池、交直流负荷等，两个直流微电网的直流母线电压分别为400V及800V，分别通过100kW与50kW的并网变流器接入交流系统中与交流微电网并联运行，且两个直流微电网可通过100kW的直流变压器实现不同直流电压系统的匹配，两个交流母线及直流母线之间还可通过交直流互联系统实现互联运行。

直流微电网实验平台主要设备见表8－5。

表8－5　　直流微电网实验平台主要设备

子系统	设备名称	功率/容量	数量
直流微电网系统1	DC/DC直流变换器	50kW	3
	直流负荷	220V/20kW	1
	锌溴电池	50kW·h	1
	铁锂电池	75kW·h	1
直流微电网系统2	DC/DC直流变换器	50kW	3
	光伏模拟器	30kWp	1
	铅酸电池	100kW·h	1
	DC/AC变流器	30kW	1
直流母线互联	直流线路阻抗	2km线路模拟	1
	直流变压器	100kW	1
交直流互联	交直流互联变换器	100kW	1
	交流线路阻抗	2km线路模拟	1
直流并网系统	并网变流器1	50kW	1
	并网变流器2	100kW	1

8.5.2 实验平台主要研究方向

该直流微电网实验平台具有直流微电网运行控制、交直流系统运行控制、多类型储能特性研究等多个直流微电网研究方向。

1. 交直流变流控制技术

系统包含多个DC/DC与DC/AC变换器，可开展基于下垂控制的直流电压控制方法、适用于多种类型电池接入的储能变流控制技术、多路输入的直流变换器控制技术等多个方面的研究。

2. 直流微电网运行控制

系统中包含多类型储能电池，可开展共直流母线系统的多储能并联电压稳定控制策略，直流微电网中光伏、储能、负荷间的协调运行控制策略，直流微电网中交流负荷、直流负荷的运行特性，直流微电网的启动时序、并/离网切换控制等直流微电网运行控制方面的研究。

3. 直流并网特性研究

不同容量的直流微电网通过并网变流器接入交流系统中，可开展并网变流器与直流

微电网间的功率分配与协调运行策略研究、并网变流器隔离交直流故障的特性研究以及并网变流器与直流变换器协调运行以稳定直流母线电压的控制策略研究。

4. 交直流母线互联研究

直流微电网具有两个电压等级，可开展应用于直流微电网互联的直流变压器的研究；通过接入直流线路阻抗开展不同空间尺度的直流微电网互联特性研究；另外还可以开展交直流互联系统中的多端接入互联控制策略研究。

8.5.3　系统功能实验及运行效果

1. 直流微电网自启动验证

直流微电网自启动是指在独立运行或是因故障停运后，直流微电网能够在不依赖其他网络帮助的情况下，利用内部储能单元直接为协调控制器以及二次回路供电从而使整个系统在离网状态下能够逐步恢复运行。

直流微电网自启动可采用串并混合启动控制策略，具体步骤为：

(1) 协调控制器发出指令合储能电池单元开关，储能电池作为主电源通过直流变换器首先建立起母线电压。

(2) 协调控制器发出指令合超级电容开关与光伏开关，超级电容和光伏电池通过直流变换器接入直流母线并完成开机，各储能单元均采用下垂控制策略，光伏系统运行在最大功率跟踪（Maximum Power Point Tracking，MPPT）模式下。

(3) 协调控制器发出指令合交直流负荷开关，投入交、直流负载。

直流微电网电压建立波形如图 8-29 所示，电压建立时直流母线电压缓慢上升，稳定到 800V，电压建立过程中由于 DC/DC1 与 DC/DC2 的输出电容直接并联到直流母线上，会产生启动充电电流，待电压完全建立起来后，直流电压稳定，电容充电电流消失。

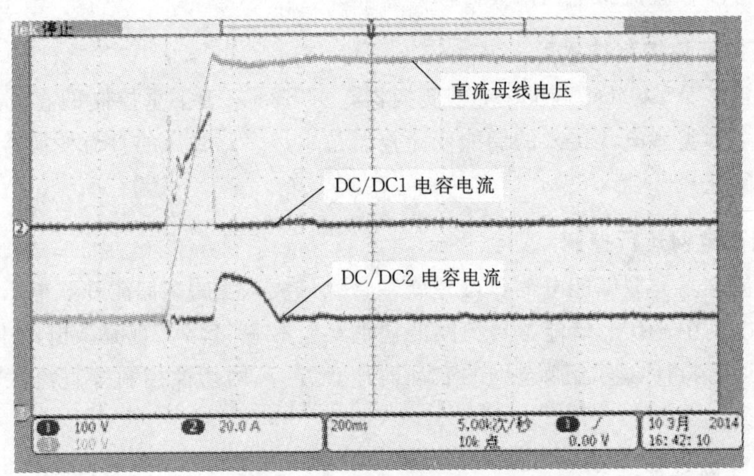

图 8-29　直流微电网电压建立波形

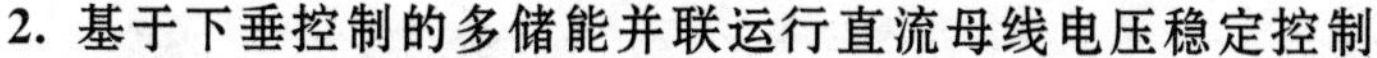

2. 基于下垂控制的多储能并联运行直流母线电压稳定控制

根据直流母线电压的稳定要求，可选择采用变系数下垂控制策略以稳定母线电压。在传统下垂控制的基础之上根据母线电压偏差以及储能系统自身容量不断进行下垂控制曲线的调节，当母线电压偏差较小即系统内功率流动较小时，增大下垂系数提高系统动态性能，当母线电压偏差较大即系统内功率流动较大时，减小下垂控制系数，以减小母线电压偏差。同时通过对各储能单元下垂控制系数的调节可进一步控制其充放电功率大小，以提高各储能单元的利用率，使整个系统能够长期安全稳定的运行。

与传统的下垂控制算法相比，变系数下垂控制具有以下优点：

(1) 变系数下垂控制能够提高系统动态性能和静态性能。

(2) 能够实现直流变换器输出功率的在线调节，提高储能单元的利用率。

(3) 能够减小各储能单元间的环流。

(4) 能够实现整个系统的冗余控制，提高系统的稳定性。

(5) 各直流变换器间不需要进行通信连接，简化了系统结构。

充、放电过程中 *SOC* 较高、较低时下垂系数动态调节如图 8-30、图 8-31 所示。其中由图 8-30 可见，当检测到铅酸电池 *SOC* 偏高后，系统逐渐增大其下垂系数，DC/DC1 的充电电流减小；图 8-31 为检测到 *SOC* 偏低时增大下垂系数，DC/DC1 减小放电电流。在下垂系数的调节过程中，直流母线波动在 5V 以内，对系统影响较小。

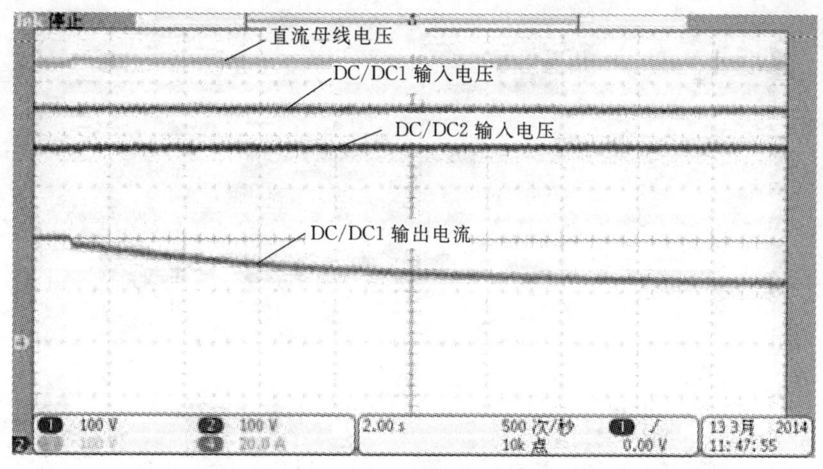

图 8-30 充电过程中 *SOC* 较高时下垂系数动态调节

3. 直流微电网的并/离网切换

直流微电网在并网及离网模式下启动运行时首先通过各储能单元维持直流母线电压恒定，并网变流器根据并网模式下交流侧与直流侧的能量交换需要确定是否启动运行，并网模式下可充放电运行，离网模式下可 V/f 运行。

(1) 并网转离网过程。当系统由并网状态向离网状态切换时可分为计划性脱网和非

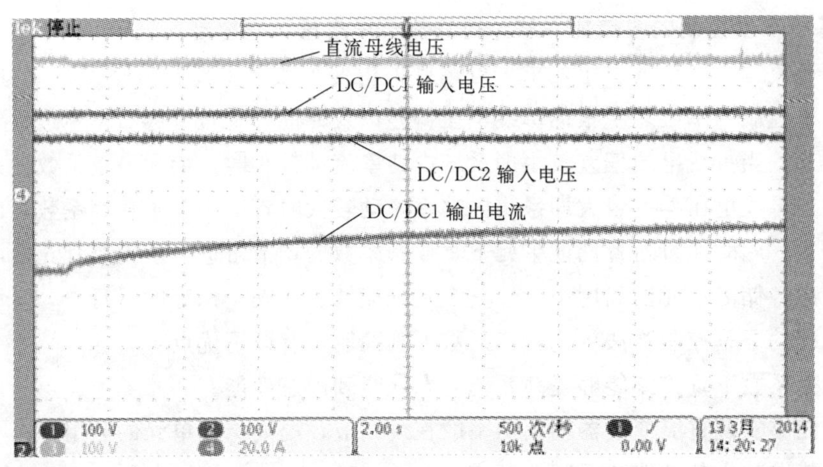

图 8-31　放电过程中 SOC 较低时下垂系数动态调节

计划性脱网两种情况。计划性脱网，是指系统预先得到状态切换指令，有计划地调节分布式新能源发电和各储能单元出力以及可控负荷之间的关系，同时保证对系统内重要负荷的供电。

并网转离网计划性脱网过程如图 8-32 所示，通过调节两个 DC/DC 的功率，使得并网输出点的功率为 0，直流母线电压稳定，在断开直流并网开关的时刻，电压稳定无波动。

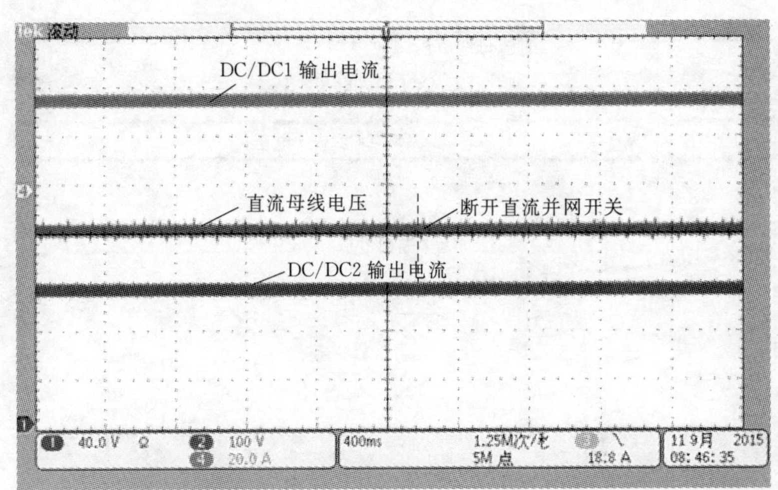

图 8-32　并网转离网计划性脱网过程

非计划性脱网是当电网故障或断开时的控制过程，保护装置检测到电网电压幅值与频率异常，给并网点开关发断开指令，由开关位置反馈信号给并网变流器发模式切换指令，并网变流器和储能直流变换器之间由干接点信号互通，并进行互锁，并网变流器收到开关位置信号后运行模式由稳压切换为待机，储能直流变换器由充、放电模式切换为稳压模式，控制直流母线电压；同时并网点开关控制自身断开，将双向变流器与网侧隔

离，三者配合完成系统并网到离网的无缝切换。

并网转离网非计划性脱网过程如图 8-33 所示，并网点开关突然断开或故障导致并网电源丢失，此时主 DC/DC 转为恒压源，从 DC/DC 继续恒功率运行，可以看出由于断开时直流微电网向电网放电，突然断开开关导致电压暂升，但直流电压很快可以恢复到稳定。

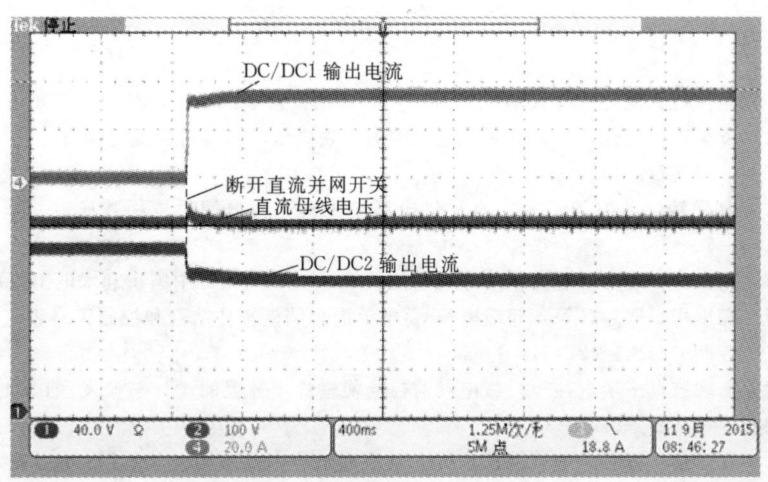

图 8-33　并网转离网非计划性脱网过程

（2）离网转并网过程。当电网恢复后，协调控制器检测到电网电压幅值与频率满足并网要求，给并网变流器下发指令与网侧连接，并网变流器检测到开关位置信号后，和储能直流变换器利用干接点进行互通，并网变流器运行模式由待机切换为稳压，储能直流变换器接到互锁信号后，由稳压模式切换为充、放电模式；三者配合完成系统离网到并网的无缝切换。

直流微电网离网转并网的过程如图 8-34 所示，当直流微电网和并网设备控制的电压相同时，合直流并网开关，此时直流电压基本稳定，母线电压由并网设备控制，此时主 DC/DC 的电流慢慢减小，电流由并网 DC/AC 设备提供，并网电流逐渐增大。

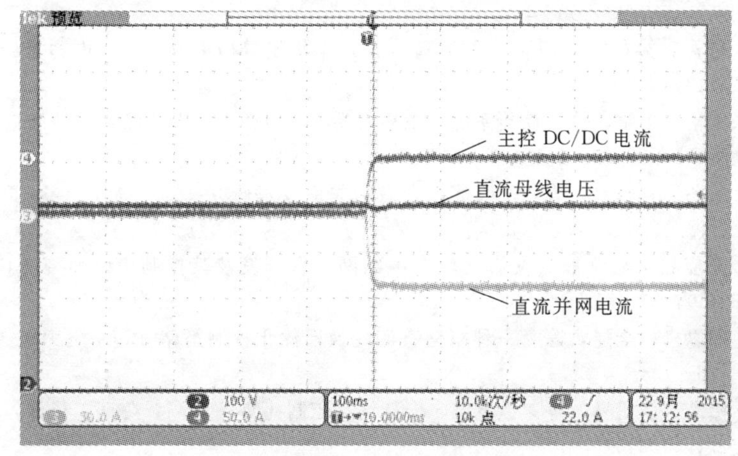

图 8-34　直流微电网离网转并网过程

在直流微电网的研究理论基础上，通过该直流微电网实验平台完成了直流微电网的自启动、直流母线电压稳定性控制、直流微电网的并网及独立运行的切换等功能验证，可为直流微电网实际工程项目的运行策略提供良好的实践指导。

参考文献

[1] 赵波．微电网优化配置关键技术及应用 [M]. 北京：科学出版社，2015.

[2] 路欣怡，黄扬琪，刘念，等．含风光柴蓄的海岛独立微电网多目标优化调度方法 [J]. 现代电力，2014，31 (5)：43-48.

[3] 高志强，赵景涛，孙中记，等．农村供电系统中典型微电网供电模式研究 [J]. 电气技术，2014 (6)：62-56.

[4] 吴福保，杨波，叶季蕾．电力系统储能应用技术 [M]. 北京：中国水利水电出版社，2014.

[5] 桑丙玉，陶以彬，郑高，等．超级电容-蓄电池混合储能拓扑结构和控制策略研究 [J]. 电力系统保护与控制，2014，42 (2)：1-5.

[6] 查申森，窦晓波，王李东，等．微电网监控与能量管理装置的设计与研发 [J]. 电力系统自动化，2014，38 (9)：232-238.

[7] 薛金华，叶季蕾，张宇，等．储能系统中电池成组技术及应用现状 [J]. 电源技术，2013，37 (11)：1944-1946.

[8] 华光辉，吴福保，邱腾飞，等．微电网综合监控系统开发 [J]. 电网与清洁能源，2013，29 (4)：40-45.

[9] 李官军，陶以彬，胡金杭，等．储能系统在微网系统中的应用研究 [J]. 电力电子技术，2013，47 (11)：9-11.

[10] 桑丙玉，王德顺，杨波，等．平滑新能源输出波动的储能优化配置方法 [J]. 中国电机工程学报，2014，34 (22)：3700-3705.

[11] 文玲锋，李娜，白恺，等．大容量锂电池储能系统容量测试方法研究 [J]. 华北电力技术，2015 (1)：41-64.

[12] 俞斌，桑丙玉，刘欢，等．智能微网中铅酸电池储能系统控制策略 [J]. 电网与清洁能源，2013，29 (12)：119-125.

[13] 陶以彬，李官军，柯勇，等．微电网并/离网故障特性和继电保护配置研究 [J]. 电力系统保护与控制，2015 (11)：95-100.

[14] 张先勇，舒杰，吴昌宏，等．一种海岛分布式光伏发电微电网 [J]. 电力系统保护与控制，2014，42 (10)：55-60.

[15] 赵波，张雪松，李鹏，等．储能系统在东福山岛独立型微电网中的优化设计和应用 [J]. 电力系统自动化，2013，37 (1)：161-167.

[16] 殷晓刚，戴冬云，韩云，等．交直流混合微网关键技术研究 [J]. 高压电器，2012，48 (9)：43-46.

[17] 刘振国，邓应松，胡亚平．交直流混合微电网平台开发及其控制策略研究 [J]. 广东电力，2015，28 (1)：67-71.

[18] 李官军，陶以彬，李强，等．一种双向直流变换器优化控制策略 [J]. 电力电子技术，2015，49 (7)：106-108.

[19] 尼科斯·哈兹阿伊里乌，等．微电网——架构与控制 [M]. 陶顺，陈萌，杨洋，译．北京：机械工业出版社，2015.

附录　国内外微电网实验室及试点工程开展情况

附表 1　美国典型微电网实验室

微电网项目	地理位置	电压等级	说明	资助和运行机构
CERTS 微电网示范平台	俄亥俄州首府哥伦布市 Dolan 技术中心	480V	480V 系统，包括了 3 个 60kW 燃气轮机。有三条馈线，其中两条含有微电源并能孤网运行。这两条中的一条馈线上带有敏感负荷及两个微电源，通过 170m 电缆间隔；另一条馈线上带有一个微电源，进行微电源并行运行的测试。该系统用于测试微电网各部分的动态特性及对敏感负荷的优质电能供给问题	CERTS，美国电力公司（American Electric Power Co. Inc，AEP）等
美国国家可再生能源实验室（National Renewable Energy Laboratory，NREL）微电网	Madison，Wisconsin	480V	系统含 200kW 交流电网模拟，交流母线允许最多 15 台设备同时并入（燃气轮机、光伏、风电机组、蓄电池、柴油机）；系统有一电压范围为 0～600V 的直流母线，可允许同时接入 10 台 DC 设备。可以允许 3 套独立系统同时运行。该微电网可以开展系统可靠性测试，导则制定及复杂系统互联等研究	威斯康星电力电子研究中心
Sandia 国家实验室	美军事基地	480V	包括光伏、燃气轮机、风电机组在内的多种分布式发电，该微电网可以进行联网和孤岛运行测试，同时可以用于分析分布式发电利用效率，监测分布式发电输出功率的变化、负荷变化对微电网稳态运行的影响等	Sandia 国家实验室
Distributed Utility Integration Test.（DUIT）微电网	San Ramon，California，	21kV	中压配网，含有 34 个单相光伏逆变器，容量为 2.5～5kW，2 个 140kW 三相逆变器，2 台 90kW 微型燃气轮机，500kVA 发电机组。具有隔离开关，可孤网运行。该微电网主要关注多分布式发电的高渗透率对配电网的影响	DOE；加州能源署（California Energy Commission，CEC）
科罗拉多州立大学（Colorado State University，CSU）InteGird 实验室	City of Fort Collins	13.2kV	包括 100kW 风电机组模拟，2 台 100kW 天然气发电机，2 台 80kW 微型燃气轮机，400kW&300kvar 模拟负荷，接入当地配电系统，具备 SCADA 控制、二次负荷控制功能，用于通过微电网并网及离网运行模拟来进行产品性能分析、设计、控制及方案验证	DOE，Nothern Col，Advanced Energy，Spirae，CSU，et al.

附表 2 美国典型微电网试点工程

微电网项目	地理位置	电压等级	说明	资助和运行机构
Mad River 微电网	Waitsfield, Vermont	7.2kV	乡村微电网，6 个商业和工业厂区，12 个居民区，分布式发电有两台 100kW 的生物柴油机、两台 90kW 的丙烷柴油机、30kW 的燃气轮机、光伏等，接入 7.2kV 配网。既可孤网运行，也可并网运行。在此基础上，北方电力（Northern Pawer System，NPS）开发了 SmartView™ 能量管理软件，对微电网进行调度管理	NPS；NREL
Palmdale 微电网	California	480V	950kW 风电机组，200kW 燃气轮机，250kW 水轮机，并有 800kW 柴油机备用电源。配备 450kW 储能系统，通过超级电容和先进电力电子设备的配合和控制维持系统的平衡。该系统用于研究超级电容器对电能质量的作用	DOE
GE 微电网示范平台	San Francisco	480V	作为 CERTS 微电网研究的重要补充，目标是开发出一套微电网能量管理系统，用于保证微电网的电能质量，满足用户需求，同时通过市场决策，维持微电网的最优运行	DOE；GE
Alliant Techsystems Inc. (ATK) Launch System	Promontory, Utah	120V	分布式发电技术自动化集成技术示范，包括 100kW 余热回收发电系统，100kW 风电，500kW 压缩空气储能，还包括负荷监控、故障检测和诊断、远程监控、黑启动等，通过双向通信接入当地电网智能自动化系统中，研究分布式系统控制，并对储能及微电网的优势进行验证	ATK；Rocky Mountain Power；P&E Automation
Santa Rita Jail Microgrid	Dublin, California	—	主要包含 1.5MW 光伏、1MW 熔融碳酸盐型燃料电池和 2MW/4MW·h 锂电池储能系统，用于并/离网切换。该微电网主要在 CERTS 微电网示范工程的基础上增加大型储能电池系统及可再生能源的示范	Chevron Energy Solutions，Pacific Gas and Electric Company (PG&E)，VRN Power Systems，SarCon，Univ of Wisc，NREL，Lawrence Berkeley National Laboratory (LBNL)，et al.
Illinois Institute of Technology Microgrid	Chicago	—	包括 2 台 4MW 联合循环燃气发电机组，1 台小风电机组，计划加入屋顶光伏及 500kW·h 储能电池，总装机容量 9MW，该学校峰值负荷大概 10MW，因此保证该校园微电网可以在大部分时间运行于离网状态，该微电网主要用于测试其离网运行能力	DOE，Exelon，Endurant Energy，Electricity Initiative，S&C Electric Company，Integrys Business Support，et al.

续表

微电网项目	地理位置	电压等级	说明	资助和运行机构
West Virginia Super Circuit	Morgantown	—	包括 40kW 光伏、160kW 燃气轮机、24kW/48kW·h 锂电池储能；用于验证先进的监控、保护技术对提高分布式发电接入配电网的可靠性和安全性的作用	Allegheny Power, Morgantown, et al.
University of California San Diego (VCSD) Microgrid	San Diego	69kV	包括 2 台 13.5MW 燃气轮机，1 组 3MW 汽轮机，和 1.2MW 光伏；满足校园内 85%电力需求，95%供热需求，以及 95%的供冷需求；建立 SCADA 系统，采用高速控制器监控发电、储能及负荷以优化系统运行	DOE, Horizon Energy Group, UCSD, et al.

附表 3　欧洲典型微电网实验室

微电网项目	地理位置	电压等级	说明	资助和运行机构
National Technical University of Athens (NTUA) 微电网	希腊雅典国立大学	230V	单相 230V、50Hz 系统，包括光伏发电 1.1kW 和 110W，蓄电池 60V/250Ah，负荷为 PLC 控制的可控负荷。研究微电网中的控制策略，微电网运行模式切换及对微电网经济性的评估，同时验证微电网的上层调度管理策略	希腊雅典国立大学
Demotec 微电网	德国卡塞尔大学太阳能技术研究所	400V	通过 175kVA 和 400kVA 的变压器并入大电网。包含 20kVA 和 30kVA 的柴油发电机组、光伏、风力发电等，负荷包括电灯、冰箱以及电机等。该微电网可以实现并网和离网模式的无缝切换，并且并网运行时可以向电网倒送电能。可以进行以逆变器为主导的微电网孤岛测试，下垂控制逆变器并联运行测试，负载对微电网暂态影响测试，分布式发电输出波动对电网稳定性影响测试等多项实验	德国卡塞尔大学
ARMINES 微电网	法国巴黎矿业学院的能源研究中心	230V	单相 230V、50Hz 系统，包括光伏 3.1kW、燃料电池 1.2kW、柴油机 3.2kW，蓄电池 48V/18.7kW·h。负荷包含多种类型，可并网和离网运行。该微电网包括一个基于 AGILENTVEE7 和 Matlab 开发的上层调度管理系统，可以进行系统数据采集和发布指令，对微电网进行实时调度管理	法国巴黎矿业学院

续表

微电网项目	地理位置	电压等级	说明	资助和运行机构
Labein 微电网	西班牙德里奥	400V	通过两个 1000kVA 和 451kVA 的变压器连接到 30kV 中压网络，包含 0.6kW 和 1.6kW 单相光伏，3.6kW 三相光伏，2 个 55kW 柴油机，50kW 微型燃气轮机，6kW 风电机组；250kVA 飞轮储能，2.18MJ 超级电容，1120Ah 和 1925Ah 蓄电池储能；55kW 和 150kW 电阻负荷，2 个 36kVA 电感负荷。该微电网用于测试并网运行时集中和分散控制及电力市场的能量交易	LabeinTecnalia
意大利电工技术实验中心 (Centre Elettrotecnico Sperimentale Italiano, CESI) RICERCA DERtest facility	意大利米兰	400V	通过 800kVA 变压器与 23kV 母线相连，350kW 的电力生产能力，具有光伏发电、微型燃气轮机、柴油机、熔融碳酸盐燃料电池等微电源，并配有蓄电池、飞轮等储能方式，可组成不同的拓扑结构。该微电网主要结合项目开展稳态、暂态运行过程测试和电能质量分析	CESI

附表 4　欧洲典型微电网试点工程

微电网项目	地理位置	电压等级	说明	资助和运行机构
Kythnos Islands 微电网	希腊基斯诺斯岛	400V	提供 12 户岛上居民用电，400V 配网，包含两个子系统，其中三相系统包括 6 个光伏发电单元，共 11kW，1 座 5kW 柴油机，1 台 3.3kW/50kW·h 蓄电池/逆变器系统，用于对本地负荷供电。单相系统包括 2kW 的光伏和 32kW·h 的蓄电池，用于保障整个微电网通信设施的电力供应。目前只能孤网运行，研究目标是微电网运行控制以提高系统满足峰荷的能力和改善可靠性	Istituto Servizi Europei Tecnologici (ISET); Municipality of Kythnos; Centre for Renewable Energy Source and Saving (CRES)
Continuon's MV/LV facility	荷兰阿纳姆	400V	用于度假村，共 4 条 380V 馈线，每条长约 400m。以光伏发电为主，共装 335kW 光伏。既可孤网运行，也可并网运行。主要研究联网和孤岛模式之间的自动切换问题，要求当大电网故障时，能自动切换到孤岛运行模式并能维持稳定运行 24h，且具有黑启动能力。系统通过上层控制器实现对蓄电池的智能充放电管理，维持微电网稳定运行	Germanos, EM-force
Manheim Microgrid	德国曼海姆	400V	位于居民区，包含 6 台光伏发电单元，共 30kW；计划继续安装数台微型燃气轮机。将对基于代理的分散控制进行测试，并进行社会、经济效益评估。建设微电网的目的是探测居民对微电网的认知程度，鼓励居民参与到负荷管理中，制定微电网的运行导则，并衡量微电网的经济效益	Mannhei mer Versorg ungs-und Verkehr sgesell schaft mbH (MVV) Energie

续表

微电网项目	地理位置	电压等级	说明	资助和运行机构
EDP's Microgeneration facility	葡萄牙	400V	连接到400V低压网络的天然气站电网，具有80kW微型燃气轮机，多余电力可送往10kV中压网，或供应当地低压农村电网（3.45～41.5kVA），既可并网运行也可孤网运行。EDP微电网主要对微型燃气轮机的运行特性，联网和孤岛模式之间的切换，切负荷控制策略展开研究	葡萄牙电力集团（EDP Energias）
Bornholm Microgrid	丹麦Bornholm岛	60kV	其发电装置包括39MW的柴油机，39MW的汽轮机，37MW的热电联产以及30MW的风电机组，为岛内的28000户居民提供电力供应（峰值负荷为55MW）。包括多微电网的建模、负荷和发电预测、基于潮流计算的安全运行准则、运行过程的仿真、有功和无功平衡、黑启动和重新并网研究等	丹麦西部电力公司ELTRA

附表5　日本典型微电网试点工程

微电网项目	地理位置	电压等级	说明	资助和运行机构
爱知微电网	2005年应用于爱知世博，2006年迁至名古屋市附近机场	200V	电源主要为燃料电池：270kW和300kW熔融碳酸盐燃料电池，25kW固体氧化物燃料电池，4个200kW磷酸燃料电池；330kW光伏；铅酸蓄电池储能。试验目标是10min内供需不平衡控制在3%以内，于2007年9月进行了第二次孤网运行实验	NEDO
Kyotango Project	京都	200V	2005年12月投入运行，5×80kW沼气电池组，250kW MCFC，100kW铅酸蓄电池。较远的地区配有50kW光伏系统和50kW小型风电机组。该系统的控制中心能够在5min内将供需不平衡控制在3%以内	NEDO
Hachinohe Project	青森县八户市	200V	仅用可再生的能源进行供电。污水处理厂配有3个170kW以沼气为原料的燃气轮机，50kW光伏，发出电力通过5km的私营配线输送到4个学校、水利局办公楼和市政办公楼。学校内也有小型风电机组和光伏发电。研究目标是6min内供需不平衡控制在3%以内，在2007年11月孤网运行一周	NEDO
Sendai System	宫城县仙台市	6.6kV	2个350kW燃气轮机，一个250kW熔融碳酸盐燃料电池，对电能质量有不同要求的负荷及相应的补偿设备。可以提供不同等级的电能质量，2007年夏天开始运行	NEDO

续表

微电网项目	地理位置	电压等级	说明	资助和运行机构
Shimizu Microgrid	清水县	6.6kV	包含4台燃气轮机（22kW、27kW、90kW和350kW）、10kW光伏系统、20kW铅酸蓄电池、400kW·h镍氢蓄电池和100kW超级电容。开发了负荷跟踪、优化调度、负荷预测、热电联产四套控制软件，要求控制微电网与公共电网连接节点处的功率恒定	清水建设
Tokyo Gas Microgrid	横滨	200V	共100kW，包括燃气轮机、热电联产、光伏发电、风力发电和蓄电池储能。保证微电网电力供需平衡，实现本地电压控制、高质量电能供给	东京燃气公司

附表6　国内典型微电网试点工程

微电网项目	地理位置	电压等级	说明
河南郑州财专光储微电网试点工程	河南财政税务高等专科学校	380V	该微电网试点工程配置520kW的光伏发电，200kW/200kW·h的锂电池储能，实现并网转离网、离网转并网的平稳切换
天津中新生态城智能营业厅微电网试点工程	天津中新生态城智能营业厅	380V	微电网以智能营业厅为依托，装机规模35kW。配置30kWp光伏、5kW风电和25kW×2h锂电池，电压等级为380V
蒙东陈巴尔虎旗赫尔洪德移民村微电网工程	陈巴尔虎旗赫尔洪德移民村	380V	选取24户居民和挤奶站作为微电网负荷，配置30kWp光伏、20kW风电和42kW·h锂离子电池，既可独立运行，也可并网运行
陕西世园会微电网试点工程	陕西世园会	380V	在世园会电动汽车充电站顶棚安装光伏发电系统50kWp（单晶硅光伏组件），风力发电系统12kW（6台2kW风机），磷酸铁锂储能系统25kW/50kW·h，接入电动汽车充电站380V主配电室，并网运行。工程立足风光储微电网一体化电动汽车充电站及智能电网技术展示，用于展示风光储的并/离网平滑过渡、微电网能量的实时平衡调度，实现与充电站供电系统的协调运行
河北承德围场县御道口村庄微电网试点工程	河北承德围场县御道口乡	380V	配置了50kW光伏发电、60kW风力发电、80kW/128kW·h储能。项目有效利用农村可再生清洁能源，就地解决农村地区可靠用电问题，并建设了一套免维护的小型微电网控制后台，接入承德供电公司的调度自动化系统，实现对微电网的运行监控、用电信息采集、配电设备监视等相关应用功能
广东佛山冷热电联供微电网	广东佛山	380V	该项目以季华路变电站大院的建筑楼群为依托，是一个基于兆瓦级燃气轮机的高效天然气冷热电联供试点系统，该系统配置3台冷热电三联供燃气轮机，总发电功率570kW，最大制冷功率1081kW

续表

微电网项目	地理位置	电压等级	说明
东澳岛风光柴蓄微电网	广东珠海	10kV	该微电网只能独立运行，包括1.04MWp光伏、50kW风力发电、1220kW柴油机、2000kW·h铅酸蓄电池，实现了微能源与负荷一体化控制，清洁能源的接入和运行，还拥有本地和远程的能源控制系统
浙江东福山岛风光储柴及海水淡化综合系统	浙江东福山岛	380V	该微电网属于孤岛发电系统，采用可再生清洁能源为主电源，柴油发电为辅的供电模式，为岛上居民负荷和一套日处理50t的海水淡化系统供电。工程配置100kWp光伏、210kW风电、200kW柴油机和960kW·h蓄电池，总装机容量510kW
河北廊坊新奥未来生态城微电网	河北廊坊	380V	微电网以生态城智能大厦为依托，是生态城多能源综合利用的基础试验平台，装机规模250kW。配置100kWp光伏、2kW风电、150kW三联供机组和100kW×4h锂离子电池，接入0.4kV电压等级，既可独立运行，也可并网运行
扬州经济开发区智能电网综合示范工程分布式电源接入及微电网项目	扬州晶澳公司	10kV	配置1.1MWp的屋顶光伏系统，储能装置采用250kW/500kW·h铁锂电池，工厂最大负荷25MW，最小负荷15MW，可实现与公用配电网并网、离网的灵活切换
浙江南麂岛微电网（863示范工程）	浙江南麂岛	10kV	独立型微电网，包括风电1000kW，光伏发电525kW，柴油发电机1600kW，储能系统2500kW，拟与规划的电动汽车充电站共用储能系统
浙江鹿西岛微电网（863示范工程）	浙江鹿西岛	10kV	并网型微电网，包括风电1560kW、光伏300kWp、储能系统1500kW。
国网电科院实验验证中心光储微电网	国网电科院实验验证中心	380V	包括单晶、多晶、薄膜、单轴跟踪、双轴跟踪、聚光六种发电形式总容量130kWp的屋顶光伏发电，100kW/60kW·h铁锂储能和20kW/40kW·h全钒液流储能，与验证中心照明组成微电网，是分布式发电与微电网的示范工程
阳康乡无电农牧地区风光储互补微电网供电工程	青海省海西州天峻县	380V	包括20kW风力发电单元、30kWp光伏发电单元、100kW/864kW·h铅酸电池储能单元、约80kW系统峰值负荷，构成独立型分布式微电网，为乡政府及周围居民供电
江苏电科院微电网实验平台	江苏电科院	380V	包含10kW风电机组模拟发电单元、30kWp光伏发电单元、30kW柴油机模拟发电单元、100kW/75kW·h锂电池储能单元等各类分布式电源，同时配置了模拟电网、模拟线路和可控负载等微电网实验设备
冀北电科院分布式光储协调控制微电网试验平台	冀北电科院	380V	包括30kWp分布式光伏发电、30kW/75kW·h能量型铁锂电池储能系统、40kW/50kVA功率型超级电容储能系统、大楼内照明和空调负荷，另外还配置了模拟负荷等试验仿真接口
上海电力大学风光储微电网	上海电力大学	380V	包括小型风电机组、屋顶光伏、多类型复合储能、智能充电站、模拟柴油发电机、变配电系统、测控保护、监控系统等，是一个功能全面、技术领先、特色鲜明的微电网综合示范与研发平台